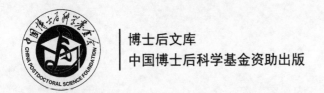

博士后文库
中国博士后科学基金资助出版

GNSS 多维大气水汽探测
理论与方法

赵庆志　著

U0197529

科学出版社

北 京

内 容 简 介

随着 GNSS 技术的不断发展与成熟，GNSS 水汽探测技术逐步成为现有大气水汽获取最有效的途径之一。本书针对 GNSS 多维大气水汽探测中存在的技术瓶颈，从"点"到"面"，再到"时"，最后到"时空"的思路介绍高精度、高时空分辨率、长时序二维大气水汽探测理论与方法，并介绍 GNSS 与遥感水汽反演技术协同的高质量二维水汽探测方法。此外，以水汽层析模型表达式为基础，从改善水汽层析模型射线利用率、优化层析模型设计矩阵、确定层析模型最优权比的思路介绍高精度水汽廓线反演理论与方法，并介绍普适性的 GNSS 多维大气水汽探测理论与方法。

本书可供从事大地测量学与测量工程、GNSS 导航定位、GNSS 气象学等方向工作的科研及工作人员参考，也可供高等院校测绘工程、遥感科学与技术、大气科学等专业师生阅读。

图书在版编目(CIP)数据

GNSS 多维大气水汽探测理论与方法 / 赵庆志著. —北京：科学出版社，2024.6
（博士后文库）
ISBN 978-7-03-077863-5

Ⅰ. ①G… Ⅱ. ①赵… Ⅲ. ①卫星导航-全球定位系统-应用-水汽-大气探测-研究 Ⅳ. ①P426

中国国家版本馆 CIP 数据核字（2024）第 025637 号

责任编辑：罗　瑶 / 责任校对：郝璐璐
责任印制：赵　博 / 封面设计：陈　敬

科 学 出 版 社 出版
北京东黄城根北街 16 号
邮政编码：100717
http://www.sciencep.com

北京中石油彩色印刷有限责任公司印刷
科学出版社发行　各地新华书店经销
*
2024 年 6 月第　一　版　　开本：720×1000　1/16
2025 年 1 月第二次印刷　　印张：15 3/4
字数：315 000

定价：168.00 元
（如有印装质量问题，我社负责调换）

"博士后文库"序言

1985 年，在李政道先生的倡议和邓小平同志的亲自关怀下，我国建立了博士后制度，同时设立了博士后科学基金。30 多年来，在党和国家的高度重视下，在社会各方面的关心和支持下，博士后制度为我国培养了一大批青年高层次创新人才。在这一过程中，博士后科学基金发挥了不可替代的独特作用。

博士后科学基金是中国特色博士后制度的重要组成部分，专门用于资助博士后研究人员开展创新探索。博士后科学基金的资助，对正处于独立科研生涯起步阶段的博士后研究人员来说，适逢其时，有利于培养他们独立的科研人格、在选题方面的竞争意识以及负责的精神，是他们独立从事科研工作的"第一桶金"。尽管博士后科学基金资助金额不大，但对博士后青年创新人才的培养和激励作用不可估量。四两拨千斤，博士后科学基金有效地推动了博士后研究人员迅速成长为高水平的研究人才，"小基金发挥了大作用"。

在博士后科学基金的资助下，博士后研究人员的优秀学术成果不断涌现。2013年，为提高博士后科学基金的资助效益，中国博士后科学基金会联合科学出版社开展了博士后优秀学术专著出版资助工作，通过专家评审遴选出优秀的博士后学术著作，收入"博士后文库"，由博士后科学基金资助、科学出版社出版。我们希望，借此打造专属于博士后学术创新的旗舰图书品牌，激励博士后研究人员潜心科研，扎实治学，提升博士后优秀学术成果的社会影响力。

2015 年，国务院办公厅印发了《关于改革完善博士后制度的意见》（国办发〔2015〕87 号），将"实施自然科学、人文社会科学优秀博士后论著出版支持计划"作为"十三五"期间博士后工作的重要内容和提升博士后研究人员培养质量的重要手段，这更加凸显了出版资助工作的意义。我相信，我们提供的这个出版资助平台将对博士后研究人员激发创新智慧、凝聚创新力量发挥独特的作用，促使博士后研究人员的创新成果更好地服务于创新驱动发展战略和创新型国家的建设。

祝愿广大博士后研究人员在博士后科学基金的资助下早日成长为栋梁之才，为实现中华民族伟大复兴的中国梦做出更大的贡献。

中国博士后科学基金会理事长

前　　言

随着 GNSS 的快速发展及我国北斗导航卫星系统完成全球组网,GNSS 在交通、水利、气象、防灾减灾等领域具有广泛的应用前景。GNSS 气象学提出后,GNSS 水汽探测技术在短临灾害天气监测、极端气候变化研究、干旱监测与预警、台风监测及预报等方面的应用进行了初步尝试,促进了相关领域技术的整体进步。

GNSS 气象学的发展依托 GNSS 水汽探测技术的支持。GNSS 多维大气水汽探测技术主要包括基于地基 GNSS PWV 探测和 GNSS 层析技术的三维水汽密度(湿折射率)廓线反演两部分。由于 GNSS 多维大气水汽探测理论与方法不够成熟,在多维水汽反演过程中存在诸多问题。在二维水汽探测方面,存在站点高精度 PWV 获取、面状高分辨率水汽反演、长时序可靠水汽插值等难题;在多维水汽层析方面,存在层析网格划分不合理、层析观测数据利用率低、层析模型法方程秩亏等问题。因此,解决 GNSS 多维大气水汽反演过程中的诸多难题,是获取高精度、高时空分辨率、多维大气水汽的首要前提,也是拓展 GNSS 气象学在相关领域创新应用的必要保障。本书针对 GNSS 多维大气水汽探测中的相关理论方法进行介绍,在二维水汽探测方面,介绍了 GNSS 及协同遥感技术的大气水汽反演理论与方法;在多维水汽层析方面,以水汽层析模型表达式为基础,从多个方面介绍高精度水汽廓线反演理论与方法并分析其影响因素。

全书共 11 章。第 1 章绪论对 GNSS 多维大气水汽探测现状及其发展方向进行了详细介绍。第 2 章介绍了 GNSS 及其定位原理。第 3 章对地基 GNSS 气象学的基本原理进行了详细介绍。第 4 章介绍了 GNSS 三维水汽层析基本原理。第 5 章对 GNSS 高精度高分辨率 PWV 反演关键技术进行了详细介绍。第 6 章介绍了 GNSS 辅助遥感卫星的 PWV 反演关键技术。第 7 章对水汽层析模型最优设计矩阵构建关键技术进行了详细介绍。第 8 章介绍了水汽层析模型射线利用率改善关键技术。第 9 章对 GNSS 水汽层析模型解算关键技术进行了详细介绍。第 10 章介绍了 GNSS 水汽层析的影响因素。第 11 章对 GNSS 多维大气水汽探测现状及发展趋势进行了概括与总结。

本书是作者主持多项科研项目的成果集合,如国家自然科学基金面上项目(42274039)、国家自然科学基金青年项目(41904036)、中国博士后科学基金特别资助(站中)项目(2022T150523)、中国博士后科学基金面上项目(2020M673442)、陕西省创新能力支撑计划项目(2023KJXX-050)、陕西省教育厅服务地方专项科研计划项目(22JE012)等。作者长期聚焦 GNSS 导航定位和 GNSS 气象学创新应用的国际前沿,旨在完善 GNSS 多维大气水汽反演理论方法体系,拓展 GNSS

在气象学中的创新应用场景，深化读者对 GNSS 气象学的认识与理解。全书由赵庆志撰写，特别感谢蒋朵朵对本书语言文字梳理、插图绘制等方面的帮助。课题组马永杰、李浩杰、马雄伟、刘洋、杜正和杨鹏飞博士研究生，刘康、苏静、孙婷婷、张肖亚、王卫、马智、张登雄、王鹏程和耿鹏飞等 20 余位硕士研究生提供了协助，在此一并表示感谢。

感谢国家自然科学基金委员会、中国博士后科学基金会和西安科技大学等对本书出版的支持。感谢武汉大学姚宜斌教授、西安科技大学高余婷副教授等对本书内容提出的宝贵意见。

GNSS 气象学仍处于快速发展阶段，GNSS 多维大气水汽探测理论与方法也在不断成熟与完善，作者虽力求与时俱进，反映该领域最新的理论方法和研究成果，但未必如愿。由于作者水平有限，疏漏之处在所难免，真诚希望广大读者批评指正。

作　者

2024 年 1 月

目　录

第1章 绪　论

1.1 引　言

对流层作为地球空间环境中重要的组成部分之一，蕴含着整个地球大气层中约99%的水汽，是与人类活动联系最为密切的大气圈层。水汽作为对流层中唯一不稳定且具有多相变化的组分，虽然占大气总量的比例不到4%，却在一系列天气和气候变化中扮演着重要角色。水汽在空间分布上的多寡和时间变化上的剧烈程度会直接影响其扩散和输送；水汽在其三相的转换过程中吸收或释放大量热能，对于对流层垂直结构的稳定性、暴雨等极端天气事件的形成和演变具有重要影响，也是各种灾害天气形成的根本原因。作为降水发生和发展的主要驱动力（苏布达等，2020），大气水汽急剧的时空变化会导致短临突发降水，严重威胁人们的生命财产安全和社会稳定。例如，2021年7月河南发生历史罕见的特大暴雨，郑州单小时最大降水量高达201.9mm，此次降水造成全省1453.16万人受灾，直接经济损失高达1142.69亿元（施闯等，2022）。同时，大气水汽是天气形成和传播的物质基础，高度参与了全球水循环和能量交换，其在长时间尺度上的多寡是气候变化的重要反馈机制，与云、降水、辐射和陆面过程密切相关。例如，2019年长江中下游地区发生严重的夏、秋、冬三季连旱，导致我国6省（直辖市）228万人受灾，1969万亩[*]耕地受旱（杨光和黄慧，2020）。因此，获取高精度、高分辨率的多维大气水汽信息并对各类灾害天气进行实时、精准和连续监测，能够理解和预测其在复杂天气和气候中的变化规律，对于全球气候到微观气象的短临天气预警和长期气候监测等都具有重要意义。

水汽分布在时间和空间上具有易变性，是较难描述的气象参数之一（刘严萍等，2021；Zhang et al.，2019a）。水汽变化会影响大气的垂直稳定性、天气演变及全球气候系统的能量平衡等（Chahine，1992）。美国气象学会定义了大气可降水量（precipitable water vapor，PWV）用于表示大气水汽含量，其含义为从地面到对流层顶的单位截面积圆柱体内所有大气水汽转化为液态水时对应的厚度。该指标被作为天气和气候监测等大气活动的关键因子之一，在数值预报模式同化（Zhao et al.，2018a）、台风路径监测（He and Liu，2019；Zhao et al.，2019a）、干旱指数改进及构建（Zhao et al.，2021b，2019b）、厄尔尼诺-南方涛动

---

[*] 1亩=666.67m^2。

（El Niño-Southern oscillation，ENSO）监测（Zhao et al.，2020d）、短临降水预报（Li et al.，2022；施闯等，2020；Zhao et al.，2020c）、气溶胶光学厚度（aerosol optical depth，AOD）建模与预测（Zhao et al.，2021c，2021d）、校正遥感水汽产品（赵庆志等，2022；He and Liu，2020）等方面得到了广泛应用。

传统水汽探测技术，如无线电探空仪（radiosonde）（Chen et al.，2014a）、微波辐射计（microwave radiomete，MWR）（Li et al.，2016）、多光谱旋转遮蔽影带辐射计（Li et al.，2016）、激光雷达（Wang et al.，2015）、太阳光度计（Halthore et al.，1997）、中分辨率成像光谱仪（moderate-resolution imaging spectroradiometer，MODIS）（Kaufman and Gao，1992）、干涉合成孔径雷达（interferometric synthetic aperture radar，InSAR）和无线电掩星（constellation observing system for meteorology ionosphere and climate，COSMIC）等现场测量或卫星遥感等技术，是目前获取 PWV 的主要方法。无线电探空是记录水汽资料时间最长和覆盖范围接近全球的直接探测手段，被广泛应用于全球和区域尺度水汽含量分布、变化与趋势研究（Chen et al.，2014b；Liu et al.，2015）。此外，良好的垂直分辨率和较高的精度也使无线电探空成为验证其他水汽探测技术的标准（Niell et al.，2001）。然而，无线电探空技术运行成本较高、时间分辨率较低且易受天气条件的影响，导致历史水汽时序数据缺失，难以捕捉水汽含量日变化（Chen et al.，2014a）。卫星遥感技术是实现大尺度水汽监测的有效途径（Chen et al.，2014c），目前，Terra 和 Aqua、风云（Feng Yun，FY）、Envisat 和 Sentinel 等多个卫星均可提供高空间分辨率的 PWV。最初使用卫星搭载传感器的可见/红外（infrared，IR）通道获取 PWV（Menzel et al.，1981），但近红外（near-infrared，NIR）水汽吸收强于 IR 通道，因此 NIR 成为更流行的遥感水汽反演方法（Kaufman et al.，1992），其 PWV 探测精度优于 IR 算法（Chang et al.，2014）。MODIS、甚高分辨率扫描辐射计（advanced very high resolution radiometer，AVHRR）和我国自主研发的中分辨率光谱成像仪（medium resolution spectral imager，MERSI）等都是用于全球范围 PWV 反演的近红外传感器。然而，IR 和 NIR 算法只能使用无云条件下探测到的通道信号，在有云条件下存在很大的不确定性和噪声估计（Chang et al.，2014）。微波（microwave，MW）水汽探测可以穿透大部分浓厚的云层，提供比 IR 更多的通道信息（Jackson et al.，2006），但该设备昂贵，且只能获取某一站点观测时段的水汽信息，无法很好地表达水汽时空变化趋势。此外，再分析资料作为一种综合记录天气和气候随时间变化的科学方法，通过结合数值模型和多种观测数据（如无线电探空和卫星等）生成综合估计的再分析数据集，具有空间完整和全局覆盖等特点（Zhang et al.，2018b）。欧洲中尺度天气预报中心（European Centre for Medium-range Weather Forecasting，ECMWF）的最新一代再分析数据集 ERA5、美国国家航空航天局（National Aeronautics and Space Administration，NASA）最新一代再分析数据集

MERRA-2、美国气象环境预报中心（National Centers for Environmental Prediction，NCEP）再分析数据集和日本气象厅（Japan Meteorological Agency，JMA）第二代再分析项目 JRA-55 等均提供可靠的 PWV 产品，但对于没有或有限观测数据的同化地区，再分析资料并不可靠（Chen et al.，2011）。因此，常规水汽探测手段存在地面分布不均匀、观测不连续、时间分辨率低、数据质量良莠不齐和海洋区域数据匮乏等缺点，成为研究强对流等极端天气和大尺度气候异常事件发生发展机制的技术瓶颈。

随着全球导航卫星系统（global navigation satellite system，GNSS）技术的发展与成熟，利用 GNSS 探测 PWV 的潜力已经得到证明（Zhang et al.，2019b），低成本、全天候、高精度（1~3mm）和高时间分辨率（5min）等优势（Li et al.，2016）使其成为当代水汽探测的主要方法之一。得益于国际导航卫星系统服务（International Global Navigation Satellite System Service，IGS）启动的实时领航项目（real time pilot project，RTPP），在 2013 年 4 月 1 日后全球用户可获取实时的全球定位系统（global positioning system，GPS）等卫星轨道和钟差校正数据（Zhao et al.，2018b），使得 GNSS 实时水汽监测成为可能。随着 RTPP 的完成，利用 GNSS 进行实时水汽监测得到了快速发展，如基于实时精密单点定位（precision point positioning，PPP，又称"非差"）技术可获取精度优于 3mm 的 PWV（Yuan et al.，2014）。相关研究分别基于格洛纳斯导航卫星系统（global navigation satellite system，GLONASS）（Lu et al.，2016）、北斗导航卫星系统（BeiDou navigation satellite system，BDS）（Li et al.，2018b）、伽利略导航卫星系统（Galileo satellite navigation system，简称"Galileo"）（Lu et al.，2020）证实了可获取类似精度的实时大气水汽信息。此外，多卫星系统组合对于提高反演水汽的稳定性具有重要作用，联合 GPS+BDS（Lu et al.，2015）、GPS+GLONASS（Lu et al.，2016）及四大系统组合的实时 PPP 水汽反演，发现其可靠性更高且避免了单系统可能存在的粗差影响（Li et al.，2015）。基于地基 GNSS 连续跟踪网可以获取大范围、高精度、实时连续的二维水汽聚集、扩散、传输等短临尺度的陡变信息，可对强对流等灾害性天气发生前后水汽的瞬时变化进行实时监测。此外，随着三维水汽层析技术的日益成熟，可对对流层水汽进行三维立体监测，特别是对水汽在垂向上的对流信息监测成为可能。利用密集的 GNSS 连续观测网获取实时、高时空分辨率的三维水汽信息，结合数值天气预报模式，可以更加准确地分析中小尺度强对流天气形成、发展、演变和消亡过程中水汽的时变特性，对短临灾害性天气预警、定量降水预报等具有重要作用。因此，基于 GNSS 水汽监测技术获取二维/三维水汽信息有着其他技术难以比拟的优势。

综上，GNSS 气象学的兴起和发展，为解决上述难题提供了一个良好契机，是对传统气象观测手段的有力补充。基于 GNSS 水汽探测技术不仅能够获取二维大气水汽时空分布信息，也可对局部区域（如城市范围内）高时空分辨率的三维水汽垂直信息进行反演，对于中小尺度短临灾害性天气的监测和预警具有重要的研究意义和实用价值。本书主要对以 GNSS 技术为主导的多维大气水汽探测理论与方法进行详细介绍，包括二维 PWV 和三维水汽廓线反演中的关键技术，为从事相关行业的学者、技术人员等在 GNSS 多维大气水汽探测研究方面提供借鉴和参考。

1.2　多维水汽探测现状

1.2.1　GNSS 二维水汽探测技术

1. 站点 GNSS 水汽反演

单一站点上的水汽探测是利用 GNSS 技术探测水汽的主要任务之一，其发展主要经历了以 GPS 技术为主的水汽探测、多维-GNSS（multi-GNSS）水汽探测和实时水汽探测三个方面。基于 GNSS 技术反演 PWV 的设想最早出现于 20 世纪 80 年代，Askne 等（1987）首次提出依据 GPS 技术探测大气水汽的设想，探究了天顶湿延迟（zenith wet delay，ZWD）与 PWV 之间的转换关系。随后，Bevis 等于 1992 年提出了 GPS 气象学的概念，证实了基于 GNSS 技术反演 PWV 的可行性。由于空基 GNSS 水汽监测受制于卫星星座分布及卫星数量影响，且水汽获取依赖于水汽廓线垂直积分，其精度相对较低（Kong et al.，2021）。因此，当前 GNSS 水汽探测主要以地基 GNSS 为主，后续关于 GNSS 多维大气水汽探测的内容主要围绕地基 GNSS 展开。

（1）基于 GPS 技术的 PWV 反演。由于 GPS 研发最早且最为成熟，相关学者在基于 GPS 技术的 PWV 反演方面进行了大量研究。例如，Rocken 等（1997）利用微波辐射计获取的 PWV 对 GPS PWV 进行验证，结果表明 GPS PWV 的均方根误差（root mean square，RMS）小于 3mm。Tregoning 等（1998）分别利用无线电探空仪和微波辐射计对 GPS PWV 进行验证，发现 GPS PWV 的 RMS 分别为 1.5mm 与 1.4mm。Dick 等（2001）首次利用德国的 GPS 观测网得到了该地区精度优于 2mm 的 PWV 数据。Darrag 等（2020）指出当 PWV 较低时，GNSS PWV 与无线电探空（RS）PWV 具有较好的一致性，但当 PWV 量级较大时，二者的一致性随着技术差异而变差。在我国，毛节泰（1993）率先探究利用 GPS 技术反演 PWV 的可行性。之后，上海天文台通过实验证实了 GPS 技术反演 PWV 的可行性与可靠性（严豪健等，2000）。随后，利用 GNSS 技术反演大气水汽的相关研究广泛开展。例如，章红平等（2003）介绍了地基 GPS PWV 反演的相关原理并指出一般情况下在气象观测中 PWV 的精度为 1.3mm 左右。宋淑丽等（2004）发现 GPS PWV 与 RS PWV 之间的偏差约为 2mm 左右，且 GPS PWV 可作为检验数值预报质量精度的重要工具。岳迎春等（2008）利用 GPS 技术反演南极地区的大气水汽含量，发现南极地区 GPS PWV 具有较高精度，可用于该区域相关气象应用。宾振等（2013）针对江西地区水汽反演研究，发现 GPS PWV 与 RS PWV 有很好的一致性且水汽在空间分布上呈现出南多北少的变化趋势。此外，GPS PWV 存在季节性变化趋势，且在不同高度、纬度地区的水汽含量也存在差异（段晓梅等，2017）。Zhang 等（2019c）对中国地壳运动观测网络（crustal movement observation network of China，CMONOC）的 GPS 观测值进行实时 PPP 数据处理，发现 GPS PWV 与 RS PWV 相比 RMS 为 1.7mm，与 NCEP 再分析数据相比 RMS 为 2.0mm。曹寿凯等（2021）针对青藏高原地区的水汽进行反演研究，发现利用地基 GPS 反演的 PWV 与 RS PWV 的精度相当，RMS 在 2~3mm，并且发现地表温度和 PWV 的变化对 GPS 探测 PWV 的精度有一定的影响。朱丹彤（2022）对中国 2008~2018 年的 GNSS PWV 数据进行精度验证，与 RS PWV 对比发现 GNSS 反演 PWV 的 RMS 和偏差分别为 2.2mm 和-0.81mm。上述研究表明，基于单 GPS 的大气水汽探测技术反演 PWV 的 RMS 在 1~3mm，具有与无线电探空仪数据类似的精度。

（2）multi-GNSS PWV 探测方面。随着 GLONASS（Dick et al.，2001）、Galileo（Shi et al.，2019）的发展及我国 BDS 完成全球组网（胡杨，2020），基于导航卫星系统的水汽探测逐渐从单 GPS 向 multi-GNSS 发展。例如，Basili 等（2004）利用 BDS 单系统获得与 GPS 单系统精度相当的 PWV。由于 GLONASS 与 Galileo 的自身缺陷，仅利用单一的 GLONASS 或 Galileo 监测水汽的研究相对较少，其在稳定性及精度方面存在一定缺陷（Zhao et al.，2018b）。多系统卫星观测能够提供更多的对流层延迟观测值，蔡昌盛等（2013）利用 GPS/GLONASS 双系统组合 PPP 进行天顶总延迟（zenith total delay，ZTD）估计，实验表明，相较于单 GPS，GPS/GLONASS 双系统组合估计 ZTD 与 IGS 提供的 ZTD 产品更具一致性。韩阳等（2017）基于 GPS+BDS 双系统进行水汽反演实验，发现 GPS+BDS 双系统组合估计 ZTD 和 PWV 的精度分别为 10.50mm 和 2.52mm，均优于单 GPS 或单 BDS 估计的 ZTD 和 PWV。同时，Zhao 等（2018a）证实了 multi-GNSS 技术可提升水汽反演的有效性、稳定性及精度。此外，相关学者分别开展基于 GPS+GLONASS（Zhang et al.，2018a）、GPS+BDS（Zhang et al.，2018a）及四系统组合（Zhang et al.，2018a）的水汽探测研究，发现双系统及四系统组合反演 PWV 精度均优于 3mm，且较单系统具有更高的稳定性、精度及可用性。李宏达等（2020）利用四系统反演 PWV 时发现多系统 PWV 与 RS PWV 整体变化趋势一致，偏差在 10mm 内，相较于单系统和双系统组合，多系统在获取高精度 PWV 方面有着明显的优势。

Wu 等（2022）利用 ERA5 PWV 数据对 GPS/BDS/GLONASS/Galileo 的单系统和多系统组合反演的 PWV 进行精度评估，发现单系统反演的 PWV 精度低于四系统反演结果，证实了利用多系统组合反演 PWV 较单系统反演 PWV 的优势。上述研究表明，基于多系统组合的水汽探测较单系统具有更高的精度和稳定性，对于连续、稳定的水汽产品需求更具研究意义。

（3）实时 GNSS PWV 探测方面。曾经多数研究主要利用 IGS 提供的事后精密星历进行高精度水汽反演，精密星历存在 13d 左右的延迟（Xu et al.，2011a）。此外，快速和超快速精密星历仍存在 17h（Fang et al.，2001）和 3h（Choi et al.，2013）的时延，无法满足实时水汽监测的现实需求。随着 RTPP 的实施，GNSS 实时水汽探测成为可能，相关学者在利用 GNSS 进行实时水汽探测方面进行了深入研究。例如，Yuan 等（2014）证实了利用 GPS 实时数据可获取精度优于 3mm 的 PWV。此外，在基于 GLONASS（Lu et al.，2015）、BDS（Li et al.，2018b）和 Galileo（Lu et al.，2020）的实时水汽监测方面也有一定进展，水汽监测精度与事后 GPS 反演的 PWV 精度基本相当。刘梦杰等（2022）证实了 BDS/GNSS 实时 PWV 反演的平均 RMS 精度优于 3mm，能较好地反映水汽日变化特征，满足短期天气预报和长期气象研究需求。在多系统实时水汽监测方面，相关学者分别利用 GPS+BDS（Lu et al.，2015）、GPS+GLONASS（Lu et al.，2016）及四大全球导航卫星系统组合进行实时水汽实验（Li et al.，2015），证实了多系统实时水汽探测精度与事后水汽反演精度相当，相比于单系统，其可靠性更高且避免了单系统可能存在的粗差影响。Wu 等（2022）利用船载北斗数据进行实时水汽反演，发现单 BDS、Galileo、GPS 和 GLONASS 实时水汽精度分别为 3.45mm、3.32mm、3.03mm 和 4.18mm，但利用四系统组合实时反演水汽精度为 2.62mm，验证了利用多系统反演水汽具有更高的精度。上述研究表明，基于实时 multi-GNSS 技术探测水汽具有较高的精度和可靠性，为实时 GNSS 气象学的发展奠定了理论基础。

前文介绍了 GNSS 二维水汽探测整体发展现状。此外，在 GNSS 水汽反演过程中需要实测气象参数（如气温、气压等）用于 ZTD 到 PWV 的转换。然而，现有多数 GNSS 测站并未配备相应的气象传感器，如通过对 IGS 2005～2016 年共 12 年的 GNSS 测站进行统计，发现仅有 27.87% 的 GNSS 测站配备了气象传感器，导致多数 GNSS 测站无法实现高精度水汽反演及其有效应用。因此，相关学者针对该问题进行系统研究，通过对测站附件气象站点的气象数据插值（Yang et al.，2021；Zhang et al.，2017）、引入再分析资料（Yang et al.，2021；Zhao et al.，2019c）等方式获取高精度的气温、气压等参数取代实测参数，用于站点非实测气象参数的高精度水汽反演。例如，崔磊等（2023）引入 MERRA-2 再分析资料，对气象站点的气象数据进行高程改正及网格插值，得到高精度的 PWV。同时，利用经验模型，如全球气压温度三代（global pressure and temperature 3，GPT3）模型，获取气象参数的方法也可获取高精度的 PWV（Landskron and Böhm, 2018）。蔡猛等（2022）对 GPT3 气象参数模型反演的 PWV 进行精度验证，发现 GPT3 模型反演的 PWV 与 RS PWV 有良好的一致性。因此，在基于无实测气象参数下的高精度 PWV 探测方面也取得了一定进展，对于未配备气象传感器的 GNSS 测站上水汽探测研究提供了依据和参考。

2. 高时空 GNSS 水汽探测技术

高时空水汽信息是研究大气水汽空间分布及其变化规律的重要前提，但即便最密集的 GNSS 观测网络也难以提供高空间分辨率的水汽变化信息，无法较好反映大气水汽的局部精细时空变化（Realini et al., 2015）。有效的水汽时空插值方法对于空间分布较差条件下的水汽获取非常重要，主要包括大气水汽在空间和时间插值两个方面。

（1）GNSS 水汽空间插值。基于 GNSS 站点的水汽空间插值研究相对较多，如 Janssen 等（2004）讨论了反距离权重（inverse distance weighted，IDW）、普通克里金（ordinary Kriging，OK）插值和样条插值方法在站点 ZWD 中的应用，得出了 IDW 和 OK 方法比样条插值方法具有更好的结论，在逐像素的基础上实现对 InSAR 结果的校正，但数据间距离过大时水汽并不相关。Li 等（2003）在传统 IDW 方法中引入 Emardson 等（2003）确定的水汽变化相关距离参数（约 800km），有效填充 MODIS 水汽产品的云像素缺失。李颖等（2013）利用 IDW、全局多项式、局部多项式、径向基函数和普通克里金共 5 种空间插值模型对大区域网反演的水汽进行插值，并对 GPS 站点密度、水汽含量及其变化程度等多个插值误差影响因素进行分析，发现普通克里金和径向基函数插值精度优于全局多项式和 IDW。但上述模型均未考虑水汽对地形高程的依赖关系，插值结果在地形起伏较大区域存在较大误差。第一种随海拔变化的水汽插值方法是由国外学者 Emardson 等（1998）提出，利用高度比例模型（height scaling model，HSM）将不同站点的水汽数据缩放至平均高度后使用高斯马尔科夫定理进行插值的方法即最优线性无偏估计量（best linear unbiased estimator，BLUE），最终将水汽数据恢复到初始高度。随后 Li 等（2006）基于 BLUE 和仰角相关协方差模型提出了一种依赖海拔的水汽模型（GPS topography dependent turbulence model，GTTM），并证实了 GTTM 优于 IDW。Xu 等（2011b）提出了局部变化均值的简单克里金（simple Kriging with varying local means，SKLM）联合水汽指数规律模型的 PWV 插值方法，利用美国南加州 GPS 网的 ZWD 进行实验，发现该模型优于 GTTM。

此外，相关学者对传统空间插值方法进行了改进。例如，尹慧芳等（2013）针对传统反距离权重受限于数据站点高程的现状，提出了基于高阶泰勒级数展开式的 IDW 方法，并对高海拔差的流动站采用投影延拓处理。杨成生等（2013）在普通克里金插值方法的基础上，等权考虑水汽在高程和距离上的变化特性，提出了改进的克里金（improved Kriging，IKriging）插值方法，发现具有较好的插值效果。由于将具有 PWV 等属性的高密度样本点作为克里金插值方法的输入有助于生成更精确的连续曲面（Setiyoko et al.，2018），Liu 等（2019）提出了一种引入数字高程模型（digital elevation model，DEM）提高样本密度的方法，通过挑选适量具有代表性的 DEM 数据绑定相关 PWV 信息，作为虚拟加密的水汽站点参与空间插值，结果表明虚拟站加密后生成的水汽空间信息比传统方法更详细。Yang等（2019）通过引入 GPT2w 模型对现有水汽空间插值方案进行改进，通过薄板样条函数（thin plate splines，TPS）、IDW 和克里金插值三种算法插值水汽残差项，发现该方案对于远离参考台站高程范围的插值点具有较好的插值性能。

（2）GNSS 水汽时间插值。基于 GNSS 水汽时序的时间分辨率提升方面研究起步相对较晚，相关研究成果较少。Jarlemark 等（1998）提出利用时间线性回归方法从测量数据中估计大气水汽在特定时间和方向上造成的对流层湿延迟，使用瑞典 Onsala 天文台 10d 左右水汽辐射计（WVR）测量数据的评估结果发现湍流法表现最佳。随后，最近线性插值（Heo et al.，2018；Ning et al.，2016）和样条插值（Sharifi et al.，2015）等方法被用于直接获得适当时间分辨率的完整 PWV时间序列。除直接对 PWV 时间序列插值之外，Wang 等（2016）提出利用奇异谱分析（SSAM）方法对 PWV 长时序缺失数据填补；Zhao 等（2020a）基于非均匀采样的 PWV 时间序列构建 PWV 周期模型，并利用模型值对缺失数据进行填充。

本部分介绍了 GNSS 水汽时空插值方法研究现状，但传统 IDW 和克里金插值等空间插值方法对于大区域的水汽插值并不适用，且受天气条件影响较大。此外，SSAM 和周期模型填补方法虽然能够有效保证 PWV 时间序列的变化趋势，但并不能反映大气水汽在长时序上的真实波动。多源数据融合技术是获取高时空分辨率水汽信息的有效解决途径，该技术可以实现多种水汽信息的优势互补，有效避免部分区域水汽缺失现状，且可提供精确的水汽相对变化信息。因此，基于多种水汽探测技术融合的高时空水汽信息获取较单一水汽探测技术更加稳健和可靠，充分利用多源数据进行水汽时空信息深度融合仍是一个亟待研究的方向。

3. 多源水汽融合反演研究

多种水汽探测技术获取的水汽产品特性各异，如 GNSS 技术获取的水汽具有较高的精度和时间分辨率，卫星遥感技术获取的水汽具有较高的空间分辨率，因此充分发挥现多源水汽信息各自优势是获取高精度、高时空分辨率水汽信息的有效途径。根据水汽融合特点可分为站点 GNSS PWV 校正遥感卫星水汽和多源水汽融合反演两个方面。

（1）GNSS PWV 校正遥感卫星水汽。该方面主要包括利用 GNSS PWV 对卫星水汽产品校正和对反演算法改进两种。利用 GNSS PWV 对水汽产品校正中，相关研究提出了考虑季节变化、气候特征和区域高度等不同方式的卫星水汽产品校正模型，有效促进了遥感卫星水汽产品在气象业务方面的再应用。例如，Li 等（2004，2003）提出利用 GPS PWV 校准 MODIS 水汽产品的线性拟合模型，并将该线性拟合模型应用于 MODIS PWV 产品校正，引入改进的反距离权重法插值生成 1km×1km 的 PWV。Chang 等（2013）提出了适用于 MODIS 红外水汽产品的校准方法，发现可更准确地观测大气水汽分布和变化。段茜茜等（2017）在考虑PWV 季节性变化的基础上，提出利用 GPS 数据建立 MODIS 红外水汽产品的季节性校正模型，验证结果显示季节校正模型优于全年校正模型。刘备等（2019）在讨论了不同气候类型区的 GNSS 与 MODIS PWV 相关性后，构建了不同气候类型的 MODIS PWV 校正模型。王勇等（2020）利用线性回归方法分季节构建区域和城市尺度的 MODIS 水汽校正模型，为短时天气预报提供水汽数据支持。国外学者 Khaniani 等（2020）发现 MODIS 水汽偏差与站点高度呈线性关系，将线性模型作为高度的函数用于校准 MODIS 近红外水汽产品。此外，直接引入 GNSS PWV 改进遥感卫星水汽反演算法也在 Aqua 和 Terra（He and Liu，2020）、Fengyun-3B（He and Liu，2021a）和 Sentinel-3A（Xu et al.，2021）等多颗卫星中得到了验证和应用，反演质量可提升 10%~15%。例如，张俊东等（2013）提出了基于 GPS PWV 的 MODIS 近红外二通道比值改进方法，有效降低了近红外水汽反演误差。He 和 Liu（2021b）提出一种基于 GPS PWV 回归拟合的经验 MODIS 近红外 PWV 反演算法，通过引入经验校正系数消除 MODIS 近红外产品的偏差。

（2）多源水汽融合反演。随着多种对地观测技术的兴起，多源数据融合方法逐渐受到对地观测研究的重视（Alshawaf et al.，2015），在水和能源研究方面得到了广泛应用（Kathuria et al.，2019），但在水汽融合反演研究方面相对较少（Li et al.，2020；Zhang et al.，2021a）。目前，根据水汽融合模型表达式分为显式和隐式两种，在显式融合方面，Alshawaf 等（2015）证明了融合数值预报模式、GNSS 和 InSAR 的 PWV 数据，能够有效弥补单一水汽探测技术信息缺失的不足。随后，相关学者通过建立高斯过程（Gaussian processes，GP）融合模型（Yao et al.，2018a）、改进水汽融合模型多项式表达（Yao et al.，2019）、引入球冠谐球面表达和 Helmert 方差分量估计自适应定权（Zhang et al.，2019a）、发展分区混合水汽融合模型（Zhao et al.，2020a）、提出增强型自适应反射率时空融合模型（Li et al.，2020）及时空分步水汽融合模型（Zhao et al.，2021a）等方法，分别构建了适用于城市级小区域、大区域尺度、中国区域和高山地区的多类多源水汽融合模型，均能有效改善单一水汽探测技术获取数据的时空不连续问题。但显式水汽融合模型需考虑多源数据的系统性差异及非等精度问题，多采用系统偏差校准（Zhang et al.，2021a；Li et al.，2020）或自适应权比估计方法（Zhao et al.，2020a；Zhang et al.，2019a）解决，较等权补充有更好的可靠性和精度。

隐式水汽融合方法是直接通过机器学习、深度学习等数据挖掘技术获取高时空分辨率的水汽信息（Liu et al.，2021）。Zhang 等（2021a）采用神经网络纠正和优化多源水汽偏差，基于广义回归神经网络实现无偏的水汽时空融合，其中质量相对较低的 MODIS 水汽产品已经通过高质量的 GNSS 进行校准和优化。Ma 等（2022）基于空间降尺度融合思想，将后向反馈神经网络（back propagation neural network，BP-NN）建立的粗糙尺度辅助因子与 GNSS 校准产品的关系模型应用于精细尺度辅助因子，提升 GNSS 水汽校准产品的精度和空间分辨率，上述利用神经网络的隐式融合方式在相关领域得到了广泛应用（Xiong et al.，2021）。Zhao 等（2022）基于 GPT3 模型计算 PWV 初值，并利用 BP-NN 对 PWV 残差进行拟合，获取高时空分辨率 PWV 产品。

高精度站点 PWV 信息在校准面状遥感水汽产品和改善遥感水汽反演算法方面取得了良好效果，多源数据融合方法在水汽融合中也有一定进展，上述研究为高精度和高时空分辨率水汽获取提出了有效解决方案。但不同水汽探测技术获取信息时空分辨率、精度等各不相同，此外，不同研究区域气候影响、地形起伏、水汽量级等也各异。因此，如何解决极端状况下水汽融合结果的鲁棒性，发展普适的水汽融合方法是亟待解决的难题。

1.2.2　地基 GNSS 三维水汽层析技术

1. GNSS 层析技术由来及发展

基于 GNSS 水汽探测技术获取 PWV 的精度能够达到 1mm，但 PWV 只是测站附近多条斜路径上卫星信号水汽含量在天顶方向上的平均值，并不能反映精细的水汽空间变化信息，这不仅浪费了宝贵的 GNSS 数据资源，也限制了其在数值天气预报等气象学方面的应用。奥地利数学家 Radon（1917）提出层析的思想后，Bramlet（1978）首次将层析技术应用于医学领域，此后，该技术便成为了获取重点区域敏感信息强有力和实用的技术之一，在地质学（Vidale，1988）、地震（Kissling et al.，1994）、电离层（Hajj et al.，1994）和风（Gao et al.，1999）等领域得到广泛应用。

在对流层领域，Braun 等（1999）首次提出了利用区域观测网中 20 个 GPS 观测站数据重构对流层水汽结构的概念。次年，Flores 等（2000）首次实现了利用层析技术得到区域 GPS 网的四维湿折射率图像，并对层析方程的转置问题进行讨论，通过与 ECMWF 的再分析资料计算结果对比，证明了利用层析技术监测对流层水汽时空变化的可行性。Seko 等（2000）利用区域网的观测数据对三维水汽分布进行反演，并验证了反演结果的可靠性。Flores 等（2001a，2001b）利用小型 GPS 观测网对底层对流层折射率的时空分布进行反演，取得了较好的结果。Troller 等（2002）基于自行开发的地基 GPS 大气水汽层析软件（atmospheric water vapor tomography software，AWATOS）获取斜路径湿延迟信息，分别利用模拟数据和实测数据进行层析实验，并与探空数据计算结果进行对比，发现层析结果精度在 5～20mm/km。Rohm（2013）针对 GNSS 层析技术过度依赖先验信息和各种约束的缺陷，提出了有限先验信息非约束的层析方法，并利用抗差卡尔曼（Kalman）滤波方法有效解决了参数和观测值之间线性相关性的问题，利用模拟和实测数据对提出的方法进行验证，发现该方法的 RMS 分别为 4.2mm/km 和 6.5mm/km。在国内，Cao 等（2006）提出了一种改进的 Kalman 滤波算法，并利用我国香港区域的观测网进行层析实验，发现利用该方法获取的湿折射率和探空数据具有很好的一致性。毕研盟等（2008）对海南 GPS 观测网进行水汽反演实验，并与对应探空站的水汽廓线信息对比，发现两者具有很好的一致性，其 RMS 在 0.5g/m³ 左右，证明了利用 GPS 可以获取高时空分辨率的水汽廓线信息。此外，相关学者等分别对蒙特卡罗三维水汽层析算法的敏感性（王久珂等，2014）和两种垂直分层方法对水汽反演结果的影响（曹玉静等，2014）进行分析，取得了较好的结果。

2. 层析模型网格划分

在层析网格划分方面，主要包括层析区域高度选择和水平网格划分两个部分。Nilsson 和 Gradinarsky（2006）对三维水汽层析中网格大小、水平和垂直分辨率选取、观测噪声及不同卫星系统对层析结果的影响进行了详细分析。曹玉静等（2010）对国内外层析水汽网格划分方法进行描述。Chen 等（2014b）对不同层析垂直分辨率及层析区域选择方法进行研究，提出了一种优化的区域网格划分方法。在层析区域高度选择上，传统方法常根据经验选取层析区域的垂直高度，例如 15km（Flores et al.，2000）、12km（Troller et al.，2002）、10km（Perler et al.，2011）或 8km（Chen et al.，2014a）不等。但研究区域不同，大气水汽在不同高度上分布差异很大，层析区域高度选择过高会造成层析模型的过度参数化（Chen et al.，2014a），层析区域高度选择过低会导致层析结果精度较差。针对该难题，Yao 等（2017）提出了非经验垂直高度选取原则，通过水汽随高度的实际分布情况确定层析区域的最优高度。在水平网格划分上，采用传统水平网格等间距划分的方法（Flores et al.，2000），但该方法导致不同网格中包含的实测信息差异较大。Chen 等（2014c）提出基于移动研究区域与改善设计矩阵的方法提高网格射线穿过率，但实际操作较为困难。为此，Yao 和 Zhao（2017）提出了非均匀对称水平网格划分方法，降低了空白网格数。范士杰等（2021）基于水汽密度与高程的关系，构建了自动垂直非均匀分层方法。丁楠等（2016）基于层析区域内大气水汽在垂直方向上呈指数递减的分布特征，提出了自适应非均匀指数垂直分层的方法。由于不同研究中层析区域位置、地形、测站密度及分布均不同，且研究区域气候类型各异、水汽分布各异等，不能直接利用经验性的层析网格划分方法，应根据研究区域综合因素给出适用于该区域的层析高度和水平网格划分方式。因此，提出适用于绝大多数场景下的普适性水汽层析模型网格划分理论与方法具有重要的指导意义。

3. 水汽层析模型构建

水汽层析模型（简称"层析模型"）构建主要集中在层析观测方程构建上。现有层析观测方程构建包括基于完整穿过层析区域射线和未完整穿过层析区域射线的层析观测方程构建两方面。

利用完整穿过层析区域射线构建观测方程主要包括基于分块法（Flores et al.，2000）、基于节点法（Perler et al.，2011）和自适应节点参数化方法（Ding et al.，2018）等构建层析观测方程。基于分块法是指在构建模型时人为引入像素体边界，在进行射线追踪和走时计算时比较方便，但人为引入边界导致模型参数不连续，且只能将数值异常区域表示为块状（Flores et al.，2000）。基于节点法是将研究区内网格节点值作为待求变量，任意位置的数值由其周围的 8 个邻近节点数据内插得到，该方法所构建的区域模型参数连续，减少了人为设置边界的影响，其结果优于基于分块法（Perler et al.，2011）。自适应节点参数化方法是指通过多种网络技术来动态确定不同历元的层析模型边界和节点，其精度优于传统的基于节点法，且准确度显著提高（Ding et al.，2018）。由于水汽水平空间变化的连续性，将层析区域在水平方向上划分为多个网格，破坏水汽的水平连续性，且增加了层析模型的未知参数个数，因此 Zhao 等（2018c）提出一种水平参数化层析方法，用于描述水汽在水平方向上的连续变化。Ding 等（2018）针对传统节点参数化方法会导致需要估计的未知参数过多的缺陷，提出了使用边界提取、Delaunay 三角剖分和力位移算法三种技术进行网格划分的新型节点参数化方法。

在利用未完整穿过层析区域卫星信号的层析观测方程构建方面，相关学者利用该类信号进行了层析观测方程构建的初步尝试。例如，Rohm 和 Bosy（2011）基于 UNB3m 模型、Notarpietro 等（2011）利用 CIRA-Q 湿大气气候模型对研究区域侧面穿出的射线中位于区域外的部分射线进行估计。van Baleen 等（2011）、Benevides 等（2014）利用经验指数负相关函数对在研究区域侧面穿出射线中位于区域内的射线进行几何线性估计。但上述方法中仍有很多问题需进一步探讨。例如，如何利用在层析区域侧面穿出射线参与层析模型的解算，如何对利用经验函数获得的部分射线估值的可靠性和精度进行评估，如何对选取数据的合理性进行验证等。因此，姚宜斌和赵庆志等针对在层析区域侧面穿出射线及充分利用层析区域外测站射线方面，提出了一系列改善卫星观测数据利用率的理论与方法（赵庆志等，2021，2018；Zhao et al.，2020d，2019f，2017；Yao and Zhao，2016），丰富了 GNSS 水汽层析理论在改善卫星信号利用率方面的成果。胡鹏等（2020）提出了一种顾及边界入射信号的多模水汽层析方法。结果表明，该方法兼备边界入射信号和多模层顶信号优点，得到的层析结果精度更高、更可靠。相关学者在水汽层析模型的构建方面开展了众多探索，但在利用未完整穿过研究区域射线构建层析观测方程方面起步较晚，仍缺乏较完善的观测方程构建理论与方法。

4. 层析模型解算

水汽反演结果的精度最终取决于层析模型解算的质量。对于具有病态性的多源数据层析模型，不同层析模型解算方法可能会导致层析结果差异很大。由于水汽层析模型的病态性及多源数据的参与，层析模型解算可分为多源数据权比确定和层析模型解算方法两个方面。

1）多源数据权比确定

Flores 等（2000）给出了将不同独立类型的输入信息设定相同权值，然后通过调节权值使法方程系数阵的最小特征值大于给定数值的方法。然而，这种经验性的迭代终止阈值设置方法在观测条件较差的情况下会导致系统线性扭曲，并不具有通用性。实际应用中，由于不同类型信息权比确定与观测方程的结构关系很大，有时仅调节权值不能得到很好的反演效果（张豹，2016）。宋淑丽（2004）提出了一种方差-分量抗差估计方法，使各类观测量的验后单位权方差在数学意义上一致。毕元（2013）通过分析观测值权比和平差约束条件对最终层析结果的影响，发现合理确定原始观测量和虚拟观测量的权比十分重要，关系到最终反演结果的精度和可靠性。张鹏飞（2013）基于抗差方差分量估计的方法解决了附加约束条件的层析算法中定权的问题。Guo 等（2016）提出了一种基于齐性检验的验后方差估计方法，使各类方程的验后单位权方差达到统计学意义上的相等，改善了层析结果的质量。Zhang 等（2017）提出了一种基于拉普拉斯算子的自适应平滑方法，并利用赫尔默特方差分量估计的方法确定各类方程的权比，发现可以有效改善反演结果对经验信息的依赖。尽管传统的方差分量分析方法在不同导航系统权重确定方面得到了广泛应用，但 Möller（2017）指出，在水汽反演中直接使用该方法确定各类观测方程的权值时会放大噪声，有时并不适用。实际应用中，仅仅使层析模型中各类方程验后单位权方差在数学或统计意义上相等有时需要多次迭代，耗时且不够严密。在联合多源数据（如 multi-GNSS、风云系列卫星、Terra 和 Auqa 卫星、COSMIC、RS 数据等）反演水汽时，由于不同水汽探测技术获取的数据在基准、精度和可靠性方面均存在差异，各类数据作为层析输入信息在方式、时间和精度上也会不同，多源数据的融合必然面临着不同类型数据权值确定的问题。因此，Zhao 等（2018a，2017）提出了同时顾及同类型不同观测值和不同型观测值权比信息的水汽层析方法，并进一步在 multi-GNSS（BDS、GPS 和 GLONASS）水汽层析中进行验证，取得了较好的层析效果。针对不同多源数据组合，相关学者给出了针对性的多源数据权值确定方法，但在普通场景下的多源水汽融合解算中，如何进一步给出普适性的多源水汽权值确定理论与方法仍需进一步探索。

　　2）层析模型解算

　　现有水汽层析模型解算方法主要包括迭代和非迭代两种。非迭代方法忽视小奇异值的变化，导致层析结果波动很大（Möller，2017），相关研究利用奇异值分解（singular value decomposition，SVD）（Flores et al.，2000）、Kalman 滤波算法和最小二乘法（Hirahara，2000）等方法对水汽层析模型解算进行尝试。此外，Braun（2004）通过改变层析观测方程组的解算方法，采用扩展的序贯逐次滤波方法，克服了解算结果敏感性的问题。Perler 等（2011）给出了一种新的水汽反演参数化方法，通过实测和模拟的数据证明该方法能够得到更好的解算结果。Adavi 和 Mashhadi（2015）采用虚拟参考站的方法对伊朗西北部区域的三维大气水汽信息进行反演，发现该方法能够有效改善层析观测方程秩亏的问题。张双成等（2008）提出了基于 Kalman 滤波的断层扫描层析算法，并利用我国香港区域观测网进行实验，证明了该方法能够很好地反演水汽的时空分布且容易计算和编程实现。Cao 等（2006）提出了将高斯约束作为 Kalman 滤波解算初始状态变量，用于反演湿折射率廓线的方法。毕研盟等（2011）发展了基于 Kalman 滤波的水汽层析算法，该方法能够高效、稳定地层析出大气水汽的垂直结构。曹玉静等（2010）总结了国内外常用的三种解算方法，即一般算法、对流层模型化方法和 Kalman 滤波算法，并提出层析中存在的问题。毕研盟等（2011）提出了一种基于 Kalman 滤波的 GPS 水汽反演方法，该方法在水汽先验估值存在±50%偏差的条件下仍能得到可靠的水汽三维信息，并通过海南地区的 GPS 观测网进行实验，发现该方法改善了层析方程解算中的病态问题，减少了对先验信息的依赖性。王维等（2011）提出了基于代数重构算法层析三维水汽的方法，并以上海地区的 GPS 综合应用网为例进行实验，证明该方法能够快速、可靠地对水汽层析方程进行解算，并给出了松弛因子和初始水汽密度参数的选取方法。熊建华（2016）针对层析方程出现的秩亏问题，发展了无须附加约束条件的 Kalman 滤波算法。丁楠等（2016）针对常规层析方程系数获取运算量大的缺点，提出了一种提高运算速度和反演精度的投影面算法。针对初步发展的多源数据层析模型解算，Benevides 等（2015）分别利用阻尼最小二乘法对 GPS 和 MODIS 数据、GPS 和 InSAR 数据组成的层析模型进行解算。Heublein 等（2019）提出了一种压缩传感概念对 GNSS 和 InSAR 数据组成的层析模型进行解算的方法，发现其结果优于传统的 Tikhonov 正则化方法。于胜杰等（2012）为了克服水平约束方程权值选取不合理对层析结果造成的影响，提出了选权拟合法进行层析模型解算，通过我国香港区域的观测网进行实验，证明了该方法可以解决观测方程的不适定问题。江鹏等（2013）和 Wang 等（2014）在层析方程解算方面分别提出了自适应 Kalman 滤波算法和顾及抗差-方差分量估计的水汽反演算法。Yamagishi 等（2021）对 Shigaraki 的 GPS 网络进行四维对流层湿折射率反演，并利用地震层析中常用的阻尼最小二乘法进行观测方程的求解。Zhao 等（2020b）基于最小偏差原则提出了一种改进岭估计的层析模型解算方法，解算效果优于 SVD。王昊等（2022）基于传统代数重构算法，提出了一种约束条件方程变权的代数重构算法，得到的解算结果在精度、稳定性和可靠性方面均有所提高。

迭代方法以代数重构算法（algebraic reconstruction technique，ART）为代表（Wang et al.，2011），但其层析结果非常依赖于初值的精度且迭代终止条件难以确定（Bender et al.，2011a），导致层析结果的准确性受到严重影响。为了解决此问题，众多学者提出如约束代数重建（Ding et al.，2017）、组合重构算法（Xia et al.，2017）、自适应代数重构算法（张文渊等，2021b）、自适应联合代数重构算法（Zhang et al.，2020）等改进方法，以获取高精度的三维水汽反演结果。此外，Xia 等（2013）提出了联合迭代和非迭代重构算法对 GPS 和 COSMIC 数据进行解算的方法，该方法的实质是基于非迭代算法获取水汽初始场，然后将其作为迭代算法的初值进一步解算。Wang 等（2014）提出了利用乘法代数重构算法（multiplicative algebraic reconstruction technique，MART）解算三系统层析模型的方法，但该方法对迭代初值依赖很大，且迭代终止条件难以确定。何林等（2015）对代数重构算法在水汽层析中的应用问题进行了详细讨论，并给出了最优松弛因子的黄金分割搜索法和确定终止条件的正规划累积周期图（NCP）规则。于胜杰等（2010）提出了基于代数重构算法的 GNSS 水汽层析方法，该方法能够节省计算机内存且稳定性高。Yang 等（2023）首次提出并分析了层析窗口和观测采样率对 GNSS 水汽层析模型解算精度的影响，发现最小二乘法、Kalman 滤波算法、MART 三种方法的层析结果都随着层析窗口宽度的减小和采样率的增加而改善，其中最小二乘法受这两个因素的影响最大，其次是 Kalman 滤波算法和 MART 方法。

本部分介绍了现有水汽层析模型解算中的关键技术，水汽层析模型多源数据定权方面较为成熟，且由于非迭代方法普适性较差，多数水汽层析模型解算主要以非迭代方法为主。因此，如何进一步借助非迭代方法获取鲁棒性更强的水汽解算结果仍是一个值得研究的课题。

5. 多维水汽影响因素分析

随着 multi-GNSS 发展及测站布设数目增多，有望进一步提高水汽反演的精度和可靠性。在层析数据选择方面，主要分为单系统和多系统水汽层析研究。相关学者利用实测 GPS、仿真 GPS 数据（Bender et al.，2011b）和四系统仿真数据（Wang et al.，2016）验证多系统组合方案较单系统方案拥有分布更均匀的观测信号和更优化的网格空格率，在一定程度上提高了三维水汽层析结果质量。此外，实测 GPS 与 GLONASS 数据组合（Dong et al.，2018）也同样证实了组合系统拥有更好的精度和可靠性。Zhao 等（2019d，2019e）通过 GPS、GLONASS、BDS 和 Galileo 实测数据证明了多系统组合相对于单系统而言，射线穿过的网格覆盖率明显增加，多系统层析结果质量明显优于单系统结果，其层析水汽廓线的 RMS 平均改善率为 10%。在测站密度影响方面，Bock 等（2005）发现测站密度较高时，射线穿过的网格覆盖率明显增加，较多系统层析，测站密度疏密变化对层析结果有更大影响。此外，层析网格划对水汽层析结果也有重要影响（Nilsson and Gradinarsky，2006）。截至目前，三维水汽层析反演水汽密度的监测精度平均能够达到 1.2g/cm³。张文渊等（2021a）提出了基于体素节点模型的 GNSS/MODIS 信号紧耦合水汽层析算法，发现融合 MODIS 观测数据可有效提高层析结果质量。Chen 等（2023）提出了融合 GNSS 观测数据和 FY-4A 产品重构水汽密度场的方法，发现仅使用 GNSS 数据的传统模型相比，融合模型的效果更好。Zhang 等（2021b）针对遥感水汽数据高分辨率和全球覆盖的特点，将无线电探空斜路径水汽含量（slant water vapor，SWV）观测值引入层析模型，提出了 GNSS 无线电探空层析模型，在一定程度上提高了射线穿过的网格的平均比率，层析结果也有改善。Yang 等（2023）分析了层析窗口和观测采样率对 GNSS 水汽层析建模的影响，发现其不仅影响可用卫星信号数量，还影响信号穿过层析体素的数量。随着 multi-GNSS 的发展及全球测站的频繁布设，如何针对特定研究区域，给出普适性的网格划分、层析区域高度、测站密度、观测时段选取等对于获取高精度的三维水汽廓线具有重要的研究意义。

1.2.3　其他水汽探测技术

1. 无线电探空/AERONET 水汽探测技术

1）无线电探空水汽探测技术

气象学家最早利用无线电探空气球对大气上空的温度、湿度等变化进行探测（许嘉伟，2018），但探空测站分布稀疏，导致高空间分辨率的水汽资料获取较为困难。20 世纪 40 年代以来，全球众多无线电探空仪以每天两次或四次的频率在全球各地持续观测，获取全球不同地区不同高度上的气压、温度、露点温度和位势高等廓线数据。利用全球电信系统（global telecommunications system，GTS）以二进制编码的形式传输到世界各地区和国家气象中心进行处理、存档，形成全球无线电探空仪数据集（integrated global radiosonde archive，IGRA）。

无线电探空是精度最高的水汽获取方式之一，在 20 世纪 60 年代由美国国家气候数据中心（National Climatic Data Center，NCDC）发布。目前，该数据集包括 IGRA1 和 IGRA2 两个版本，IGRA1 是经过一系列高质量控制的探空数据集，包含全球分布的 1500 多个台站的历史和实时探空资料，整合了 11 个不同的数据源，提供了每日协调世界时（coordinated universal time，UTC）00:00 和 12:00 两个时刻的气温、气压、相对湿度等观测数据。2016 年 8 月，NCDC 推出了 IGRA2，相应的全球测站数超过 2700 个，其在观测长度、数据采集来源等方面均优于 IGRA1。

众多国内外学者在 IGRA 反演 PWV 精度方面进行了大量验证研究。Perdiguer-López 等（2019）利用西班牙北部地区无线电探空和 GPS 并址站反演的 PWV 进行对比，发现两者具有很好的一致性，相关系数高达 0.98，最大 RMS 为 2.64mm。杜明斌等（2013）选择与 GPS 站点距离小于 10km 的无线电探空并址站的 PWV 为标准，对 2010 年华东区域的 GPS 气象学（GPS/MET）的 PWV 数据进行差异性分析，发现两者的一致性和相关性很高，平均误差在 1mm 以下，相对误差为 11.54%。王瑞等（2015）分别利用 52 个无线电探空站点和相应的 NCEP 再分析资料获取的 PWV 在我国三个地理区域和全国的数据进行了差异性分析，发现三个区域和全国数据的相关系数分别为 0.984、0.995、0.980 和 0.983，RMS 分别为 0.432mm、0.700mm、0.649mm 和 0.497mm。张华龙等（2016）发现探空数据计算 PWV 与 GNSS PWV 两者的 RMS 在 3.05～4.07mm，相关系数在 0.92～0.95。胡姐等（2019）以 GNSS/MET 的 PWV 数据为标准，对 2013 年汕头和 2016 年 6 月～2017 年 5 月那曲无线电探空站获取的 PWV 进行对比和偏差校正，发现两个探空站的 PWV 偏差分别为 7.4%和 9.8%，再基于太阳辐射公式对其进行偏差校正，校正后偏差明显减少。鉴于 IGRA 数据高精度、全球分布等特点，已在相关领域得到广泛应用，如利用无线电探空仪数据对其他技术获取水汽精度进行评估、开展气候研究和边界层结构探索等（张祥等，2018）。Zhao 等（2022）利用 2011～2017 年我国区域无线电探空站获取的 PWV 验证了 MODIS/IR 与 MODIS/NIR 手段反演的 PWV，发现平均 RMS 分别为 5.16mm 和 4.6mm。目前，无线电探空技术凭借其高精度、全球分布、时间覆盖长等优势成为评估其他技术获取水汽的标准。

2）AERONET 水汽探测技术

全球自动观测网（aerosol robotic network，AERONET）是一个具有高时间分辨率的水汽探测技术，该技术主要是通过水汽通道吸收透过率与水汽含量之间的关系反演 PWV。法国 CIMEL 公司制造的 CE-318 型太阳辐射计是目前使用较为广泛的一种自动跟踪扫描太阳辐射计，该仪器有一个改良的传感器光学设计，可进行机载数据处理。通过国际合作在全球安装了数百个 CE-318 型太阳辐射计，形成了气溶胶自动观测网。

AREONET 是由 NASA 和法国科学研究中心（Centre National de la Recherche Scientifique，CNRS）联合建立的地基气溶胶遥感观测网络（Li et al.，2019），该网络现已经覆盖全球主要的区域，目前全球共有 500 多个站点。该监测网络采用的 CE-318 型全自动太阳辐射计，可对 340nm、380nm、440nm、670nm、870nm、940nm 和 1020nm 波段进行太阳光谱辐射测量，测得的辐射数据可用来计算气溶胶光学厚度、大气透过率和水汽总量等信息（Gui et al.，2017）。AERONET 的主要功能包括近实时的数据采集、校正和数据处理，并通过特定的数据政策开放访问产品数据等（Zibordi et al.，2009）。AERONET 为水汽研究、卫星反演验证、与其他数据库协同提供了长期易获取数据资料（Sicard et al.，2016）。

利用 AERONET 获取 PWV 的技术得到了广泛应用与发展。Pérez - Ramírez 等（2014）将 AERONET PWV 与无线电探空和 GPS 反演的 PWV 进行比较，发现 AERONET PWV 反演结果可用于气象学研究，其 PWV 较 GPS 反演结果低 6.0%～8.0%，较无电探空结果低 5%。Vijayakumar 等（2018）发现 AERONET 观测网络有助于提高卫星反演和模型预测精度，并丰富了水汽在气候、水文循环、空气质量方面的知识。在国内，王研峰等（2018）利用黄土高原 Sacol 测站的 PWV 与地面水汽压资料进行研究，发现 PWV 与降水量的变化趋势基本相同。Gui 等（2017）对 2011～2013 年中国区域 6 个测站的 4 种 PWV 产品进行比较，发现 AERONET PWV 与 GPS/RS/MODIS PWV 的相关系数分别为 0.970、0.963、0.923，平均总体偏差分别为-0.09mm、-1.82mm、-1.54mm。Xie 等（2021）利用 AERONET PWV 验证 FY-3D MERSI-Ⅱ 的 PWV 产品，发现其系统误差介于-0.02～-0.11g/cm^2。

除反演 PWV 外，AERONET 站点也可以反演相关气溶胶光学参数，如气溶胶光学厚度（aerosol optical depth，AOD）和气溶胶微物理参数（单次反照率、波长指数等）（Holben et al.，1998）。由于 AERONET 反演的产品质量较好，通常被用作验证其他产品的标准。张志薇等（2014）利用 AERONET 的观测数据，通过平面平行辐射传输模式计算了兰州大学半干旱气候与环境观测站、香河站和太湖站在多年晴空条件下的气溶胶直接辐射强迫。蒋维东等（2015）利用 WRF-Chem（气象-化学）数值模式对我国北方 2010 年 3 月 19～23 日的一次沙尘天气过程进行了模拟并分析模式对 AOD 的预报能力，发现该数值模式对于气溶胶光学特性具有较好的模拟能力。准确获取 AOD 对气候研究和大气环境监测具有重要意义，魏轶男等（2016）以 AERONET AOD 数据为参考标准，评估了 MODIS AOD 对中国区域四种典型下垫面的适用性。贺欣等（2020）基于 AERONET 网中多个站点

2006~2018 年的观测数据，利用 AOD 和气溶胶相对光学厚度研究了气溶胶类型的时空变化特征。由于 AERONET 反演的 AOD 产品精度较高，其在气候研究和大气环境监测中也具有重要意义。

2. 无线电掩星水汽探测技术

掩星事件是在星际航行早期被发现的，当时飞船发射的无线电波信号在通过行星表面大气层到达地球表面的接收机时，信号的振幅和频率（或相位）会发生明显变化，进一步发现可以通过分析掩星过程来遥感探测行星大气。二十世纪六七十年代，美国喷气推进实验室（Jet Propulsion Laboratory，JPL）联合斯坦福大学开始发展用于研究行星大气层和电离层的无线电掩星技术。Fishbach（1965）首次提出利用无线电掩星技术探测地球大气参数的理论，由于技术条件的限制并未开展地球大气参数反演的相关研究，掩星技术当时只应用于行星大气探测方面。随着 GPS 技术的出现，20 世纪 80 年代初相关学者开始开展无线电掩星技术探测地球大气参数的研究。例如，Melbourne 等（1994）详细地给出了利用 GPS 无线电掩星技术探测地球中性大气层和电离层的方法，并模拟了计算结果，温度精度可达到 1K，在离地面 3km 以下的水汽压相对精度大于 10%。1995 年 4 月 3 日，美国成功发射了搭载了 GPS 接收机的 MicroLab1 低轨卫星，该卫星在两年时间里共获取了 70000 次左右掩星观测数据，其中有 10000 次左右掩星观测数据可以反演出高分辨率的大气参数资料（温度、气压、折射率、湿度等）。Yunck 等（1988）提出了利用 GPS 卫星星座和无线电掩星方法开展全球大气监测的设想。Haines 等（1998）利用无线电掩星数据和温度数据反演了精确的大气水汽剖面，验证了 GPS 掩星探测地球大气水汽的可行性。此外，由于无线电掩星技术具有全天候、全球观测的能力，逐步揭开了 GPS 无线电掩星技术探测地球大气的序幕（Ware et al.，1996）。

无线电掩星技术中利用几何光学反演大气参数方法较为成熟（胡雄等，2005），此外，相关反演方法还包括菲涅尔衍射理论反演法（Mortensen et al.，1998）、滑动频谱方法、后向传播反演法等。王鑫等（2007）对菲涅尔衍射理论反演法和几何光学反演方法进行对比分析，发现菲涅尔衍射理论反演得到的结果在对流层，特别是在水汽含量丰富的区域更为准确。Abellian 积分反演技术是在大气局部球对称假设的前提下进行的，但大气的非球对称性会使反演结果产生误差，因此基于非球对称下的反演技术是未来研究人员的关注点。此外，可以通过提高星载 GPS 接收机的载波相位测量精度，包括天线的改进提高载波信号的信噪比，同时发展能够兼容所有 GNSS 并且能够跟踪到 GNSS 卫星的接收机，进而提高掩星事件观测次数。最后，随着多频多系统的出现，为利用三频 GNSS 信号进行掩星事件提供可能（仇通胜，2021）。

3. 卫星遥感水汽反演

天基遥感技术可以提供高空间分辨率全球覆盖的水汽产品，是全球范围内水汽观测的有效途径。根据不同波长反演水汽，可分为近红外、热红外和微波等方法。利用热红外与微波的水汽反演方面存在水汽精度较差和空间分辨率低的缺陷，因此相关研究逐渐利用 NIR 方法探测大气水汽。

在利用 NIR 水汽通道反演 PWV 方面，Frouin 等（1990）利用吸收通道的辐照度与通道在窗口区域的辐照度比值来确定水汽透过率并进行飞机测试，验证探测飞机下方空气柱内大气水汽含量的可行性。随后，将上述方法应用到对地观测中，在多颗卫星上开展了近红外水汽探测。20 世纪 80 年代，美国研制了可见红外成像光谱仪。在 940nm 水汽带及其邻近窗口区建立多个光谱通道，并通过飞机观测进行水汽反演实验（Gao et al.，1990），为后续 EOS/MODIS 近红外水汽数据处理提供了理论依据。20 世纪 90 年代发射的 Terra 卫星搭载了 MODIS 传感器，可利用近红外窗口通道和水汽吸收通道反演 PWV（Kaufman et al.，1992）。2002 年，搭载中分辨率成像光谱仪（MODIS）的欧洲航天局（European Space Agency，ESA）ENVISAT 卫星发射，为进一步研究近红外水汽反演提供了新的观测资料（Bennartz et al.，2001）。早在 1999 年，我国在风云一号卫星 02 星搭载可见光红外扫描辐射计，并进行了大气水汽反演的初步验证（黄意玢等，2002）。在 2002 年，神舟三号（SZ-3）飞船上携带的中分辨率光谱成像仪（MERSI）建立了多个水汽吸收通道。黄意玢等（2002）利用中分辨率光谱成像仪（MERSI）获得的数据进行水汽反演实验，取得了良好的实验效果。2008 年发射的风云三号（FY-3）卫星携带的中分辨率光谱成像仪（MERSI）建立了多个近红外水汽通道，并在神舟三号高光谱成像仪（CMODIS）工作的基础上继续开展近红外水汽探测（胡秀清等，2010）。Kaufman 等（1992）利用 EOS/MODIS 提供的近红外通道数据，基于辐射传输方程提出利用差分吸收法的 PWV 反演方法。随后，许多学者基于差分吸收法对近红外通道反演的水汽产品进行精度校正（Wang et al.，2010）。He 和 Liu（2021a）针对 MODIS 与 FY-3B/MERSI 提出利用 GNSS PWV 辅助近红外水汽通道的 PWV 反演算法，有效提高了水汽产品的精度。

在近红外通道水汽反演评估方面，Gui 等（2017）对比了 2011～2013 年中国区域 GNSS PWV、无线电探空 PWV 与 MODIS NIR PWV 之间的精度，发现 MODIS 与无线电探空 PWV 的偏差为 0.75mm，RMS 为 5.31mm，MODIS 与 GNSS PWV 的偏差为 1.5mm，RMS 为 5.76mm；Gong 等（2018）对中国西北地区利用传统算法和 FY-3 数据估计的 PWV 段产品进行评估，发现与 GNSS PWV 对比其绝对百分比误差为 22.83%；Wang 等（2021）对 FY-3D/MERSI-Ⅱ 的近红外通道水汽反演做出总结，发现 MERSI-Ⅱ PWV 产品的 RMS 和相对偏差通常为 1.8～5.5mm 和

−14.3%～−3.0%；He 等（2019）对 FY-3A-L2 PWV 产品进行了评估，与 GNSS PWV 对比其 RMS 为 8.644mm；由于传统算法计算的 PWV 存在水汽低估的缺陷，He 等（2021a）提出了利用 GPS PWV 与 MERSI L1 通道数据反演 PWV 的算法，得到北美西部和澳大利亚区域 PWV 的 RMS 分别为 4.635mm 和 5.383mm。随后，He 等（2021b）利用 MODIS/Terra 传感器 L1 级数据对南半球部分区域进行近红外通道水汽反演，相对传统方法 PWV 精度提高了 56%～58%。

利用卫星传感器近红外通道的水汽反演方法已经相对成熟，但由于传感器在数据获取时受地表反射的光谱特性、气溶胶散射及谱线参数等影响，获取数据的准确性较低，仍需进一步校正，传感器获取的地表反射率的准确度仍有待提高。随着我国卫星传感器研制水平的提高和相关水汽反演算法的改善，基于遥感技术获取的大气水汽产品精度将会进一步提高。

4. 再分析资料水汽获取

融合了地面站点观测数据、卫星遥感观测数据、掩星数据等资料的数值同化技术，凭借其高精度和高时空分辨率的优势成为获取 PWV 的一种有效手段。常见的再分析资料数据集主要包括欧洲中期天气预报中心 ECMWF 提供的第五代再分析数据集（ERA5）、美国国家环境预报中心提供的 NCEP 系列及维也纳理工大学开展的奥地利科学基金项目提供的全球大地测量观测系统（global geodetic observing system，GGOS）大气产品。

1）ECMWF 再分析资料

ECMWF 成立于 1975 年 11 月 1 日，于 1979 年 8 月 1 日进行首次预报，并于 1980 年 8 月 1 日正式向全球推出首个大气再分析产品，即第一个全球大气研究计划全球实验［first global atmosphere research program（GARP）global experiment，FGGE］。FGGE 首次提供了真正的全球数据集，该实验提供了有史以来最完整的一组大气数据，为改进天气预报和气候理解方法的研究提供了数据基础。但 FGGE 数据集的观测精度低于无线电探空仪（Bengtsson et al.，1982）。1993 年 2 月 1 日，ECMWF 推出第二代大气再分析产品 ERA-15，ERA-15 采用了 ECMWF 和法国气象局（MétéoFrance）联合开发的综合预测系统（integrated forecast system，IFS）Cycle13r4 版本（Simmons，2001），利用三维变分（3D-Var）同化技术生成，Uppala（1997）详细报告了所有不同观测系统的性能。1998 年 1 月 1 日，ECMWF 推出其第三代大气再分析产品 ERA-40，ERA-40 采用的 IFS 升级到 Cycle23r4 版本，但由于四维变分（4D-Var）同化技术计算成本太大，因此 ERA-40 的同化技术仍为 3D-Var（Andersson et al.，1998）。ECMWF 中心的第四代再分析资料产品（ECMWF re-analysis-interim，ERA-Interim）包含 1979～2019 年 8 月 31 日时空分辨率分别为 6h 和 0.125°×0.125°的大气、陆地和海洋气候变量的地表和单层数据集，其不仅将 ECMWF 综合预测系统 IFS 更新至 Cycle 31r2 版本，而且首次采用了 4D-Var 同化技术同化了地面气象站、无线电探空站和卫星等观测资料，但并未引入地面 GNSS 观测数据（Yao et al.，2018a）。2019 年 1 月 17 日，ECMWF 正式发布第五代再分析数据集（ERA5），并于同年 8 月 31 日停止 ERA-Interim 数据集的更新。作为 ERA-Interim 的替代品，EAR-5 的 IFS 升级为最新的 Cycle 41r2 版本，并增加了许多新的变量，以更先进的建模和数据同化技术，结合改进的湿度分析、卫星数据校正将大量历史观测资料进行整合。ERA5 的时空分辨率分别为 1h 和 $0.25° \times 0.25°$，垂直方向为 137 层的高时空分辨率大气参数（Hoffmann et al.，2019）。此外，ERA5 首次利用由 10 个成员组成，时间分辨率为 3h、空间分辨率为 62km 的集合再分析产品来评估大气的不确定性，该不确定性反映了再分析产品所依赖观测系统的显著发展（孟宪贵等，2018）。

　　国内外诸多学者对 ECMWF 再分析数据集进行了精度评估，证实 ERA-Interim 和 ERA5 数据集可提供高精度的 PWV 和大气参数（Graham et al.，2019）。赵静旸等（2014）选取中国 24 个气象站点评估了中国地区 ERA-Interim 再分析资料提供的气压、温度、相对湿度及其反演 PWV 的精度，结果表明 ERA-Interim 提供的气象参数具有较高的精度，且由 ERA-Interim 计算的 PWV 与实测气象资料的计算值相比，平均偏差小于 0.5mm、平均 RMS 小于 1mm。Zhang 等（2019c）在中国地区对 ERA5 提供的气温、气压、大气加权平均温度（Tm）及反演的 PWV 进行评估，发现 ERA5 在各方面均优于 ERA-Interim，PWV 的 RMS 小于 1mm，具有良好的准确性和可靠性，有助于在没有配置气象传感器的 GNSS 站上获取历史 PWV。Demchev 等（2020）利用漂移浮标、地面气象站及北极漂移站观测数据对 ERA-Interim 和 ERA5 再分析数据进行评估，发现 ERA-Interim 和 ERA5 的冷海偏差分别为 2.25℃和 3.92℃，暖海偏差分别是 1.42℃和 1.77℃。Jiang 等（2021）基于中国大陆站点观测数据评估 ERA5 对降水事件的探测能力并对降水量进行误差分析，发现 ERA5 在不同气候区的表现能力存在显著差异，但其对降水事件的探测能力优于其他几种卫星降水产品。Zhang 等（2022）使用中国区域的 48 对 Sentinel-1 A/B 干涉图对 ERA5 和 ERA-Interim 产品精度进行了评估，发现 ERA5 较 ERA-Interim 更能反映实际观测结果。综上，ERA5 再分析资料在气候及天气领域具有较好的适用性，可在 GNSS 气象学等领域开展相关研究。

　　ECMWF 提供的大气再分析产品在气象、导航等领域得到广泛应用。例如，在对流层关键参量建模方面，相关研究表明，可利用 ECMWF 提供的再分析资料构建区域或全球的经验温度气压模型、对流层延迟改正模型、对流层垂直剖面函数模型和大气加权平均温度模型等。Boehm 等（2006）利用 ECMWF 提供的 ERA-40 再分析资料构建了全球气压温度（GPT）模型，并在实际中得到了广泛的应用。Lagler 等（2013）针对 GPT 模型的部分内容进行优化改进，利用 ERA-Interim

构建了第二代 GPT（GPT2）模型。Böhm 等（2015）在 GPT2 模型的基础上增加了水汽递减率和大气加权平均温度两项估计参数的 GPT2w 模型。Yao 等（2015）基于 ERA-Interim 再分析资料，建立了改进的对流层模型（improved tropospheric grid，ITG），并发现 ITG 具有较好的性能，可提供温度、压力、Tm 和 ZWD 等经验参数。Landskron 等（2018）提出全球气压温度三代（GPT3）模型，GPT3 模型同 GPT 与 GPT2w 模型类似，采用的投影函数是地球物理模型函数，其精度与GPT2w 模型相当。Hu 和 Yao（2019）基于高斯函数和 ERA-Interim 10a 的 ZTD 月均值数据，提出了一种具有季节变化的 ZTD 垂直剖面模型——季节高斯函数模型。Sun 等（2019）使用 1979～2017 年 ERA-Interim 再分析资料建立了一个 Tm 经验模型，结果表明，该模型在所有参数上较 GPT2w 模型具有更高的精度，特别是该新模型大大提高了估计高空区域天顶静力学延迟（zenith hydrostatic delay，ZHD）和 Tm 的精度。姚宜斌等（2019）利用 ECMWF 数据分析 Tm 在高程方向上的分布特性，建立顾及非线性高程归算的全球 GTm-H 模型，显著提升 Tm 在垂直方向上的效果。此外，具有高时空分辨率的 ERA-Interim 和 ERA5 大气再分析资料在 GNSS 水汽反演和 GNSS 精密定位中也得到了较为广泛的应用。例如，Zhang 等（2019c）在中国区域评估了利用 ERA-Interim 和 ERA5 再分析资料反演 PWV 的精度，结果表明 ERA5 反演 PWV 的 RMS 均小于 1mm，略优于 ERA-Interim。Zhu 等（2018）将 ERA-Interim 再分析资料的对流层延迟信息应用到模拟实时单北斗和北斗+GPS PPP 中，结果表明在单北斗 PPP 方案中，ERA-Interim 增强的 PPP 方案相对于标准 PPP 方案在收敛时间上提高了 80.6%；在北斗+GPS PPP 方案中，3D精度提高了 10%以上。

2）NCEP/NCAR 再分析资料

NCEP/NCAR 是由美国大气研究中心（National Center for Atmospheric Research，NCAR）和 NCEP 共同研制的再分析资料。NCEP/NCAR 再分析项目始于 1991 年，是 NCEP 气候数据同化系统项目的产物，于 1996 年 3 月完成并发布。NCEP/NCAR 是由一个复杂的程序、库、脚本和数据集系统创建，该过程容易出现人为错误，由其导致的局限性影响了一些重要的研究。因此，下一代再分析项目 NCEP/美国能源部（DOE）于 1998 年启动（Luo et al.，2022）。尽管 NCEP/DOE纠正了 NCEP/NCAR 许多错误并更新了系统的一些组成部分，但在主要分析变量中，如自由大气位势高度和北半球温带风中，NCEP/NCAR 和 NCEP/DOE 之间只存在微小的差异（Wang et al.，2020）。因此，2004 年 8 月提出了海洋-陆地-大气动态的季节预报系统并投入使用，称为气候预报系统（climate forecast system，CFS）。CFS 在多个方面提供了季节性预测的重要进展。在美国操作性季节预测历史上，动态建模系统首次展示了预测美国地表温度和降水的技术水平，与 NCEP气候预测中心（Climate Prediction Center，CPC）使用的统计方法技术水平相当，与 NCEP 使用的先前动力学建模系统相比，有了显著的改进。然而，该系统存在许多内部不一致之处。例如，NCEP/DOE 再分析资料大气初始状态是用 20 世纪 90 年代的技术制成，而 CFS 的大气模型部分采用 21 世纪后的技术。不同模型初始状态和预测模型不一致；在集成的早期阶段导致技能损失的情况（Saha et al.，2010）。NCEP 气候预测系统再分析（climate forecast system reanalysis，CFSR）于 2010 年 1 月完成。CFSR 是一个全球、高分辨率、大气-海洋-陆地-表面-海冰耦合系统，提供该时期这些耦合域状态的最佳估计，当前的 CFSR 将作为一种可操作的实时产品扩展到未来（Saha et al.，2010）。随后，第二版 NCEP 气候预报系统于 2011 年 3 月投入运行，该版本几乎升级了系统的数据同化和预测模型组件的所有方面，不仅在时间尺度上大大改善，还为亚季节和季节性预测创建了更多产品，并为用户提供了一套广泛的回顾性预测，以校准其预测产品（Saha et al.，2014）。

在精度评估方面，Ladd 和 Bond（2002）利用白令海和东北太平洋的一系列浮标测量数据评估 NCEP/NCAR 再分析的质量，发现 NCEP 10m 风在所有系泊处都有很好的相关性，但 NCEP 同化模式系统不能很好地解决非常靠近海岸的地形影响。Chen 等（2011）利用 NCEP 的分层数据对 28 个 GPS 基准站连续 1 年的 ZTD 进行估计并分析，结果表明 NCEP 估计 ZTD 的平均偏差和 RMS 分别为-8.5mm 和 33mm，在精度上优于 Saastamoinen 模型，其估计 ZTD 的偏差和 RMS 都具有季节性特点。Chen 等（2021）利用 NCEP/GFS 产品获取地表气压（Ps）和 Tm 数据，对 GNSS 反演的 PWV 进行了全面评估，发现利用 GFS 反演 PWV 相较经验模型在大部分站点的 RMS 介于 1~2mm。Luo 等（2022）使用无线电探空仪数据评估 NCEP 计算 Tm 的准确性和时空变化，发现 NCEP/DOE 与 NCEP/NCAR 获得的 Tm 在 2005~2019 年平均偏差和 RMS 分别为 0.192K/1.148K 和-0.069K/1.37K。

NCEP 再分析资料广泛应用于区域或者全球范围的对流层关键参量建模方面。例如，Krueger 等（2005）基于 NCEP 数据提出了对流层网格（tropospheric grid，TropGrid）模型。Schüler（2014）在上述基础上进一步构建了 TropGrid2 模型，但该模型在全球范围内仅比前者提高了 1mm。Li 等（2012）基于 NCEP 再分析资料建立了全球 ZTD 模型，简称 IGGtrop 模型，与 IGS ZTD 数据相比，IGGtrop 模型在全球的平均偏差和 RMS 分别为-0.8cm 和 4.0cm，比欧洲地球同步卫星增强服务（EGNOS）系统和 UNB3 模型具有更高的精度。Lu 等（2017）基于 NCEP 提供的对流层延迟参数，开发了一种数值天气模型（numerical weather model，NWM）增强 PPP 处理算法，以提高北斗的定位精度，发现与标准 PPP 解决方案相比，使用 NWM 增强 PPP 解决方案，东分量和垂直分量的收敛时间分别提高了 60.0%和 66.7%。定位结果从两种标准 PPP 解决方案的 11.4cm 和 13.2cm 提高到 NWM 增强 PPP 解决方案中的 8.0cm，定位精度分别提高了 29.8%和 39.4%。

3）GGOS 再分析资料

GGOS 的建立得益于多年来国际大地测量学协会（International Association of Geodesy，IAG）推动和主办的国际合作。GGOS 的想法诞生于 20 世纪 90 年代末，1998 年 10 月在慕尼黑举行的"建立综合全球大地测量观测系统"国际专题讨论会，由前国际空间测量小组第二科"先进空间技术"和前国际专家组第八委员会"大地测量学和地球动力学空间技术国际协调"组织。1999 年在伯明翰举行的 IAG 会议上，与国际大地测量学和地球物理学联合会第 22 届大会共同成立了 IAG 审查委员会，提议将 GGOS 建立为 IAG 的第一个协会项目。GGOS 在 2006 年建立 VMF1 映射函数，VMF1 使用的气象数据来自 ECMWF 的 ERA-40 气象模型（Bawa et al.，2022），采用射线追踪法求得映射函数和高度角的函数关系。VMF1 产品的更新频率为 6h（Feng et al.，2020）。2008 年 10 月，奥地利科学基金会批准了 GGOS 大气项目，使得除大气延迟领域之外的研究课题更加多样化。2009 年 11 月，成立了 GGOS 政府间委员会，以解决与全球大地测量基础设施有关的主要问题。2010 年，GGOS 启动了三个集成产品主题：①统一高度系统；②地质灾害监测；③海平面变化和预测。2018 年，VMF3 映射函数发布，改善了低高度角条件下的映射函数精度（Landskron and Böhm，2018）。VMF3 使用了来自欧洲中尺度气象预报中心 ERA-Interim 再分析资料的数据建模（Dee et al.，2011）。相较于 VMF1，VMF3 除了更新气象数据外，其映射函数使用 12 阶球谐函数拟合各参数的全球变化。

在精度评估方面，Yao 等（2018b）利用 IGS 发布的全球 ZTD 数据评估了 GGOS Atmosphere 对流层延迟预报产品的精度，发现 GGOS ZTD 的平均偏差、斜路径对流层延迟（slant tropospheric delay，STD）和 RMS 分别为-0.57cm、1.63cm 和 1.83cm，能够满足 GNSS 实时导航用户对对流层延迟校正的需求。Osah 等（2021）利用西非五个 IGS 站点 ZTD 产品评估了 GGOS 提供的 VMF3 ZTD 产品质量，发现 VMF3 ZTD 产品表现优异，与 IGS 最终 ZTD 产品非常匹配，平均偏差、平均绝对误差（MAE）和 RMS 分别为 0.38cm、0.87cm 和 1.11cm，可作为 ZTD 数据的替代来源，增强 IGS 最终 ZTD 产品在西非的定位和气象应用。

近年来，GGOS Atmosphere 产品在诸多领域得到广泛应用，并取得了显著的研究成果。在对流层关键参量建模方面，Landskron 和 Böhm（2018）利用 VMF3 数据导出的静水压和湿经验映射函数系数构建了 GPT3 模型，结果表明 GPT3 模型全球范围内的平均精度约为 4.4cm。Yao 等（2014）利用 GGOS 提供的网格数据，构建了 GTm-III 模型，该模型较其之前版本具有更好的稳定性。Li 等（2018a）利用经验正交函数（empirical orthogonal function，EOF）分析法和 GGOS 网格数据建立了新的 Tm 模型，其精度在全球范围内与知名 Tm 模型相当。此外，在 GNSS 精密定位方面，Yao 等（2018b）将 GGOS Atmosphere 产品应用于实时 PPP 中，结果表明 GGOS 对流层延迟预报产品在 GNSS 定位上的应用性能良好,与传统 PPP 相比, GGOS 预测产品有助于消除对流层效应,加速 PPP 收敛,这种改善在垂直方向上尤为显著。罗相涛等(2022)采用 2009～2016 年 GGOS 的 Tm 和 ERA-Interim 2m Ts 网格数据新建立一种适合日本区域的 Tm 模型(JQTm 模型),与 GGOS Tm 网格数据对比,JQTm 模型的偏差和 RMS 分别为 0.15K 和 1.92K,RMS 较 GPT2w-1 模型、GPT2w-5 模型提升 41.16%(1.33K)、44.41%(1.53K)。

1.3　水汽探测发展方向

1. 二维水汽探测发展方向

随着各种水汽探测技术的发展及全球 PWV 数据的积累与共享,全球可获取百余年的水汽探测资料,且每天产生大量的站点或面状水汽信息,为地球空间水环境监测等提供了重要的数据来源,但观测数据不免存在缺失或中断,且空间分辨率相对粗糙。仅依靠加密测站空间密度难以完全实现任意区域高空间分辨率水汽获取的现实需求。因此,在水汽探测技术多样化的时代背景下,多源水汽融合是解决高时空分辨率水汽获取的有效途径。以 GNSS 技术为主导的多源水汽融合研究刚刚起步, GNSS 联合多种技术应用的研究难题主要在空间扩展和实时获取两方面。有限站点输入的 GNSS 数据无法表示面状水汽时空变化,站点与像元的空间和高程匹配、数据驱动方式确定、多技术联合方案设计均对高时空二维水汽监测精度有重要影响。此外,加强过程驱动与数据驱动模式的水汽融合研究是提高水汽反演精度的重要途径。若能联合多种水汽探测技术实现与 GNSS 同水平或稍低精度的高时空分辨率水汽反演,对于环境和气候方面的监测和预警具有重要意义。最后,数据的部分缺失影响 PWV 长时序分析及异常信号探测,无法准确识别时序中包含的异常气候突变信号。因此,同步获取连续、高精度和高时空分辨率的 PWV 成为二维水汽探测发展的重要方向之一。

2. 多维水汽探测发展方向

GNSS 水汽层析技术优势在于可获取三维水汽廓线信息,且与二维水汽具有相似的时间分辨率和精度,为小尺度极端天气发生、发展等过程的精细化监测和预报提供了可能。水汽层析与二维水汽探测相比难度较大,且在层析的水汽廓线应用方面研究较少。过去研究在水汽层析网格划分、垂直高度确定、测站密度选择、层析模型构建、模型权比确定、层析结果解算等影响水汽层析结果的关键环节提出了众多解决方法,但在任意层析区域如何确定普适性的层析策略方面仍有待进一步研究。层析区域位置、气候、测站密度、大气水汽含量等方面的差异均会直接影响水汽层析关键环节的处理策略。因此，应进一步拓展特定区域水汽层析算法的普适性，类比二维水汽反演，能够得到任意区域高精度、稳定的三维水汽廓线信息。GNSS 反演高精度三维水汽的关键是针对层析建模的各个环节在现有海量算法中总结出普适性的水汽层析模型构建流程，并提出针对不同层析区域特点的自适应调整策略，减少人为干预对层析结果的影响，在保证水汽层析精度的条件下，最大限度降低特定环境因素对水汽层析结果的影响。普适性的高精度三维水汽层析算法对于评估水汽层析性能、扩展应用场景等具有重要价值。此外，如何进一步拓展 GNSS 水汽层析结果的应用也是当前 GNSS 气象学面临的重要发展方向之一。尽管相关研究将 GNSS 层析结果初步应用到改善数值预报模式、分析 GNSS 水汽层析结果与降水关系等方面，但如何完善相关理论方法和建立相应的行业标准仍存在较多问题亟待解决。

3. 多维水汽应用发展方向

multi-GNSS 技术发展趋于成熟且在多维水汽探测方面进行了系统研究，但 GNSS 反演的多维水汽在现实中的实际案例和应用依然偏少，缺乏 GNSS 多维大气水汽探测技术在相关行业规模化应用的现实场景，尤其是在水汽层析结果方面的应用推广。众多学者利用 GNSS 水汽在提高 PPP 技术定位精度和收敛速度、大高差区域实时动态差分（RTK）定位精度、定性和定量短临降水预报、干旱指数改善及构建、台风路径监测与预报、ENSO 监测指数构建、辅助遥感卫星改善水汽质量、空气质量监测等方面进行了大量探索和研究，除利用高精度 ZTD 经验模型改善 PPP 和 RTK 技术定位方面应用相对成熟外，在其他方面如何促进过去研究成果实现业务化发展，并验证其可靠性和有效性有待进一步探讨。另外，相对于二维水汽应用，三维水汽应用方面研究成果更少。因此，如何进一步拓展 GNSS 三维水汽应用场景至关重要。可单独利用三维水汽信息构建相关指标因子或将其产品与数值预报模式同化，扩展三维水汽的利用价值，丰富多维水汽的应用场景。

随着全球和区域卫星导航定位技术的不断发展，GNSS 水汽监测技术在气象学等领域势必会有更多应用，进一步拓展和发掘多维水汽信息在国民经济建设中的应用场景，满足国家发展的现实需求，对于 GNSS 在气象领域的发展具有重要意义。

1.4 本书主要内容

本书主要围绕 GNSS 多维大气水汽反演基本原理及其关键技术进行详细介绍。主要包括五大部分。

（1）GNSS 及其定位原理。首先，对全球四大导航卫星系统的发展、系统组成、信号结构、系统现代化等进行介绍；其次，对 GNSS 定位基本原理、观测值的种类及组合形式、定位方法及其数学模型、定位影响误差及消除方法等进行介绍；最后，对 GNSS 相关机构组织等进行介绍。主要对应本书第 2 章。

（2）GNSS 气象学基本原理。首先，对基于 GNSS 技术的二维水汽探测原理及方法进行详细介绍，包括 GNSS ZTD 数据反演、ZHD 和大气加权平均温度（Tm）计算等；其次，对传统水汽探测技术进行详细介绍，包括基于无线电探空技术、遥感卫星技术和再分析资料等的 PWV 获取详细流程；最后，对 GNSS 三维水汽层析基本原理进行详细介绍，包括 SWV/斜路径湿延迟（slant wet delay，SWD）的恢复、层析观测方程构建、水平和垂直约束信息构建、层析模型解算方法等。主要对应本书第 3 章、第 4 章。

（3）GNSS 高精度高分辨率 PWV 反演关键技术。按照从"点"到"面"，再到"时"，最后到"时空"的方式对高精度、高时空分辨率 PWV 反演关键技术进行详细介绍。首先，介绍站点高精度 PWV 获取理论与方法，生成高精度站点 PWV 数据集；其次，介绍联合异质多源数据特征的水汽融合反演方法，获取高空间分辨率水汽面状信息；再次，介绍外部数据辅助的 PWV 时序填补方法，实现高精度高时间分辨率水汽时序获取；最后，介绍基于显式方法的 PWV 反演技术，获取高精度、高时空分辨率的水汽信息。主要对应本书第 5 章。

（4）GNSS 辅助遥感卫星的 PWV 反演关键技术。首先，介绍在卫星遥感 L1 级通道数据的水汽反演过程中引入 GNSS PWV，改善 PWV 和大气透过率的模型回归系数；其次，将 GNSS PWV 应用到遥感卫星 L2 级 PWV 产品的校正中，消除 L2 级 PWV 产品中的系统偏差。主要对应本书第 6 章。

（5）GNSS 水汽层析关键技术。围绕水汽层析模型，分别在层析模型最优设计矩阵、射线利用率改善、解算关键技术和层析影响因素四个方面进行介绍。在层析模型设计矩阵方面，分别介绍了非均匀对称水平网格划分和水平参数化的水汽层析模型构建方法，优化设计矩阵结构；在射线利用率改善方面，系统性地介绍了顾及不完整穿过层析区域卫星信号的水汽观测方程构建理论与方法，提高观测数据利用率；在解算关键技术方面，介绍同类型观测量不同观测值和不同类型观测量权比确定方法，并介绍一种改进岭估计的水汽层析模型解算方法；在层析影响因素方面，系统介绍了不同 GNSS 观测值组合、网格划分、测站密度等对层析结果的影响。主要对应本书第 7~10 章。

参 考 文 献

毕研盟, 毛节泰, 毛辉, 2008. 海南 GPS 网探测对流层水汽廓线的试验研究[J]. 应用气象学报, 19(4): 412-419.

毕研盟, 杨光林, 聂晶, 2011. 基于 Kalman 滤波的 GPS 水汽层析方法及其应用[J]. 高原气象, 30(1): 109-114.

毕元, 2013. 观测值权和约束条件对水汽三维层析的影响研究[C]. 武汉: 中国卫星导航学术年会.

宾振, 吴瑶, 邱璐, 等, 2013. 江西地基 GPS 遥感大气可降水量变化特征及精度[J]. 高原气象, 32(5): 1503-1509.

蔡昌盛, 夏朋飞, 史俊波, 等, 2013. 利用 GPS/GLONASS 组合精密单点定位方法估计天顶对流层延迟[J]. 大地测量与地球动力学, 33(2): 54-57, 62.

蔡猛, 刘立龙, 黄良珂, 等, 2022. GPT3 模型反演 GNSS 大气可降水量精度评定[J]. 大地测量与地球动力学, 42(5): 483-488.

曹寿凯, 魏加华, 乔祯, 等, 2021. 地基 GPS 的大气可降水量反演精度验证[J]. 南水北调与水利科技, 19(3): 520-527.

曹玉静, 刘晶淼, 梁宏, 等, 2010. 基于地基 GPS 层析大气水汽资源的方法研究[J]. 自然资源学报, 25(10): 1786-1796.

曹玉静, 刘晶淼, 廖荣伟, 等, 2014. 两种垂直分层方法对 GPS 水汽层析结果的影响[J]. 气象与环境学报, 30(6): 125-133.

崔磊, 徐佼, 黄玲, 等, 2023. 利用 MERRA-2 地表温压资料进行中国区域 GNSS 水汽反演的精度分析[J]. 大地测量与地球动力学, 43(2): 186-190.

丁楠, 张书毕, 2016. 地基 GPS 水汽层析的投影面算法[J]. 测绘学报, 45(8): 895-903.

杜明斌, 尹球, 刘敏, 等, 2013. 地基 GPS/MET 探测水汽等相关参数精度分析[J]. 大气与环境光学学报, 8(2): 138-145.

段茜茜, 曲建光, 高伟, 等, 2017. 基于GPS的MODIS近红外可降水量季节性模型建立[J]. 测绘工程, 26(12): 21-26.

段晓梅, 曹云昌, 2017. 我国 GPS 反演大气可降水量的时空变化[J]. 气象与减灾研究, 40(2): 111-116.

范士杰, 陈岩, 彭秀英, 等, 2021. 地基 GNSS 水汽层析的自动垂直非均匀分层方法[J]. 大地测量与地球动力学, 41(9): 924-928.

韩阳, 吕志伟, 徐剑, 等, 2017. 基于 BDS/GPS 观测量的大气可降水量反演精度分析[J]. 导航定位学报, 5(1): 39-45.

何林, 柳林涛, 苏晓庆, 等, 2015. 水汽层析代数重构算法[J]. 测绘学报, 44(1): 32-38.

贺欣, 周茹, 姚媛, 等, 2020. 基于 AERONET 的中国地区典型站点气溶胶类型变化特征[J]. 中国环境科学, 40(2): 485-496.

胡姮, 曹云昌, 梁宏, 2019. L 波段探空观测偏差分析及订正算法研究[J]. 气象, 45(4): 511-521.

胡鹏, 黄观文, 张勤, 等, 2020. 顾及边界入射信号的多模水汽层析方法[J]. 测绘学报, 49(5): 557-568.

胡雄, 曾桢, 张训械, 等. 大气 GPS 掩星观测反演方法[J]. 地球物理学报, 2005, 48(4): 7.

胡秀清, 黄意玢, 2010. 利用 940nm 卫星遥感数据反演大气水汽的方法比较与应用分析[J]. 气象科技, 38(5): 581-587.

胡杨, 2020. "北斗三号"全球组网成功, 为世界导航提供"中国方案"[J]. 科学, 72(4): 57.

黄意玢, 董超华, 2002. 用 940nm 通道遥感水汽总量的可行性试验[J]. 应用气象学报, 13(2): 184-192.

江鹏, 叶世榕, 何书镜, 等, 2013. 自适应 Kalman 滤波用于 GPS 层析大气湿折射率[J]. 武汉大学学报(信息科学版), 38(3): 299-302.

蒋维东, 鲍艳松, 冯沁, 等, 2015. 基于 WRF-Chem 的 AOD 预报在一次沙尘天气中的研究[J]. 科学技术与工程, 15(22): 99-104, 112.

李宏达, 张显云, 廖留峰, 等, 2020. 利用 GPS/BDS/GLONASS/Galileo 组合 PPP 反演大气可降水量[J]. 测绘通报, (6): 63-66, 98.

李颖, 张俊东, 陈庆涛, 2013. GPS 大气可降水量空间插值方法对比研究[J]. 气象与环境科学, 36(1): 1-6.

刘备, 王勇, 娄泽生, 等, 2019. CMONOC 观测约束下的中国大陆地区 MODIS PWV 校正[J]. 测绘学报, 48(10): 1207-1215.

刘梦杰, 涂满红, 王洪, 等, 2022. 台站处北斗/GNSS 实时大气水汽反演及试验分析[J]. 测绘科学, 47(11): 25-31.

刘严萍, 王勇, 丁克良, 等, 2021. 基于 CMONOC 的 GNSS 水汽短时频域特征研究[J]. 大地测量与地球动力学, 41(11): 1118-1122.

罗相涛, 黄良珂, 2022. 日本区域加权平均温度建模[J]. 全球定位系统, 47(4): 93-100.

毛节泰, 1993. GPS 的气象应用[J]. 气象科技, (4): 45-49.

孟宪贵, 郭俊建, 韩永清, 2018. ERA5 再分析数据适用性初步评估[J]. 海洋气象学报, 38(1): 91-99.

仇通胜, 2021. 基于北斗三号的无线电掩星接收机信号处理关键技术研究[D]. 北京: 中国科学院大学.

施闯, 张卫星, 曹云昌, 等, 2020. 基于北斗/GNSS 的中国-中南半岛地区大气水汽气候特征及同降水的相关分析[J]. 测绘学报, 49(9): 1112-1119.

施闯, 周凌昊, 范磊, 等, 2022. 利用北斗/GNSS 观测数据分析"21·7"河南极端暴雨过程[J]. 地球物理学报, 65(1): 186-196.

宋淑丽, 2004. 地基 GPS 网对水汽三维分布的监测及其在气象学中的应用[D]. 上海: 中国科学院上海天文台.

宋淑丽, 朱文耀, 丁金才, 等, 2004. 上海 GPS 综合应用网对可降水汽量的实时监测及其改进数值预报初始场的试验[J]. 地球物理学报, 47(4): 631-638.

苏布达, 孙赫敏, 李修仓, 等, 2020. 气候变化背景下中国陆地水循环时空演变[J]. 大气科学学报, 43(6): 1096-1105.

王昊, 丁楠, 张文渊, 等, 2022. GNSS 水汽层析的约束条件方程变权代数重构算法[J]. 大地测量与地球动力学, 42(8): 857-862.

王久珂, 刘晓阳, 毛节泰, 等, 2014. GPS 蒙特卡罗三维水汽层析算法敏感性试验和研究[J]. 北京大学学报(自然科学版), 50(6): 1044-1052.

王瑞, 冼桃, 傅云飞, 2015. 中国地区大气可降水量分析[C]. 天津: 第 32 届中国气象学会年会 S4 东亚气候变异成因和预测.

王维, 王解先, 2011. 基于代数重构技术的对流层水汽层析[J]. 计算机应用, 31(11): 3149-3151.

王鑫, 吕达仁, 2007. GPS 无线电掩星技术反演大气参数方法对比[J]. 地球物理学报, 50(2): 346-353.

王研峰, 尹宪志, 黄武斌, 等, 2018. 黄土高原半干旱地区大气可降水量研究[C]. 合肥: 第 35 届中国气象学会年会 S16 人工影响天气理论与应用技术研讨.

王勇, 董思思, 刘严萍, 等, 2020. 区域 MODIS 水汽季节修正模型[J]. 遥感信息, 35(1): 9-14.

魏轶男, 吴时超, 徐飞飞, 等, 2016. 中国区域 MODIS 三个版本气溶胶产品的对比研究[J]. 大气与环境光学学报, 11(3): 217-225.

熊建华, 2016. 地基 GPS 层析三维大气水汽模型研究[D]. 成都: 西南交通大学.

许嘉伟, 2018. 基于多数据集的全球大气可降水量的时空分布特征研究[D]. 南京: 南京信息工程大学.

严豪健, 朱文耀, 黄珹, 2000. 上海天文台 GPS 气象学的研究现状[J]. 中国科学院上海天文台年刊, (21): 24-34.

杨成生, 张勤, 张双成, 等, 2013. 改进的 Kriging 算法用于 GPS 水汽插值研究[J]. 国土资源遥感, 25(1): 39-43.

杨光, 黄慧, 2020. 2019 年长江中下游地区夏秋冬三季连旱的应对经验与建议[J]. 中国防汛抗旱, 30(2): 1-4.

姚宜斌, 孙章宇, 许超钤, 等, 2019. 顾及非线性高程归算的全球加权平均温度模型[J]. 武汉大学学报(信息科学版), 44(1): 106-111.

尹慧芳, 党亚民, 薛树强, 等, 2013. 基于高阶泰勒级数展开式的对流层延迟量内插研究[J]. 大地测量与地球动力学, 33(6): 155-159.

于胜杰, 柳林涛, 2012. 利用选权拟合法进行 GPS 水汽层析解算[J]. 武汉大学学报(信息科学版), 37(2): 183-186.

于胜杰, 柳林涛, 梁星辉, 2010. 约束条件对 GPS 水汽层析解算的影响分析[J]. 测绘学报, 39(5): 491-496.

岳迎春, 陈春明, 俞艳, 2008. GPS 技术遥感南极大气水汽含量的研究[J]. 测绘科学, 33(5): 81-82, 84.

张豹, 2016. 地基 GNSS 水汽反演技术及其在复杂天气条件下的应用研究[D]. 武汉: 武汉大学.

张华龙, 张恩红, 胡东明, 等, 2016. GPS 可降水量在华南强对流过程的应用效果[J]. 广东气象, 38(3): 6-11.

张俊东, 陈秀万, 李颖, 等, 2013. 基于 GPS 数据的 MODIS 近红外水汽改进反演算法研究[J]. 地理与地理信息科学, 29(2): 40-44.

张鹏飞, 2013. 地基 GPS 探测水汽理论与技术研究[D]. 西安: 长安大学.

张双成, 叶世榕, 万蓉, 等, 2008. 基于 Kalman 滤波的断层扫描初步层析水汽湿折射率分布[J]. 武汉大学学报(信息科学版), 33(8): 796-799.

张文渊, 张书毕, 郑南山, 等, 2021a. GNSS/MODIS 信号紧耦合水汽层析算法[J]. 测绘学报, 50(4): 496-508.

张文渊, 张书毕, 左都美, 等, 2021b. GNSS 水汽层析的自适应代数重构算法[J]. 武汉大学学报(信息科学版), 46(9): 1318-1327.

张祥, 张叶晖, 韩靖博, 等, 2018. 北极扬马延岛大气边界层高度的气候特征分析[J]. 极地研究, 30(2): 132-139.

张志薇, 王宏斌, 张镭, 等, 2014. 中国地区 3 个 AERONET 站点气溶胶直接辐射强迫分析[J]. 中国科学院大学学报, 31(3): 297-305.

章红平, 刘焱雄, 唐卫明, 等, 2003. 地基 GPS 大气可降水分全误差分析[J]. 测绘信息与工程, 28(2): 11-13.

赵静旸, 宋淑丽, 朱文耀, 2014. ERA-Interim 应用于中国地区地基 GPS/PWV 计算的精度评估[J]. 武汉大学学报(信息科学版), 2014, 39(8): 935-939.

赵庆志, 杜正, 姚顽强, 等, 2022. GNSS 约束的 MERSI/FY-3A PWV 校准方法[J]. 测绘学报, 51(2): 159-168.

赵庆志, 姚宜斌, 姚顽强, 2021. 顾及层析区域外测站的 GNSS 水汽层析建模方法[J]. 测绘学报, 50(3): 285-294.

赵庆志, 姚宜斌, 姚顽强, 等, 2018. 利用 ECMWF 改善射线利用率的三维水汽层析算法[J]. 测绘学报, 47(9): 1179-1187.

朱丹彤, 2022. 中国区域多源水汽融合算法及其气候应用研究[D]. 徐州: 中国矿业大学.

ADAVI Z, MASHHADI H M, 2015. 4D-tomographic reconstruction of water vapor using the hybrid regularization technique with application to the North West of Iran[J]. Advances in Space Research, 55(7): 1845-1854.

ALSHAWAF F, FERSCH B, HINZ S, et al., 2015. Water vapor mapping by fusing InSAR and GNSS remote sensing data and atmospheric simulations[J]. Hydrology and Earth System Sciences, 19(12): 4747-4764.

ANDERSSON E, HASELER J, UNDÉN P, et al., 1998. The ECMWF implementation of three-dimensional variational assimilation (3D-Var). III: Experimental results[J]. Quarterly Journal of the Royal Meteorological Society, 124(550): 1831-1860.

ASKNE J, NORDIUS H, 1987. Estimation of tropospheric delay for microwaves from surface weather data[J]. Radio Science, 22(3): 379-386.

BASILI P, BONAFONI S, MATTIOLI V, et al., 2004. Mapping the atmospheric water vapor by integrating microwave radiometer and GPS measurements[J]. IEEE Transactions on Geoscience and Remote Sensing, 42(8): 1657-1665.

BAWA S, ISIOYE O A, MOSES M, et al., 2022. An appraisal of the ECMWF ReAnalysis5 (ERA5) model in estimating and monitoring atmospheric water vapour variability over Nigeria[J]. Geodesy and Cartography, 48(3): 150-159.

BENDER M, DICK G, GE M, et al., 2011a. Development of a GNSS water vapour tomography system using algebraic reconstruction techniques[J]. Advances in Space Research, 47(10): 1704-1720.

BENDER M, STOSIUS R, ZUS F, et al., 2011b. GNSS water vapour tomography-expected improvements by combining GPS, GLONASS and Galileo observations[J]. Advances in Space Research, 47(5): 886-897.

BENEVIDES P, CATALAO J, MIRANDA P M, 2014. Experimental GNSS tomography study in Lisbon (Portugal)[J]. Física de la Tierra, 26(2014): 65-79.

BENEVIDES P, NICO G, CATALAO J, et al., 2015. Bridging InSAR and GPS tomography: A new differential geometrical constraint[J]. IEEE Transactions on Geoscience and Remote Sensing, 54(2): 697-702.

BENGTSSON L, KANAMITSU M, KALLBERG P, et al., 1982. FGGE research activities at ECMWF[J]. Bulletin of the American Meteorological Society, 63(3): 277-303.

BENNARTZ R, FISCHER J, 2001. Retrieval of columnar water vapour over land from backscattered solar radiation using the medium resolution imaging spectrometer[J]. Remote Sensing of Environment, 78(3): 274-283.

BEVIS M, BUSINGER S, HERRING T A, et al., 1992. GPS meteorology: Remote sensing of atmospheric water vapor using the global positioning system[J]. Journal of Geophysical Research: Atmospheres, 97(D14): 15787-15801.

BOCK O, KEIL C, RICHARD E, et al., 2005. Validation of precipitable water from ECMWF model analyses with GPS and radiosonde data during the MAP SOP[J]. Quarterly Journal of the Royal Meteorological Society: A Journal of the Atmospheric Sciences, Applied Meteorology and Physical Oceanography, 131(612): 3013-3036.

BOEHM J, WERL B, SCHUH H, 2006. Troposphere mapping functions for GPS and very long baseline interferometry from European Centre for Medium-Range Weather Forecasts operational analysis data[J]. Journal of Geophysical Research: Solid Earth, 111(B2): 1-9.

BÖHM J, MÖLLER G, SCHINDELEGGER M, et al., 2015. Development of an improved empirical model for slant delays in the troposphere (GPT2w)[J]. GPS Solutions, 19(3): 433-441.

BRAMLET R, 1978. Reconstruction tomography in diagnostic radiology and nuclear medicine[J]. Clinical Nuclear Medicine, 3(6): 245.

BRAUN J, 2004. Remote sensing of atmospheric water vapor with the global positioning system[J]. Geophysical Research Letters, 20(23): 2631-2634.

BRAUN J, ROCKEN C, MEERTENS C, et al., 1999. Development of a water vapor tomography system using low cost L1 GPS receivers[C]. San Antonio: 9th ARM Science Team Meeting Proceedings.

CAO Y, CHEN Y, LI P, 2006. Wet refractivity tomography with an improved Kalman-filter method[J]. Advances in Atmospheric Sciences, 23: 693-699.

CHAHINE M T, 1992. The hydrological cycle and its influence on climate[J]. Nature, 359(6394): 373-380.

CHANG L, GAO G, JIN S, et al., 2014. Calibration and evaluation of precipitable water vapor from MODIS infrared observations at night[J]. IEEE Transactions on Geoscience and Remote Sensing, 53(5): 2612-2620.

CHANG L, JIN S, 2013. MODIS infrared (IR) water vapor calibration model and assessment[C]. Kaifeng: 2013 21st International Conference on Geoinformatics.

CHEN B, LIU Z, 2014a. Voxel-optimized regional water vapor tomography and comparison with radiosonde and numerical weather model[J]. Journal of Geodesy, 88(7): 691-703.

CHEN B, LIU Z, 2014b. Analysis of precipitable water vapor (PWV) data derived from multiple techniques: GPS, WVR, radiosonde and NHM in Hong Kong[C]. Nanjing: China Satellite Navigation Conference (CSNC) 2014 Proceedings.

CHEN B, TAN J, WANG W, et al., 2023. Tomographic reconstruction of water vapor density fields from the integration of GNSS observations and Fengyun-4A products[J]. IEEE Transactions on Geoscience and Remote Sensing, 61: 1-12.

CHEN B, YU W, WANG W, et al., 2021. A global assessment of precipitable water vapor derived from GNSS zenith tropospheric delays with ERA5, NCEP FNL, and NCEP GFS products[J]. Earth and Space Science, 8(8): e2021EA001796.

CHEN P, YAO W, ZHU X, 2014c. Realization of global empirical model for mapping zenith wet delays onto precipitable water using NCEP re-analysis data[J]. Geophysical Journal International, 198(3): 1748-1757.

CHEN Q, SONG S, HEISE S, et al., 2011. Assessment of ZTD derived from ECMWF/NCEP data with GPS ZTD over China[J]. GPS Solutions, 15: 415-425.

CHOI K K, RAY J, GRIFFITHS J, et al., 2013. Evaluation of GPS orbit prediction strategies for the IGS Ultra-rapid products[J]. GPS Solutions, 17: 403-412.

DARRAG M, ABOUALY N, MOHAMED A M S, et al., 2020. Evaluation of precipitable water vapor variation for East Mediterranean using GNSS[J]. Acta Geodaetica et Geophysica, 55: 257-275.

DEE D P, UPPALA S M, SIMMONS A J, et al., 2011. The ERA-Interim reanalysis: Configuration and performance of the data assimilation system[J]. Quarterly Journal of the Royal Meteorological Society, 137(656): 553-597.

DEMCHEV D M, KULAKOV M Y, MAKSHTAS A P, et al., 2020. Verification of ERA-Interim and ERA5 reanalyses data on surface air temperature in the Arctic[J]. Russian Meteorology and Hydrology, 45(11): 771-777.

DICK G, GENDT G, REIGBER C, 2001. First experience with near real-time water vapor estimation in a German GPS network[J]. Journal of Atmospheric and Solar-Terrestrial Physics, 63(12): 1295-1304.

DING N, ZHANG S B, WU S Q, et al., 2018. Adaptive node parameterization for dynamic determination of boundaries and nodes of GNSS tomographic models[J]. Journal of Geophysical Research: Atmospheres, 123(4): 1990-2003.

DING N, ZHANG S, LIU X, et al., 2017. Voxel nodes model parameterization for GPS water vapor tomography[C]. Shanghai: China Satellite Navigation Conference (CSNC) 2017 Proceedings.

DONG Z, JIN S, 2018. 3D water vapor tomography in Wuhan from GPS, BDS and GLONASS observations[J]. Remote Sensing, 10(1): 62.

EMARDSON T R, JOHANSSON J M, 1998. Spatial interpolation of the atmospheric water vapor content between sites in a ground-based GPS network[J]. Geophysical Research Letters, 25(17): 3347-3350.

EMARDSON T R, SIMONS M, WEBB F H, 2003. Neutral atmospheric delay in interferometric synthetic aperture radar applications: Statistical description and mitigation[J]. Journal of Geophysical Research: Solid Earth, 108(B5): 2231.

FANG P, GENDT G, SPRINGER T, et al., 2001. IGS near real-time products and their applications[J]. GPS Solutions, 4(4): 2-8.

FENG P, LI F, YAN J, et al., 2020. Assessment of the accuracy of the saastamoinen model and VMF1/VMF3 mapping functions with respect to ray-tracing from radiosonde data in the framework of GNSS meteorology[J]. Remote Sensing, 12(20): 3337.

FISHBACH F F, 1965. A satellite method for temperature and pressure below 24km[J]. Bulletin of the American Meteorological Society, 1965, 46(9): 528-532.

FLORES A, DE ARELLANO J V G, GRADINARSKY L P, et al., 2001a. Tomography of the lower troposphere using a small dense network of GPS receivers[J]. IEEE Transactions on Geoscience and Remote Sensing, 39(2): 439-447.

FLORES A, RIUS A, DE ARELLANO J V G, et al., 2001b. Spatio-temporal tomography of the lower troposphere using GPS signals[J]. Physics and Chemistry of the Earth, Part A: Solid Earth and Geodesy, 26(6-8): 405-411.

FLORES A, RUFFINI G, RIUS A, 2000. 4D tropospheric tomography using GPS slant wet delays[C]//GERMANY. Annales Geophysicae. Berlin: Springer-Verlag.

FROUIN R, DESCHAMPS P, LECOMTE P, 1990. Determination from space of atmospheric total water vapor amounts by differential absorption near 940nm: Theory and airborne verification[J]. Journal of Applied Meteorology, 29(6): 448-460.

GAO B C, GOETZ A F H, 1990. Column atmospheric water vapor and vegetation liquid water retrievals from airborne imaging spectrometer data[J]. Journal of Geophysical Research: Atmospheres, 95(D4): 3549-3564.

GAO J, XUE M, SHAPIRO A, et al., 1999. A variational method for the analysis of three-dimensional wind fields from two Doppler radars[J]. Monthly Weather Review, 127(9): 2128-2142.

GONG S, HAGAN D F T, WU X, et al., 2018. Spatio-temporal analysis of precipitable water vapour over northwest China utilizing MERSI/FY-3A products[J]. International Journal of Remote Sensing, 39(10): 3094-3110.

GRAHAM R M, HUDSON S R, MATURILLI M, 2019. Improved performance of ERA5 in arctic gateway relative to four global atmospheric reanalyses[J]. Geophysical Research Letters, 46(11): 6138-6147.

GUI K, CHE H, CHEN Q, et al., 2017. Evaluation of radiosonde, MODIS-NIR-Clear, and AERONET precipitable water vapor using IGS ground-based GPS measurements over China[J]. Atmospheric Research, 197: 461-473.

GUO J, YANG F, SHI J, et al., 2016. An optimal weighting method of global positioning system (GPS) troposphere tomography[J]. IEEE Journal of Selected Topics in Applied Earth Observations and Remote Sensing, 9(12): 5880-5887.

HAINES B J, BAR-SEVER Y E, 1998. Monitoring the TOPEX microwave radiometer with GPS: Stability of columnar water vapor measurements[J]. Geophysical Research Letters, 25(19): 3563-3566.

HAJJ G A, IBANEZ-MEIER R, KURSINSKI E R, et al., 1994. Imaging the ionosphere with the global positioning system[J]. International Journal of Imaging Systems and Technology, 5(2): 174-187.

HALTHORE R N, ECK T F, HOLBEN B N, et al., 1997. Sun photometric measurements of atmospheric water vapor column abundance in the 940-nm band[J]. Journal of Geophysical Research: Atmospheres, 102(D4): 4343-4352.

HE J, LIU Z, 2019. Comparison of satellite-derived precipitable water vapor through near-infrared remote sensing channels[J]. IEEE Transactions on Geoscience and Remote Sensing, 57(12): 10252-10262.

HE J, LIU Z, 2020. Water vapor retrieval from MODIS NIR channels using ground-based GPS data[J]. IEEE Transactions on Geoscience and Remote Sensing, 58(5): 3726-3737.

HE J, LIU Z, 2021a. Water vapor retrieval from MERSI NIR channels of Fengyun-3B satellite using ground-based GPS data[J]. Remote Sensing of Environment, 258: 112384.

HE J, LIU Z, 2021b. Applying the new MODIS-based precipitable water vapor retrieval algorithm developed in the North Hemisphere to the South Hemisphere[J]. IEEE Transactions on Geoscience and Remote Sensing, 60: 1-12.

HEO J H, RYU G H, JANG J D, 2018. Optimal interpolation of precipitable water using low earth orbit and numerical weather prediction data[J]. Remote Sensing, 10(3): 436.

HEUBLEIN M, ALSHAWAF F, ERDNÜß B, et al., 2019. Compressive sensing reconstruction of 3D wet refractivity based on GNSS and InSAR observations[J]. Journal of Geodesy, 93(2): 197-217.

HIRAHARA K, 2000. Local GPS tropospheric tomography[J]. Earth, Planets and Space, 52(11): 935-939.

HOFFMANN L, GÜNTHER G, LI D, et al., 2019. From ERA-Interim to ERA5: The considerable impact of ECMWF's next-generation reanalysis on Lagrangian transport simulations[J]. Atmospheric Chemistry and Physics, 19(5): 3097-3124.

HOLBEN B N, ECK T F, SLUTSKER I, et al., 1998. AERONET-A federated instrument network and data archive for aerosol characterization[J]. Remote sensing of environment, 66(1): 1-16.

HU Y, YAO Y, 2019. A new method for vertical stratification of zenith tropospheric delay[J]. Advances in Space Research, 63(9): 2857-2866.

JACKSON D L, WICK G A, BATES J J, 2006. Near-surface retrieval of air temperature and specific humidity using multisensor microwave satellite observations[J]. Journal of Geophysical Research: Atmospheres, 111(D10): 1-6.

JANSSEN V, GE L, RIZOS C, 2004. Tropospheric corrections to SAR interferometry from GPS observations[J]. GPS Solutions, 8(3): 140-151.

JARLEMARK P O J, EMARDSON T R, 1998. Strategies for spatial and temporal extrapolation and interpolation of wet delay[J]. Journal of Geodesy, 72(6): 350-355.

JIANG Q, LI W, FAN Z, et al., 2021. Evaluation of the ERA5 reanalysis precipitation dataset over Chinese Mainland[J]. Journal of Hydrology, 595: 125660.

KATHURIA D, MOHANTY B P, KATZFUSS M, 2019. Multiscale data fusion for surface soil moisture estimation: A spatial hierarchical approach[J]. Water Resources Research, 55(12): 10443-10465.

KAUFMAN Y J, GAO B C, 1992. Remote sensing of water vapor in the near IR from EOS/MODIS[J]. IEEE Transactions on Geoscience and Remote Sensing, 30(5): 871-884.

KHANIANI A S, NIKRAFTAR Z, ZAKERI S, 2020. Evaluation of MODIS Near-IR water vapor product over Iran using ground-based GPS measurements[J]. Atmospheric Research, 231: 104657.

KISSLING E, ELLSWORTH W L, EBERHART-PHILLIPS D, et al., 1994. Initial reference models in local earthquake tomography[J]. Journal of Geophysical Research: Solid Earth, 99(B10): 19635-19646.

KONG L, TANG X, ZHU J, et al., 2021. A 6-year-long (2013—2018) high-resolution air quality reanalysis dataset in China based on the assimilation of surface observations from CNEMC[J]. Earth System Science Data, 13 (2): 529-570.

KRUEGER E, SCHUELER T, ARBESSER R B, 2005. The standard tropospheric correction model for the European satellite navigation system Galileo[J]. Proc. General Assembly URSI, (1): 23-29.

LADD C, BOND N A, 2002. Evaluation of the NCEP/NCAR reanalysis in the NE Pacific and the Bering Sea[J]. Journal of Geophysical Research: Oceans, 107(C10): 22-1-22-9.

LAGLER K, SCHINDELEGGER M, BÖHM J, et al., 2013. GPT2: Empirical slant delay model for radio space geodetic techniques[J]. Geophysical Research Letters, 40(6): 1069-1073.

LANDSKRON D, BÖHM J, 2018. VMF3/GPT3: Refined discrete and empirical troposphere mapping functions[J]. Journal of Geodesy, 92(4): 349-360.

LI H, WANG X, CHOY S, et al., 2022. Detecting heavy rainfall using anomaly-based percentile thresholds of predictors derived from GNSS-PWV[J]. Atmospheric Research, 265: 105912.

LI Q, CHEN P, SUN L, et al., 2018a. A global weighted mean temperature model based on empirical orthogonal function analysis[J]. Advances in Space Research, 61(6): 1398-1411.

LI W, ALI E, ABOU EL-MAGD I, et al., 2019. Studying the impact on urban health over the greater delta region in Egypt due to aerosol variability using optical characteristics from satellite observations and ground-based AERONET measurements[J]. Remote Sensing, 11(17): 1998.

LI W, YUAN Y B, OU J K, et al., 2012. A new global zenith tropospheric delay model IGGtrop for GNSS applications[J]. Chinese Science Bulletin, 57(17): 2132-2139.

LI X, LONG D, 2020. An improvement in accuracy and spatiotemporal continuity of the MODIS precipitable water vapor product based on a data fusion approach[J]. Remote Sensing of Environment, 248: 111966.

LI X, DICK G, LU C, et al., 2015. Multi-GNSS meteorology: Real-time retrieving of atmospheric water vapor from BeiDou, Galileo, GLONASS, and GPS observations[J]. IEEE Transactions on Geoscience and Remote Sensing, 53(12): 6385-6393.

LI X, TAN H, LI X, et al., 2018b. Real-Time sensing of precipitable water vapor from BeiDou Observations: Hong Kong and CMONOC networks[J]. Journal of Geophysical Research: Atmospheres, 123(15): 7897-7909.

LI X, ZHANG L, CAO X, et al., 2016. Retrieval of precipitable water vapor using MFRSR and comparison with other multisensors over the semi-arid area of northwest China[J]. Atmospheric Research, 172: 83-94.

LI Z, 2004. Production of regional 1 km×1km water vapor fields through the integration of GPS and MODIS data[C]. Proceedings of the 17th International Technical Meeting of the Satellite Division of the Institute of Navigation. Long Beach: Long Beach Convention Center.

LI Z, FIELDING E J, CROSS P, et al., 2006. Interferometric synthetic aperture radar atmospheric correction: GPS topography-dependent turbulence model[J]. Journal of Geophysical Research: Solid Earth, 111(B2): 1-12.

LI Z, MULLER J P, CROSS P, 2003. Comparison of precipitable water vapor derived from radiosonde, GPS, and moderate-resolution imaging spectroradiometer measurements[J]. Journal of Geophysical Research: Atmospheres, 108(D20): 4651.

LIU C, ZHENG N, ZHANG K, et al., 2019. A new method for refining the GNSS-derived precipitable water vapor map[J]. Sensors, 19(3): 698.

LIU M, TANG R L, LI Z L, et al., 2021. Progress of data-driven remotely sensed retrieval methods and products on land surface evapotranspiration[J]. National Remote Sensing Bulletin, 25(8): 1517-1537.

LIU Z, CHEN B, CHAN S T, et al., 2015. Analysis and modelling of water vapour and temperature changes in Hong Kong using a 40-year radiosonde record: 1973—2012[J]. International Journal of Climatology, 35(3): 462-474.

LU C, FENG G, ZHENG Y, et al., 2020. Real-time retrieval of precipitable water vapor from Galileo observations by using the MGEX network[J]. IEEE Transactions on Geoscience and Remote Sensing, 58(7): 4743-4753.

LU C, LI X, GE M, et al., 2016. Estimation and evaluation of real-time precipitable water vapor from GLONASS and GPS[J]. GPS Solutions, 20: 703-713.

LU C, LI X, NILSSON T, et al., 2015. Real-time retrieval of precipitable water vapor from GPS and BeiDou observations[J]. Journal of Geodesy, 89: 843-856.

LU C, LI X, ZUS F, et al., 2017. Improving BeiDou real-time precise point positioning with numerical weather models[J]. Journal of Geodesy, 91(9): 1019-1029.

LUO C, XIAO F, GONG L, et al., 2022. Comparison of weighted mean temperature in Greenland calculated by four reanalysis data[J]. Remote Sensing, 14(21): 5431.

MA X, YAO Y, ZHANG B, et al., 2022. Improving the accuracy and spatial resolution of precipitable water vapor dataset using a neural network-based downscaling method[J]. Atmospheric Environment, 269: 118850.

MELBOURNE W G, DAVIS E S, DUNCAN C B, et al., 1994. The application of spaceborne GPS to atmospheric limb sounding and global change monitoring[R]. California: Jet Propulsion Laboratory.

MENZEL W P, SMITH W L, HERMAN L D, 1981. Visible infrared spin-scan radiometer atmospheric sounder radiometric calibration: An inflight evaluation from intercomparisons with HIRS and radiosonde measurements[J]. Applied Optics, 20(20): 3641-3644.

MORTENSEN M D, HØEG P, 1998. Inversion of GPS occultation measurements using Fresnel diffraction theory[J]. Geophysical Research Letters, 25(13): 2441-2444.

NIELL A E, COSTER A J, SOLHEIM F S, et al., 2001. Comparison of measurements of atmospheric wet delay by radiosonde, water vapor radiometer, GPS, and VLBI[J]. Journal of Atmospheric and Oceanic Technology, 18(6): 830-850.

NILSSON T, GRADINARSKY L, 2006. Water vapor tomography using GPS phase observations: Simulation results[J]. IEEE Transactions on Geoscience and Remote Sensing, 44(10): 2927-2941.

NING T, WICKERT J, DENG Z, et al., 2016. Homogenized time series of the atmospheric water vapor content obtained from the GNSS reprocessed data[J]. Journal of Climate, 29(7): 2443-2456.

NOTARPIETRO R, CUCCA M, GABELLA M, et al., 2011. Tomographic reconstruction of wet and total refractivity fields from GNSS receiver networks[J]. Advance in Space Research, 47: 898-912.

OSAH S, ACHEAMPONG A A, FOSU C, et al., 2021. Evaluation of zenith tropospheric delay derived from ray-traced VMF3 product over the west African region using GNSS observations[J]. Advances in Meteorology, 2021: 1-14.

PERDIGUER-LÓPEZ R, BERNÉ-VALERO J L, GARRIDO-VILLÉN N, 2019. Application of GNSS methodologies to obtain precipitable water vapor(PWV) and its comparison with radiosonde data[J]. Multidisciplinary Digital Publishing Institute Proceedings, 19(1): 24.

PÉREZ-RAMÍREZ D, WHITEMAN D N, SMIRNOV A, et al., 2014. Evaluation of AERONET precipitable water vapor versus microwave radiometry, GPS, and radiosondes at ARM sites[J]. Journal of Geophysical Research: Atmospheres, 119(15): 9596-9613.

PERLER D, GEIGER A, HURTER F, 2011. 4D GPS water vapor tomography: New parameterized approaches[J]. Journal of Geodesy, 85: 539-550.

REALINI E, SATO K, TSUDA T, et al., 2015. Local-Scale Precipitable Water Vapor Retrieval from High-Elevation Slant Tropospheric Delays Using a Dense Network of GNSS Receivers[M]. Berlin: Springer.

ROCKEN C, VAN HOVE T, WARE R, 1997. Near real-time GPS sensing of atmospheric water vapor[J]. Geophysical Research Letters, 24 (24): 3221-3224.

ROHM W, 2013. The ground GNSS tomography-unconstrained approach[J]. Advances in Space Research, 51(3): 501-513.

ROHM W, BOSY J, 2011. The verification of GNSS tropospheric tomography model in a mountainous area[J]. Advances in Space Research, 47(10): 1721-1730.

SAHA S, MOORTHI S, PAN H L, et al., 2010. The NCEP climate forecast system reanalysis[J]. Bulletin of the American Meteorological Society, 91(8): 1015-1058.

SAHA S, MOORTHI S, WU X, et al., 2014. The NCEP climate forecast system version 2[J]. Journal of Climate, 27(6): 2185-2208.

SCHÜLER T, 2014. The TropGrid2 standard tropospheric correction model[J]. GPS Solutions, 18(1): 123-131.

SEKO H, SHIMADA S, NAKAMURA H, et al., 2000. Three-dimensional distribution of water vapor estimated from tropospheric delay of GPS data in a mesoscale precipitation system of the Baiu front[J]. Earth, Planets and Space, 52(11): 927-933.

SETIYOKO A, ARYMURTHY A M, ARIEF R, 2018. Effects of different sampling densities and pixel size on kriging interpolation for predicting elevation[C]. Bali: 2018 International Conference on Signals and Systems.

SHARIFI M A, SAM K A, JOGHATAEI M, 2015. Comparison of GPS precipitable water vapor and meteorological parameters during rainfalls in Tehran[J]. Meteorology and Atmospheric Physics, 127(6): 701-710.

SHI H, XIAO Z, ZHAN X, et al., 2019. Evaluation of MODIS and two reanalysis aerosol optical depth products over AERONET sites[J]. Atmospheric Research, 220: 75-80.

SICARD M, BARRAGAN R, DULAC F, et al., 2016. Aerosol optical, microphysical and radiative properties at regional background insular sites in the western Mediterranean[J]. Atmospheric Chemistry and Physics, 16(18): 12177-12203.

SIMMONS A J, 2001. Development of the ERA-40 data assimilation system[J]. ERA-40 Project Rep. Series, (3): 11-30.

SUN Z, ZHANG B, YAO Y, 2019. A global model for estimating tropospheric delay and weighted mean temperature developed with atmospheric reanalysis data from 1979 to 2017[J]. Remote Sensing, 11(16): 1893.

TREGONING P, BOERS R, O'BRIEN D, et al., 1998. Accuracy of absolute precipitable water vapor estimates from GPS observations[J]. Journal of Geophysical Research: Atmospheres, 103(D22): 28701-28710.

TROLLER M, BÜRKI B, COCARD M, et al., 2002. 3D refractivity field from GPS double difference tomography[J]. Geophysical Research Letters, 29(24): 2-1-2-4.

UPPALA S, 1997. Observing System Performance in ERA[R]. Reading: ECMEF Reanalysis Project Reports Series.

VAN BAELEN J, REVERDY M, TRIDON F, et al., 2011. On the relationship between water vapour field evolution and the life cycle of precipitation systems[J]. Quarterly Journal of the Royal Meteorological Society, 137(S1): 204-223.

VIJAYAKUMAR K, DEVARA P C S, GILES D M, et al., 2018. Validation of satellite and model aerosol optical depth and precipitable water vapor observations with AERONET data over Pune, India[J]. International Journal of Remote Sensing, 39(21): 7643-7663.

VIDALE J. Finite-difference calculation of travel times[J]. Bulletin of the Seismological Society of America, 1988, 78(6): 2062-2076.

WANG J, FENG J, YAN Z, et al., 2020. An analysis of the urbanization contribution to observed terrestrial stilling in the Beijing-Tianjin-Hebei region of China[J]. Environmental Research Letters, 15(3): 034062.

WANG L, ALEXANDER M J, 2010. Global estimates of gravity wave parameters from GPS radio occultation temperature data[J]. Journal of Geophysical Research: Atmospheres, 115(D21): 1-12.

WANG L, HU X, XU N, et al., 2021. Water vapor retrievals from near-infrared channels of the advanced medium resolution spectral imager instrument onboard the Fengyun-3D satellite[J]. Advances in Atmospheric Sciences, 38: 1351-1366.

WANG M, FANG X, HU S, et al., 2015. Variation characteristics of water vapor distribution during 2000—2008 over Hefei (31.9°N, 117.2°E) observed by L625 lidar[J]. Atmospheric Research, 164: 1-8.

WANG W, WANG J X, 2011. Ground-based GPS water vapor tomography based on algebraic reconstruction technique[J]. Journal of Computer Applications, 31(11): 3149-3151, 3156.

WANG X, WANG X, DAI Z, et al., 2014. Tropospheric wet refractivity tomography based on the BeiDou satellite system[J]. Advances in Atmospheric Sciences, 31: 355-362.

WANG X, ZHANG K, WU S, et al., 2016. Water vapor-weighted mean temperature and its impact on the determination of precipitable water vapor and its linear trend[J]. Journal of Geophysical Research: Atmospheres, 121(2): 833-852.

WARE R, EXNER M, FENG D, et al., 1996. GPS sounding of the atmosphere from low earth orbit: Preliminary results[J]. Bulletin of the American Meteorological Society, 77(1): 19-40.

WU Z, LU C, HAN X, et al., 2022. Real-time retrieval of atmospheric water vapor from shipborne Beidou observations over the South China Sea[J]. Research Square, 1-16.

XIA P, CAI C, LIU Z, 2013. GNSS troposphere tomography based on two-step reconstructions using GPS observations and COSMIC profiles[C]. Annales Geophysicae. Göttingen: Copernicus Publications.

XIA P, YE S, 2017. A troposphere tomography technique based on combined reconstruction algorithm[J]. Journal of Geodesy and Geodynamics, 37(9): 928-932.

XIE Y, LI Z, HOU W, et al., 2021. Validation of FY-3D MERSI-2 precipitable water vapor (PWV) datasets using ground-based PWV data from AERONET[J]. Remote Sensing, 13(16): 3246.

XIONG Z, ZHANG B, SANG J, et al., 2021. Fusing precipitable water vapor data in CHINA at different timescales using an artificial neural network[J]. Remote Sensing, 13(9): 1720.

XU J, LIU Z, 2021. Radiance-based retrieval of total water vapor content from sentinel-3A OLCI NIR channels using ground-based GPS measurements[J]. International Journal of Applied Earth Observation and Geoinformation, 104: 102586.

XU S G, XIONG Y L, LIU N, et al., 2011a. Real-time PWV obtained by ground GPS[J]. Geomatics and Information Science of Wuhan University, 36(4): 407-411.

XU W B, LI Z W, DING X L, et al., 2011b. Interpolating atmospheric water vapor delay by incorporating terrain elevation information[J]. Journal of Geodesy, 85(9): 555-564.

YAMAGISHI Y, SAITO K, HIRAHARA K, et al., 2021. Spatio-temporal clustering of earthquakes based on distribution of magnitudes[J]. Applied Network Science, 6: 1-17.

YANG F, GUO J, MENG X, et al., 2019. Establishment and assessment of a new GNSS precipitable water vapor interpolation scheme based on the GPT2w model[J]. Remote Sensing, 11(9): 1127.

YANG F, SUN Y, MENG X, et al., 2023. Assessment of tomographic window and sampling rate effects on GNSS water vapor tomography[J]. Satellite Navigation, 4(1): 7.

YANG P, ZHAO Q, LI Z, et al., 2021. High temporal resolution global PWV dataset of 2005—2016 by using a neural network approach to determine the mean temperature of the atmosphere[J]. Advances in Space Research, 67(10): 3087-3097.

YAO Y, XU C, SHI J, et al., 2015. ITG: A new global GNSS tropospheric correction model[J]. Scientific Reports, 5(1): 1-9.

YAO Y, XU C, ZHANG B, et al., 2014. GTm-Ⅲ: A new global empirical model for mapping zenith wet delays onto precipitable water vapour[J]. Geophysical Journal International, 197(1): 202-212.

YAO Y, XU X, HU Y, 2018a. Establishment of a regional precipitable water vapor model based on the combination of GNSS and ECMWF data[J]. Atmospheric Measurement Techniques Discussions, 227: 1-21.

YAO Y, XU X, XU C, et al., 2018b. GGOS tropospheric delay forecast product performance evaluation and its application in real-time PPP[J]. Journal of Atmospheric and Solar-Terrestrial Physics, 175: 1-17.

YAO Y, XU X, XU C, et al., 2019. Establishment of a real-time local tropospheric fusion model[J]. Remote Sensing, 11(11): 1321.

YAO Y, ZHAO Q, 2016. Maximally using GPS observation for water vapor tomography[J]. IEEE Transactions on Geoscience and Remote Sensing, 54(12): 7185-7196.

YAO Y, ZHAO Q, 2017. A novel, optimized approach of voxel division for water vapor tomography[J]. Meteorology and Atmospheric Physics, 129: 57-70.

YUAN Y, ZHANG K, ROHM W, et al., 2014. Real-time retrieval of precipitable water vapor from GPS precise point positioning[J]. Journal of Geophysical Research: Atmospheres, 119(16): 10044-10057.

YUNCK T P, LINDAL G F, LIU C H, 1988. The role of GPS in precise Earth observation[C]. Navigation into the 21st Century. Orlando: IEEE PLANS'88, Position Location and Navigation Symposium.

ZHANG B, FAN Q, YAO Y, et al. 2017. An improved tomography approach based on adaptive smoothing and ground meteorological observations[J]. Remote Sensing, 9(9): 886.

ZHANG B, YAO Y, 2021a. Precipitable water vapor fusion based on a generalized regression neural network[J]. Journal of Geodesy, 95(3): 1-14.

ZHANG B, YAO Y, XIN L, et al., 2019a. Precipitable water vapor fusion: An approach based on spherical cap harmonic analysis and Helmert variance component estimation[J]. Journal of Geodesy, 93(12): 2605-2620.

ZHANG H, YUAN Y, LI W, et al., 2019b. A real-time precipitable water vapor monitoring system using the national GNSS network of China: Method and preliminary results[J]. IEEE Journal of Selected Topics in Applied Earth Observations and Remote Sensing, 12(5): 1587-1598.

ZHANG Q, YE J, ZHANG S, et al., 2018a. Precipitable water vapor retrieval and analysis by multiple data sources: Ground-based GNSS, radio occultation, radiosonde, microwave satellite, and NWP reanalysis data[J]. Journal of Sensors, 2018: 1-13.

ZHANG W, LOU Y, HUANG J, et al., 2018b. Multiscale variations of precipitable water over China based on 1999—2015 ground-based GPS observations and evaluations of reanalysis products[J]. Journal of Climate, 31 (3): 945-962.

ZHANG W, LOU Y, LIU W, et al., 2020. Rapid troposphere tomography using adaptive simultaneous iterative reconstruction technique[J]. Journal of Geodesy, 94: 1-12.

ZHANG W, ZHANG H, LIANG H, et al., 2019c. On the suitability of ERA5 in hourly GPS precipitable water vapor retrieval over China[J]. Journal of Geodesy, 93(10): 1897-1909.

ZHANG W, ZHANG S, DING N, et al., 2021b. GNSS-RS tomography: Retrieval of tropospheric water vapor fields using GNSS and RS observations[J]. IEEE Transactions on Geoscience and Remote Sensing, 60: 1-13.

ZHANG Z, LOU Y, ZHANG W, et al., 2022. Assessment of ERA-Interim and ERA5 reanalysis data on atmospheric corrections for InSAR[J]. International Journal of Applied Earth Observation and Geoinformation, 111: 102822.

ZHAO Q, DU Z, LI Z, et al., 2021a. Two-step precipitable water vapor fusion method[J]. IEEE Transactions on Geoscience and Remote Sensing, 60: 1-10.

ZHAO Q, DU Z, YAO W, et al., 2020a. Hybrid precipitable water vapor fusion model in China[J]. Journal of Atmospheric and Solar-Terrestrial Physics, 208: 105387.

ZHAO Q, DU Z, YAO W, et al., 2022. Precipitable water vapor fusion method based on artificial neural network[J]. Advances in Space Research, 70(1): 85-95.

ZHAO Q, LI Z, YAO W, et al., 2020b. An improved ridge estimation (IRE) method for troposphere water vapor tomography[J]. Journal of Atmospheric and Solar-Terrestrial Physics, 207: 105366.

ZHAO Q, LIU Y, MA X, et al., 2020c. An improved rainfall forecasting model based on GNSS observations[J]. IEEE Transactions on Geoscience and Remote Sensing, 58(7): 4891-4900.

ZHAO Q, YAO W, YAO Y, et al., 2020d. An improved GNSS tropospheric tomography method with the GPT2w model[J]. GPS Solutions, 24: 1-13.

ZHAO Q, MA X, YAO W, et al., 2019a. A new typhoon-monitoring method using precipitation water vapor[J]. Remote Sensing, 11(23): 2845.

ZHAO Q, MA X, YAO W, et al., 2019b. Improved drought monitoring index using GNSS-derived precipitable water vapor over the loess plateau area[J]. Sensors, 19(24): 5566.

ZHAO Q, MA Y, LI Z, et al., 2021b. Retrieval of a high-precision drought monitoring index by using GNSS-derived ZTD and temperature[J]. IEEE Journal of Selected Topics in Applied Earth Observations and Remote Sensing, 14: 8730-8743.

ZHAO Q, SU J, LI Z, et al., 2021c. Adaptive aerosol optical depth forecasting model using GNSS observation[J]. IEEE Transactions on Geoscience and Remote Sensing, 60: 1-9.

ZHAO Q, YANG P, YAO W, et al., 2019c. Hourly PWV dataset derived from GNSS observations in China[J]. Sensors, 20(1): 231.

ZHAO Q, YANG P, YAO W, et al., 2021d. Adaptive AOD forecast model based on GNSS-derived PWV and meteorological parameters[J]. IEEE Transactions on Geoscience and Remote Sensing, 60: 1-10.

ZHAO Q, YAO Y, CAO X, et al., 2018a. An optimal tropospheric tomography method based on the multi-GNSS observations[J]. Remote Sensing, 10(2): 234.

ZHAO Q, YAO Y, CAO X, et al., 2019d. Accuracy and reliability of tropospheric wet refractivity tomography with GPS, BDS, and GLONASS observations[J]. Advances in Space Research, 63(9): 2836-2847.

ZHAO Q, YAO Y, YAO W, 2017. A troposphere tomography method considering the weighting of input information[C]. Annales Geophysicae. Gottingen: Copernicus Publications.

ZHAO Q, YAO Y, YAO W, et al., 2018b. Real-time precise point positioning-based zenith tropospheric delay for precipitation forecasting[J]. Scientific Reports, 8(1): 7939.

ZHAO Q, YAO Y, YAO W, 2018c. Troposphere water vapour tomography: A horizontal parameterised approach[J]. Remote Sensing, 10(8): 1241.

ZHAO Q, ZHANG K, YAO W, 2019e. Influence of station density and multi-constellation GNSS observations on troposphere tomography[C]. Annales Geophysicae. Göttingen: Copernicus Publications.

ZHAO Q, ZHANG K, YAO Y, et al., 2019f. A new troposphere tomography algorithm with a truncation factor model (TFM) for GNSS networks[J]. GPS Solutions 23: 1-13.

ZHU K, ZHAO L, WANG W, et al., 2018. Augment BeiDou real-time precise point positioning using ECMWF data[J]. Earth, Planets and Space, 70(1): 1-12.

ZIBORDI G, MÉLIN F, BERTHON J F, et al., 2009. AERONET-OC: A network for the validation of ocean color primary products[J]. Journal of Atmospheric and Oceanic Technology, 26(8): 1634-1651.

MÖLLER G, 2017. Reconstruction of 3D wet refractivity fields in the lower atmosphere along bended GNSS signal paths[D]. Wien: Technische Universität Wien.

RADON J, 1917. Über die Bestimmung von Funktionen durch ihre In-te-gral-werte längs gewisser Mannigfaltigkeiten[J]. Computed Tomography, 69: 262-277.

第 2 章　GNSS 及其定位原理

　　随着 GLONASS、Galileo 的发展及 2020 年 7 月 31 日我国 BDS 全球组网，导航卫星系统发展已由单一 GPS 向多 GNSS、双频向多频方向发展。此外，区域导航卫星系统，如印度区域导航卫星系统（Indian regional navigation satellite system，IRNSS）和准天顶卫星系统（quasi-zenith satellite system，QZSS）的出现，使得全球导航卫星系统发展进入了崭新的阶段。本章首先对全球四大导航卫星系统和具有代表性的两大区域导航卫星系统进行详细介绍，包括导航卫星系统的构建背景、系统组成、信号体制、系统现代化及其应用等方面。其次，对 GNSS 定位基本原理进行详细介绍，包括 GNSS 基本观测量、线性组合、定位原理与方法、定位模型和随机模型等。再次，对影响 GNSS 定位的主要误差源进行详细介绍，并给出不同误差的消除或削弱方式。最后，对 GNSS 相关的组织机构等进行简要介绍，为进一步了解 GNSS 数据处理相关知识提供参考。

2.1　GNSS

2.1.1　GPS

　　GPS 是由美国国防部于 1973 年联合各方共同设计和研发的全球卫星定位系统，并于 1995 年投入使用。GPS 发展经历了三个阶段，分别为方案论证和初步设计阶段（1973～1979 年）、全面研制和试验阶段（1979～1984 年）及实用组网阶段（1989～1993 年）。第一个阶段主要工作是研制了地面接收机及创建地面跟踪网，第二阶段主要是发射了 7 颗 BLOCK I 试验卫星，并研制了各种用途的 GPS 接收机（定位精度可达 14m），第三阶段主要组建了 GPS 卫星观测网。经过一系列发展，GPS 实现了向全球用户提供高精度导航、定位等服务。

　　GPS 主要由空间星座部分、地面控制部分和用户接收部分构成。为了保证在 95% 的时间内能够接收到 24 颗卫星信息，GPS 空间星座部分在轨卫星数为 32 颗，由 31 颗工作卫星和 1 颗备用卫星构成。GPS 卫星均匀分布在 6 个轨道面上，即每个轨道面分布至少 4 颗卫星。卫星轨道面相对于地球赤道面的轨道倾角为 55°，各轨道平面的升交点赤经相差 60°，一个轨道平面上的卫星比西边相邻轨道平面上的相应卫星升交角距超前 30°，卫星平均轨道高度为 20200km，轨道周期约为 11h58min。

GPS 卫星生成三种频率的载波信号，即频率为 1575.42MHz 的 L1 载波、频率为 1227.60MHz 的 L2 载波和频率为 1176.45MHz 的 L5 载波，并使用码分多址（code division multiple access，CDMA）技术向全球用户播发载波信号。此外，在 L1、L2 和 L5 载波上又分别调制了多种卫星信号，这些信号主要有 C/A 码、P 码、NH 码等。C/A 码被称为粗捕获码，被调制在 L1 载波上，是 1MHz 的伪随机噪声（pseudo random noise，PRN）码，其码长为 1023 位（周期为 1ms），波特率为 1.023MHz。由于每颗卫星的 C/A 码都不一样，因此利用 PRN 码来区分它们。P 码被称为精码，被调制在 L1 和 L2 载波上，是 10MHz 的伪随机噪声码，其周期为 7d。在实施反电子欺诈（AS）政策时，P 码与 W 码模二相加生成保密的 Y 码，此时，一般用户无法利用 P 码来进行导航定位。NH 码称为纽曼哈弗曼编码，被调制在 L5 载波上，其码长 10230 位（周期为 1ms），波特率为 10.23 MHz，相对于调制在 L1 载波上的 C/A 码来说，L5 码码长更长，波特率更高，且可与 Galileo 相互调制（王小妮等，2017），因此定位精度更高。

随着 multi-GNSS 的出现，为了促进全球导航卫星系统的发展，多国在探索新的卫星信号、卫星星座及建立新的传感器网络。与此同时，GPS 也在进行现代化，即 GPS Ⅲ系列卫星及其信号。其总体方案包括对三个阶段（空间星座部分、信号体制部分、用户部分）的升级和改造（金际航和边少锋，2005）。

GPS 空间星座的现代化主要是 Block Ⅲ系列卫星和 Block ⅢF 系列卫星的研制与发展。Block Ⅲ系列卫星将为 GPS 在轨卫星提供补充，并且将逐步取代目前的 GPS 卫星星座。较之前的 GPS 卫星，Block Ⅲ系列卫星的精度提升了 3 倍（赵超和刘春保，2019），抗干扰能力提升了 8 倍，其发展基本代表了未来 GPS 卫星的发展趋势（赵超和刘春保，2019）。GPS 信号体制的现代化主要是增加了三个新的民用信号（L1C 信号、L2C 信号和 L5 信号），提高了 GPS 卫星的集成度，新的民用信号能够改善导航、定位精度，更好地抵抗干扰，提供更加精确的导航信息（王小妮等，2017）。GPS 控制段的现代化主要是指开发和建设下一代运行控制系统（next generation operational control system，OCX），OCX 逐步取代地面控制系统，截至 2021 年 7 月，OCX 已经完成 17 个监测站的部署，并进行系统集成和验证工作，以完成运营准备工作。未来，OCX 系统将不断升级，主要包括雷声公司负责开发的 OCX ⅢF 系统，OCX ⅢF 系统修改 OCX Block Ⅰ和Ⅱ软件基线自适应架构，以增强发射和控制 GPS ⅢF 卫星的能力，计划于 2027 年第三季度运行验收。

2.1.2　GLONASS

GLONASS 由苏联于 1982 年开始研制，苏联解体后由俄罗斯继续发展。截至目前，GLONASS 已经经历了三个阶段的发展：维持已有卫星星座正常运行阶段（1983～1985 年）、第二代 GLONASS 卫星（GLONASS M 卫星）开发阶段（1986～

1993 年）和 GLONASS K 系列卫星开发阶段（1993～1995 年）。GLONASS 是第二个可以在全球范围内运行且精度与 GPS 相当的导航卫星系统。

GLONASS 主要由空间星座、地面控制和用户接收部分构成。空间星座部分共有 26 颗卫星，其中包含 22 颗工作卫星、2 颗备用卫星、1 颗测试卫星和 1 颗调试卫星；GLONASS 卫星分布在 3 个轨道面上，每个轨道面之间的夹角为 120°，每个轨道面至少分布 6 颗及以上卫星。卫星平均轨道倾角为 64.90°，卫星平均轨道高度为 19000km，轨道半径为 25510km，轨道运行周期约为 11h15min44s。GLONASS 卫星轨道倾角大于 GPS 卫星轨道倾角，因此在高纬度地区（纬度大于 50°的地区）具有较好的可视性。地面控制部分包括分布在莫斯科的系统控制中心和指令跟踪站，GLONASS 控制部分主要工作是监控卫星的状态信息、确定星历校正及卫星钟相对于 GLONASS 时间和 UTC 的偏移，并且将监测到的信息上传到卫星。用户接收部分主要由接收机终端设备和数据处理软件组成，能够接收 GLONASS 卫星信号并测量其伪距和速度，进一步得到 GNSS 测站位置坐标的三个分量、速度矢量及时间。

GLONASS 联合使用频分多址（frequency division multiple access，FDMA）和 CDMA 技术向用户播发信息，GLONASS 卫星播发四种信号，即 1598.0625～1609.3125MHz 的 G1 信号、1242.9375～1251.6875MHz 的 G2 信号、1202.025MHz 的 G3 信号和 1176.45MHz 的 G5 信号。在 G1、G2、G3 和 G5 载波上调制了多种信号，其中主要包括 C/A 码、P 码和 NH 码。C/A 码码长为 960 位（周期为 1ms），波特率为 1.023MHz，被调制在 G1 和 G2 载波上，主要为民用；P 码码长为 96 位（周期为 1ms），波特率为 10.23MHz，被调制在 G1 和 G2 载波上，主要为军用；NH 码码长 10230 位（周期为 1ms），波特率为 10.23MHz，被调制在 G3 和 G5 载波上，其精度明显高于 C/A 码。

为了促进 multi-GNSS 的不断发展，俄罗斯也积极探索和发展 GLONASS 的现代化，其核心策略是优化 GLONASS 的空间星座部分、信号体制部分和地面控制部分（王文军等，2013）。GLONASS 空间星座的现代化主要包括研制新型的 GLONASS 卫星和研制新型的卫星钟。研制的新型卫星即 GLONASS K2 卫星（刘天雄等，2021）和 GLONASS V 卫星。早在 2013～2014 年俄罗斯就计划开发研制 GLONASS K2 卫星，但由于经费等问题拖延，GLONASS K2 卫星的研制周期一直被搁置。相对于传统的 GLONASS 卫星，GLONASS K2 卫星定位精度更加精确且有更大的重量和功率，GLONASS K2 卫星定位精度在 3～5m，或根据用户要求设置为±0.3m 的范围误差。GLONASS V 卫星是俄罗斯正在开发研制的新一代 GLONASS 卫星，预计在高轨道上部署 6 颗 GLONASS V 卫星用于本国和邻近地区的导航和定位。GLONASS 信号体制的现代化主要是指研发新的导航信号，如 L1OCM 信号、L5OCM 信号和 L3OCM 信号（陈鹏，2021）。L1OCM 信号使用频率 1575.42 MHz 为中心的二进制偏移载波（BOC）信号（1，1）调制，预计主要用于民用，向民众提供更为精确的导航定位信息；L5OCM 信号使用频率 1176.45MHz 为中心的二进制相移键控（BPSK）（10）调制，与其他信号组合使用时，定位精度将更高；L3OCM 信号使用频率 1207.14 MHz 为中心的 BPSK（10）调制，与北斗 B2b 信号类似，当与其他信号进行组合使用时，利于单频定位和导航。此外，还包括 GLONASS 控制段的现代化，主要是部署全球性地面测控站，以及对通信网络和软件进行升级换代。

2.1.3　Galileo

伽利略（Galileo）是由欧盟牵头研发和制定的全球导航卫星系统，该系统目前已经历了三个阶段的发展：定义阶段（1999～2001 年），开发和在轨验证阶段（2001～2005 年）和部署运营阶段（2006 年至今）。定义阶段主要是对系统未来计划的部署，开发和在轨验证阶段主要为卫星星座的设计和试验卫星发射，Galileo 的第一颗试验卫星 GIOVE A 于 2005 年 12 月发射，部署运营阶段主要进行卫星发射和地面部分建设。2011 年 8 月第一颗正式卫星成功发射；2016 年 12 月，Galileo 于布鲁塞尔举行开通仪式，开始提供早期服务；2017～2018 年能够初步提供服务；该系统最终在 2019 年具备完备的工作能力。

Galileo 包含空间星座、地面监测和用户设备三大部分，根据欧洲 GNSS 服务中心 2022 年 9 月提供的最新开放服务性能报告显示，目前 Galileo 空间星座在轨工作卫星 24 颗，辅助卫星 6 颗，皆在平均高度为 2.4 万 km 的轨道运行，轨道长半轴接近 3 万 km，所有工作卫星都位于 3 个倾角为 56°的轨道平面内。轨道升交点在赤道上相隔 120°，卫星运行周期为 14h4min42s，每个轨道面上有 8 颗工作卫星和 2 颗辅助卫星。Galileo 用户终端主要由导航定位模块和通信模块组成，包含所有兼容该系统的接收器和设备，这些接收器和设备收集 Galileo 空间信号并计算其位置，根据其在不同方面的应用，由不同的用户通过接收设备获取位置信息。

Galileo 使用 CDMA 技术播发卫星信号，系统包括四种导航频段：E1（1559～1594MHz）、E5a（1164～1188MHz）、E5b（1195～1219MHz）和 E6（1260～1300MHz），信号 E1 开放服务（OS）的中心频率为 1575.42MHz，采用复合二进制偏移载波（multiplexed binary offset carrier，MBOC）（6，1，1/11）信号调制；信号 E1 公共管制服务（PRS）的中心频率为 1575.42 MHz，采用余弦 BOC（15，2.5）信号调制，E1 信号是一种开放在 L1 波段上传送的信号，由数据通道 E1-B 和引导通道 E1-C 组成，采用该信号的所有用户均可使用非加密代码和导航数据；信号 E5a 和 E5b 的中心频率分别为 1176.45MHz 和 1207.14MHz，采用交替二进制偏移载波（AltBOC）（15，10）信号调制，均是一种传输在 E5 频带上的开放信号。E5a 信号采用所有用户均可使用的非加密代码和导航数据，其传输支持导航和定时服务的基本信号，数据速率为 25bit/s，该值相对较低，可使数据解调更稳健；E5b 信号除了携带用户所需的非加密代码和导航数据，还包括非加密完好性信息和加密商业信息，其数据速率为 125bit/s；信号 E6 的中心频率为 1278.75MHz，采用 BPSK 信号调制，E6 信号是一种商业性信号，传输在 E6 波段上，E6-C 的测距码和数据是加密的，数据速率是 500bit/s，可以传输额外的商业数据。在系统频段包含着不同的频道，信号频道上搭载有伪距、载波相位、多普勒频移和信号强度等数据信息。用户通过接收机收到卫星播发的信号，即可获取信号上搭载的数据信息。

Galileo 是世界上第一个基于民用的全球导航卫星系统，并于 2016 年 12 月开始提供初始服务，包括公开服务、搜索与救援服务。其中，公开服务分为导航、定位和授时三大基本功能。为推进全球多导航系统的发展，欧盟下一步计划对 Galileo 进行升级，使其逐步适应现代导航卫星系统的快速发展，主要包含 Galileo 二代卫星的发射、地面部分升级和开发低轨导航卫星三大部分。Galileo 二代卫星目前正在研发阶段，预计 2028 年具备初始运行能力，2031 年后具备全面运行能力。Galileo 二代卫星也将使 Galileo 服务更加准确、安全、可靠和适应性强。Galileo 地面部分将进行全面的技术更新，包括硬件虚拟化和数百万行代码的移植。将引入一系列新技术提高系统弹性，包括扩展操作模式以提高服务连续性和稳健性，所有地面资产的网络安全监控将作为对当前地面基础设施的覆盖引入。在低轨卫星建设部分，ESA 计划新的导航卫星进行在轨实验，由数百甚至数千颗低轨道卫星组成的巨型星座为电信服务或地球观测提供连续且全面的覆盖范围，这些卫星将在高仅几百千米的太空中运行，以补充 Galileo 卫星星座的不足。

2.1.4　BDS

BDS 是我国自行研制的全球导航卫星系统，也是继 GPS、GLONASS 之后第三个成熟的导航卫星系统。

BDS 主要包含空间星座部分、地面控制部分和用户部分。截至 2023 年 12 月 26 日，BDS 在轨运行卫星 48 颗，包含 15 颗北斗二号系统卫星和 33 颗北斗三号系统卫星。北斗二号为 5 颗地球静止轨道（geostationary orbit，GEO）卫星、5 颗倾斜地球同步轨道（inclined geosynchronous orbit，IGSO）卫星和 4 颗中圆地球轨道（middle earth orbit，MEO）卫星组成；北斗三号系统星座包含 5 颗 GEO 卫星、3 颗 IGSO 卫星和 26 颗 MEO 卫星，北斗三号系统独立于北斗二号系统且兼容北斗二号系统。GEO 卫星轨道高度 35786km，分别定点于东经 80°、110.5°和 140°；IGSO 卫星轨道高度 35786km，轨道倾角 55°；MEO 卫星轨道高度 21528km，轨道倾角 55°，运行在 3 个轨道面上，轨道面之间相隔 120°且均匀分布。

BDS 同样使用 CDMA 技术播发卫星信号，北斗二号系统在 B1、B2 和 B3 三个频段提供 B1I、B2I 和 B3I 三个公开服务信号。其中，B1、B2 和 B3 频段的中心频率分别为 1561.098MHz、1207.140MHz 和 1268.520MHz。北斗三号系统在上述三个频段上提供 B1I、B1C、B2a、B2b 和 B3I 五个公开服务信号。其中，B1C 信号是北斗三代新播发的信号，采用正交复用二进制偏移载波技术调制。

北斗三号系统采用了全星座星间链路设计，星间链路采用空时分址，具体分为 K 频段以上（Ka）相控阵和激光星间链路。Ka 带宽 200kB/s，测距精度 0.15～0.2m；激光链路通信带宽为 1GB/s，测距精度为厘米级。星间链路能够增强卫星星座之间的连通性，提升星间测距能力和信息通信能力，有利于卫星定轨和时空基准的维持，并且能够提高搜救能力和信息传输能力。

未来 BDS 还将持续进行优化，主要包括原卫星星座升级和辅助低轨卫星星网的布设。BDS 计划增大 IGSO 卫星的倾角，以改善北斗三号在北极地区的导航、定位及授时服务效能。同时，在卫星上装载惯性导航系统设备，测定卫星机动期间轨道变化量，提供基本可用的轨道参数。此外，计划发射低轨增强卫星网，分别由 300 颗卫星的"鸿雁"星座、156 颗卫星的"虹云"星座和 150 颗卫星的微厘空间构成的星网。低轨卫星将直接播发与 BDS 相同的卫星信号，使得观测几何增强，同时低轨卫星的信号功率及轨道的增加，将形成高低轨联合定轨，提升北斗高轨卫星的可测弧段并提升全球轨道测定精度。

2.1.5　区域导航卫星系统

除全球导航卫星系统国际委员会公布的全球四大导航卫星系统供应商之外，多国建立了区域导航卫星系统，如日本的 QZSS、印度的 IRNSS 等。

QZSS 是由日本研制建立的区域导航卫星系统。2002 年，日本政府授权开发 QZSS，作为 3 颗卫星的区域时间传输系统和基于卫星的增强系统。2010 年 9 月，由 H-ⅡA 运载火箭 18 号发射的第一颗准天顶卫星（QZS 1）从 21 日开始机动将其轨道从漂移轨道转移到准天顶轨道。通过 9 月 27 日进行的最终轨道控制，卫星进入日本上空的准天顶轨道，其中心经度约为 135°，由日本宇宙航空研究开发机构运营。QZSS 于 2018 年 1 月 12 日正式启用，旨在开发一种卫星定位服务，该服务可以随时在所有地点稳定使用。QZSS 与 GPS 卫星兼容，以此来改善卫星定位服务的精度和准确性。

QZSS 系统包括 3 颗 IGSO 卫星和 1 颗 GEO 卫星，发射的第 5 颗准天顶卫星系统卫星（QZS 1R）用于替代 QZS 1 卫星。QZSS 卫星运行轨道为大椭圆非对称"8"字形地球同步轨道，这些卫星分布于不同轨道面，倾角 45°，无论何时总有 1 颗卫星能够完整覆盖日本地区。因此，该系统主要服务地区为东亚、大洋洲等地。

QZSS 可以发送 L1、L2 和 L5 三种频段的卫星信号，大大减少对于信号规范及接收机设计的改动。QZSS 能经效能增强信号，提供测距校正资料。因此，相较于独立的 GPS，GPS+QZSS 组成的联合系统可提供更好的定位性能。QZSS 可在两方面增强全球定位系统的效能，一是增进 GPS 信号的可用性；二是性能改善，增加 GPS 导航的准确度和可靠性。准天顶卫星发送的可用性增强信号和现代化的 GPS 信号相容，确保了两系统的互通性。此外，通过故障监测和系统健康资料的通报，可提高卫星系统的可靠性。

由于 IRNSS 在卫星部署、系统构建等方面与 QZSS 类似，在此不再赘述。

2.1.6　GNSS 应用

随着 GNSS 的不断完善，GNSS 技术在各行各业得到了广泛应用，在最基本的 PNT（定位、导航、授时）领域更是飞速发展。例如，在定位方面，GNSS 静态定位精度达到几厘米，实时动态定位也可达到厘米级（杨元喜等，2021a）；在导航方面，车轨级的导航精度为无人驾驶公共汽车的试点提供保障，精确的授时更是在各行各业中不可或缺（杨元喜等，2021b）。同时，GNSS 精密定位技术在工程项目建设中也起着至关重要的作用，如在港珠澳大桥的建设方面，利用精密GNSS 定位技术进行跨海水准测量，获取高精度的水准高程，提高了高程传递测量的作业效率和经济效益。在大型精密工程安装方面，如被誉为中国"天眼"的500m 口径球面射电望远镜的精密安装中，依靠 GNSS 来铺设基准控制网，为精密测边网的设计奠定了基础。此外，在自然资源及地理勘探方面，如珠穆朗玛峰高程测量中，利用 GNSS 技术建立珠穆朗玛峰地区坐标控制网，获得高精度的珠穆朗玛峰高程测量坐标起算基准。在气象学中利用 GNSS 理论和技术来遥测大气水汽、进行气象学的科学研究，如基于地基 GNSS 水汽探测技术和层析技术获取多维水汽信息，并进一步应用到短临降水预警（Zhao et al.，2020a）、台风监测（王笑蕾等，2021；何秀凤等，2020）、ENSO 监测指数构建（Zhao et al.，2021，2020b）、干旱指数改进及构建（朱伟刚等，2023；Zhao et al.，2019；Bordi et al.，2015）等方面。此外，GNSS 技术在军事、公共安全与灾难救险、娱乐、航空和海运等领域也得到了广泛的应用。

2.2　GNSS 定位基本原理

2.2.1　GNSS 基本观测量

GNSS 信号可分为三种，即导航电文、测距码和载波信号。GNSS 的基本观测量为测距码和载波相位观测值，即伪距和载波。

1. 伪距

伪距是接收机到卫星之间的大概距离,其与真实距离之间存在各种误差。根据卫星信号的发射时间 t_s 与接收机收到信号的接收时间 t_r 可以得到信号的传播时间,再乘以信号的传播速度——光速 c,即可得到接收机与卫星间的几何距离。卫星钟和接收机钟存在钟差,且卫星信号穿过大气层时也会受到相应信号影响,直接观测的距离不等于接收机到卫星间的真实距离,称为伪距(PRC),计算公式如下:

$$PRC = c \cdot (t_r - t_s) \qquad (2.2.1)$$

伪距观测值需要借助测距码进行,其以二进制编码的形式存储、接收和发射。每一位二进制数称为 1 个码元或 1bit。bit 是码的度量单位,也是信息的度量单位。对于某一码序列,其在某一时刻的码元 0 或 1 是完全随机的,但从概率论的角度来说,码元 0 和 1 出现的概率均为 50%,这种码序列为随机噪声码序列,其有两种特性,即无规则性和良好的自相关性。自相关性通过自相关函数表达,具体如下:

$$R(t) = \frac{S_u - D_u}{S_u + D_u} \qquad (2.2.2)$$

式中,$R(t)$ 为自相关函数;S_u 为码值(0 或 1)相同的码元个数;D_u 为码值不相同的码元个数。

随机噪声码虽然具有良好的自相关性,但由于它是一种非周期性的码序列,没有确定的编码规则,因此在实际应用中无法复制和利用。为了能够利用随机噪声码自相关性这一特性,在具有噪声干扰的情况下,综合考虑测距精度、信号带宽、所需功率及不同卫星识别等问题,GNSS 采用了 PRN 码,这种码序列具有特定的编码规则和周期性,可以预先确定并重复产生和复制,同时具有良好的自相关性。

伪随机码有很多种,GNSS 采用的伪随机码是最长线性移位寄存器码序列,也称为 m 序列。它是由若干级带有某些特定反馈的移位寄存器产生的。GPS、GLONASS 均采用的 P 码、C/A 码进行定位;Galileo 则将其信号上的测距码全部设为阶梯码。阶梯码由主码和副码两个伪码序列构筑而成,其长度可以很长,但在信号比较强时,接收机只需要在主码或副码一个层面进行搜索和捕捉信号。BDS 公开服务的 B1C 信号采用分层码结构,可以有效扩展扩频码长度,提高相关性能,还可以使子码周期与导航电文帧周期相等并保持同步，通过搜索导频支路的子码相位，加快数据支路的帧同步。

2. 载波

GNSS 的测距码和导航电文信号都属于低频信号，在距地球远达 2 万 km 的高空，直接将上述低频信号传输到地面或近地空间的 GNSS 接收机上较为困难。通常将低频的测距码、导航电文加载在高频的电磁波信号上，确保信号的顺利传输。这种高频的电磁波信号称为载波。随着 GNSS 定位技术的发展，GNSS 载波信号已由最初的载体功能逐渐变为了三大主要观测信号之一，通过 GNSS 载波信号的相位观测和解算，获得更高精度的测距信号，理论上载波相位可达到静态毫米级和动态厘米级的定位结果。

根据 GNSS 卫星信号发送时刻相位 φ^s 和接收机 j 接收信号时刻的相位 φ_r，可以得出信号从卫星至接收机的传播时间 Δt 和载波相位变化量 $\Delta\varphi = \varphi_r - \varphi^s$，相位差 $\Delta\varphi$ 除以相位周期 2π 即可得出载波的波长传播数，载波的波长传播数乘以其相应波长 λ，即为卫星至接收机天线相位中心的距离 L_i^s：

$$L_i^s = \lambda \cdot \Delta\varphi/2\pi = \lambda \cdot \left(\varphi_r - \varphi^s\right)\big/2\pi \tag{2.2.3}$$

理论上，利用公式（2.2.3）即可得到毫米级精度的卫地真实距离。但实际测量中，因载波波长太短，卫星至接收机天线相位中心的距离太长，相位测量中存在整周模糊度问题，无法直接得到卫星信号从发射到接收时间 Δt 的卫星载波相位变化量，即相位差 $\Delta\varphi$。因此，实际利用载波相位观测中会出现未知模糊度的问题。

假设接收机 i 接收到卫星 p 信号时，接收机钟的钟时刻为 t，则称该时刻为 t 观测历元。一般用接收机产生的本地载波信号的相位 $\varphi_i(t)$ 来代替卫星 p 发射端的相位 $\varphi^p(t)$：

$$\varphi^p(t) = \varphi_i(t) = f \cdot t + \varphi_{i,0} \tag{2.2.4}$$

可将观测历元 t 时卫星 p 在接收机端的载波信号相位表达为

$$\varphi_i^p(t) = \varphi^p(t) = f \cdot \left[t + \Delta t(t)\right] + \varphi_0^p \tag{2.2.5}$$

式中，$\Delta t(t)$ 为 t 观测历元，即卫星信号发射到接收机的信号传播时间。

由载波信号的纯余弦波特性及载波相位测量中整周模糊度存在的事实，结合公式（2.2.4）和公式（2.2.5），t 观测历元载波相位测量值 $\tilde{\varphi}_i^p(t)$ 和整周模糊度的关系可表达如下：

$$\tilde{\varphi}_i^p(t) + N_i^p(t) = \varphi^p(t) - \varphi_i(t) \tag{2.2.6}$$

将公式（2.2.4）和公式（2.2.5）代入公式（2.2.6），整理可得

$$\tilde{\varphi}_i^p(t) = f \cdot \Delta t(t) - N_i^p(t) + \left(\varphi_0^p - \varphi_{i,0} \right) = \frac{P_i^p(t)}{\lambda} - N_i^p(t) + \left(\varphi_0^p - \varphi_{i,0} \right) \tag{2.2.7}$$

式中，$P_i^p(t)$ 为 t 观测历元卫星 p 到接收机 i 的伪距；λ 为载波信号的波长。

在载波相位测量中，一旦接收机锁相环在 t_0 观测历元锁定了接收卫星 p 的载波信号，虽然 $N_i^p(t_0)$ 是个模糊度，但是该信号已被固定下来，直到锁相环对该卫星的跟踪测量失锁为止。在信号的锁定期间，由于整周模糊度 $N_i^p(t_0)$ 保持不变，从公式（2.2.7）可知，载波相位测量值 $\tilde{\varphi}_i^p(t)$ 随着卫星至接收机之间的距离 $P_i^p(t)$ 的变化而变化。当卫星与接收机相对静止时，距离 $P_i^p(t)$ 不变，则载波相位测量值 $\tilde{\varphi}_i^p(t)$ 也保持不变，这进一步证实了 $\tilde{\varphi}_i^p(t)$ 可以真实地反映出卫星至接收机之间的距离信息。一旦锁相环对载波信号失锁后又重新锁定，由于失锁期间距离 $P_i^p(t)$ 的变化无法预测也无从监测，因此在锁相环重新锁定信号后，整周模糊度将不再等于上一次锁定的值 $N_i^p(t_0)$，而是一个新的未知数。

2.2.2　GNSS 线性组合

不同的观测方程中会含有同一多余参数，利用同类型同频率观测值线性组合可以将这些观测方程中共同存在的多余参数消去，如卫星钟差、接收机钟差、整周模糊度等。采用同类型同频率观测值线性组合时，并未对误差参数做任何约束，因而该方法与每一观测历元均设一个独立误差参数的做法是一致的。GNSS 观测方程中误差参数数量十分惊人，用户对它们不感兴趣，因而可采用消元法来消除这些参数，同时，同类型同频率观测值线性组合同样也适用于测码伪距观测值。单差、双差、三差观测值是被广泛采用的同类型同频率线性组合观测值。根据其在卫星间、接收机间和历元间求差，可表达为

在接收机间求差：

$$\left. \begin{array}{l} \varphi_i^p(t_1) - \varphi_j^p(t_1) \\ \varphi_i^q(t_1) - \varphi_j^q(t_1) \\ \varphi_i^p(t_2) - \varphi_j^p(t_2) \\ \varphi_i^q(t_2) - \varphi_j^q(t_2) \end{array} \right\} \tag{2.2.8}$$

在卫星间求差：

$$
\left.\begin{array}{l}
\varphi_i^p(t_1)-\varphi_i^q(t_1)\\
\varphi_j^p(t_1)-\varphi_j^q(t_1)\\
\varphi_i^p(t_2)-\varphi_i^q(t_2)\\
\varphi_j^p(t_2)-\varphi_j^q(t_2)
\end{array}\right\}
\qquad(2.2.9)
$$

在历元间求差：

$$
\left.\begin{array}{l}
\varphi_i^p(t_1)-\varphi_i^p(t_2)\\
\varphi_i^q(t_1)-\varphi_i^q(t_2)\\
\varphi_j^p(t_1)-\varphi_j^p(t_2)\\
\varphi_j^q(t_1)-\varphi_j^q(t_2)
\end{array}\right\}
\qquad(2.2.10)
$$

式中，测站 i 和测站 j 分别在 t_1 和 t_2 时刻对卫星 p 和卫星 q 进行观测（图 2.2.1）；$\varphi_A^B(C)$ 表示时刻 C 测站 A 对卫星 B 的载波相位测量值。

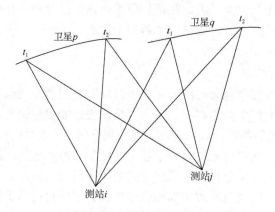

图 2.2.1　求差法说明图

在接收机之间求一次差可以消除卫星钟差，在卫星间求一次差可以消除接收机钟差，在历元间求一次差可以消除整周模糊度影响。此外，还可以削弱电离层延迟、对流层延迟等误差影响。

1. 同类型不同频率观测值线性组合

在 GNSS 数据处理过程中，一般使用同类型不同频率观测值线性组合可以消除数据使用效率低、差分观测值间存在相关性使问题复杂化，以及各种虚拟观测值无法准确求得等问题。常用的同类型同频率观测值线性组合有宽巷观测值及无电离层延迟观测值。

L_1 的载波相位观测值 φ_1 和 L_2 的相位观测值 φ_2 线性组合的一般形式为

$$\varphi_{n,m} = n \cdot \varphi_1 + m \cdot \varphi_2 \tag{2.2.11}$$

式中，线性组合观测值 $\varphi_{n,m}$ 相应的频率 $f_{n,m}$、波长 $\lambda_{n,m}$、整周模糊度 $N_{n,m}$、电离层延迟改正 $I_{n,m}$、观测噪声 $\sigma_{n,m}$ 在 L_1 和 L_2 中的关系式为

$$\left.\begin{array}{l} f_{n,m} = nf_1 + mf_2 \\ \lambda_{n,m} = c / f_{n,m} \\ N_{n,m} = nN_1 + mN_2 \\ I_{n,m} = -\dfrac{Ac}{f_1 \cdot f_2} \cdot \dfrac{nf_2 + mf_1}{nf_1 + mf_2} \\ \sigma_{n,m} = \sqrt{(n\sigma_{\varphi1})^2 + (m\sigma_{\varphi2})^2} \end{array}\right\} \tag{2.2.12}$$

式中，$A = -40.3 \displaystyle\int_s \mathrm{Ne}\,\mathrm{d}s$，Ne 为电子密度。

若不加限制，同类型不同频率的观测值能够组成多种不同的线性组合观测值，那么 n 和 m 均应该为整数，实际处理过程中，仅仅利用对 GNSS 测量有实际价值和意义的线性组合观测值，并且新的观测值应该保持模糊度的整数特性，利于正确确定整周模糊度。此外，新的观测值应具有合适的波长，不受电离层延迟的影响且具有较小的测量噪声。

1）宽巷观测值

宽巷观测值 φ_Δ 为 φ_1 与 φ_2 的差值，式（2.2.11）中 $n = 1$，$m = -1$，则

$$\varphi_\Delta = \varphi_1 - \varphi_2 \tag{2.2.13}$$

式（2.2.13）对应的频率 $f_\Delta = f_1 - f_2 = 347.82\mathrm{MHz}$，对应的波长 $\lambda_\Delta = 86.19\mathrm{cm}$，对应的模糊度 $N_\Delta = N_1 - N_2$。当 $\sigma_{\varphi_1} = \sigma_{\varphi_2} = 0.01$ 周时，$\sigma_{\varphi_\Delta} = 0.01 \times \sqrt{2}$ 周，对应的距离测量噪声 $\sigma_{\varphi_\Delta} = 1.22\mathrm{cm}$。

2）无电离层延迟观测值

利用 GNSS 卫星所发射的测距码进行距离测量时，测距码就是以群速度 $V_\mathrm{G} = c(1 - 40.3 \times \dfrac{\mathrm{Ne}}{f^2})$ 在电离层中进行传播的。在电离层之外，由于电子密度 Ne 为零，信号仍以真空中的光速 c 进行传播。若测距码从卫星到接收机的传播时间为

$\Delta t'$，则卫星至接收机的几何距离 ρ 为

$$\rho = c \cdot \Delta t' - \frac{40.3}{f^2} \int_{\Delta t'} \text{Ne} \mathrm{d}s \qquad (2.2.14)$$

令 $c \cdot \Delta t' = \rho'$，将公式（2.2.14）中积分项变化为 $\mathrm{d}s = c \cdot \mathrm{d}t$，于是积分间隔 $\Delta t'$ 也将相应的变化为信号传播路径 s，于是可得

$$\rho = \rho' - \frac{40.3}{f^2} \int_{s} \text{Ne} \mathrm{d}s \qquad (2.2.15)$$

由于两种频率 f_1 和 f_2 的信号是沿同一路径传播的，因此它们有相同的 A 值，其中，$A = -40.3 \int_{s} \text{Ne} \mathrm{d}s$，于是公式（2.2.15）可以改写为

$$\left. \begin{aligned} \rho &= \rho_1' + \frac{A}{f_1^2} \\ \rho &= \rho_2' + \frac{A}{f_2^2} \end{aligned} \right\} \qquad (2.2.16)$$

对于载波相位测量观测值有 $L' = (\varphi + N) \cdot \lambda$，代入公式（2.2.16），由载波相位观测值所受的电离层延迟与测码伪距观测值的电离层延迟大小相同、符号相反，可得

$$\left. \begin{aligned} \rho &= (\varphi_1 + N_1) \cdot \lambda_1 - \frac{A}{f_1^2} \\ \rho &= (\varphi_2 + N_2) \cdot \lambda_2 - \frac{A}{f_2^2} \end{aligned} \right\} \qquad (2.2.17)$$

根据公式（2.2.17）可得不受电离层延迟影响的载波线性组合观测值 φ_c 为

$$\varphi_c = \varphi_{m,n} = \frac{f_1^2}{f_1^2 - f_2^2} \cdot \varphi_1 - \frac{f_1 f_2}{f_1^2 - f_2^2} \cdot \varphi_2 \qquad (2.2.18)$$

由公式（2.2.18）可知，采用无电离层延迟观测值可以消去电离层延迟。采用载波相位观测值时，其误差一般不会超过几厘米。实际工作中，只有电离层的残差大于无电离层延迟观测值的观测噪声时，无电离层延迟观测值精度才会更佳。

2. 不同类型不同频率观测值线性组合

M-W（Melbourne-Wubbena）组合在 1985 年由 Melbourne 和 Wubbena 分别提出，M-W 组合消除了电离层延迟、卫星钟差，只受到测量噪声和多路径误差的影响（Melbourne and Wubbena，1985），这些误差可以通过多历元的观测平滑、削

弱，在存在轨道误差、站坐标误差和大气延迟误差的情况下，仍可以确定宽巷观测值的整周模糊度 N_Δ。

GNSS 数据处理过程中，伪距观测量方程和载波相位观测方程可以简化为以下形式：

$$\left.\begin{aligned}
P_1 &= \rho - \frac{A}{f_1^2} \\
P_2 &= \rho - \frac{A}{f_2^2} \\
L_1 &= \frac{\rho}{\lambda_1} + \frac{A}{cf_1} - N_1 \\
L_2 &= \frac{\rho}{\lambda_2} + \frac{A}{cf_2} - N_2
\end{aligned}\right\} \tag{2.2.19}$$

式中，ρ 为卫星到接收机的距离与所有和频率无关的偏差改正项之和，将伪距观测量方程和载波相位观测方程相应相减可得

$$\left.\begin{aligned}
A &= \frac{f_1^2 f_2^2}{f_1^2 - f_2^2}(P_1 - P_2) \\
\varphi_1 - \varphi_2 - \rho\left(\frac{1}{\lambda_1} - \frac{1}{\lambda_2}\right) - \frac{A}{c}\left(\frac{1}{f_1} - \frac{1}{f_2}\right) &= N_2 - N_1
\end{aligned}\right\} \tag{2.2.20}$$

根据公式（2.2.19），公式（2.2.20）可推导为

$$\left.\begin{aligned}
\rho &= \frac{f_1^2}{f_1^2 - f_2^2}P_1 - \frac{f_2^2}{f_1^2 - f_2^2}P_2 \\
\varphi_1 - \varphi_2 - \frac{f_1 - f_2}{f_1 + f_2}\left(\frac{P_1}{\lambda_1} + \frac{P_2}{\lambda_2}\right) &= N_2 - N_1
\end{aligned}\right\} \tag{2.2.21}$$

式中，$\varphi_1 - \varphi_2$ 为宽巷观测值 φ_Δ。将 $\lambda_\Delta = \dfrac{c}{f_\Delta} = \dfrac{c}{f_1 - f_2}$ 代入式（2.2.21）中，可得

$$\varphi_\Delta \lambda_\Delta - \frac{f_1 P_1 + f_2 P_2}{f_1 + f_2} + N_\Delta \lambda_\Delta = 0 \tag{2.2.22}$$

3. 不同类型同频率观测值组合

在进行单点定位时，经过长时间观测，利用不同类型同频率观测值组合可以有效改善定位精度，该组合的噪声主要来源于伪距测量噪声，测距码伪距观测值和载波相位观测值所受到的电离层延迟大小相同、符号相反，使用单频伪距观测值 P 和相位观测值 φ 也能消除电离层延迟，将公式（2.2.19）转化为

$$\frac{\varphi_1\lambda_1 + P_1}{2} = \frac{\left(\dfrac{\rho}{\lambda_1} - \dfrac{A}{cf_1} - N_1\right)\lambda_1 + \rho + \dfrac{A}{f_1^2}}{2}\lambda_\Delta = \frac{c}{f_\Delta} = \frac{c}{f_1 - f_2} \tag{2.2.23}$$

由公式（2.2.23）可得

$$\frac{P + \varphi\lambda}{2} = \rho - \frac{N\lambda}{2} \tag{2.2.24}$$

2.2.3　GNSS 定位原理与方法

GNSS 定位的基本原理为空间距离后方交会，即由卫星至接收机的距离和卫星的空间坐标，推算出接收机天线相位中心 A_t 的空间坐标 $P(X, Y, Z)$，如图 2.2.2 所示。

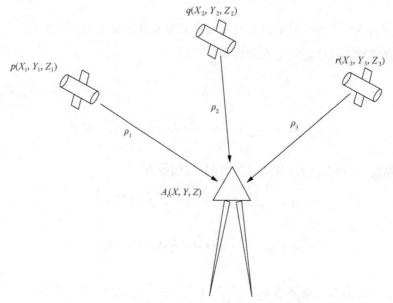

图 2.2.2　GNSS 定位基本原理示意图

在图 2.2.2 中，已知量有 3 颗卫星 p、q 及 r 的空间坐标 $[X_1, Y_1, Z_1]^\mathrm{T}$、$[X_2, Y_2, Z_2]^\mathrm{T}$ 和 $[X_3, Y_3, Z_3]^\mathrm{T}$，卫星到接收机的距离 ρ_1、ρ_2 和 ρ_3；未知量有接收机到天线相位中心 A_t 的坐标 $[X, Y, Z]^\mathrm{T}$。根据空间中两点之间的距离公式，则有以下三元二次方程组：

$$\left.\begin{aligned}
\rho_1^2 &= (X - X_1)^2 + (Y - Y_1)^2 + (Z - Z_1)^2 \\
\rho_2^2 &= (X - X_2)^2 + (Y - Y_2)^2 + (Z - Z_2)^2 \\
\rho_3^2 &= (X - X_3)^2 + (Y - Y_3)^2 + (Z - Z_3)^2
\end{aligned}\right\} \tag{2.2.25}$$

通过公式（2.2.25）可以求出地面测站 i 的坐标$[X,\ Y,\ Z]$。卫星信号从卫星到接收机过程中会存在各种误差影响，如电离层延迟、对流层延迟和多路径效应。此外，卫星和接收机本身也存在误差，如卫星星历误差、卫星钟差、相对论效应、信号在卫星内的延迟、接收机钟差、接收机的位置误差、接收机的测噪声、接收机天线相位中心偏差及信号在接收机内的延迟。上述的各项误差对测距的影响可达数十米甚至更大，因此需要进行误差的消除，常用的消除上述误差的方法主要有建立误差改正模型、求差法、参数法和增加观测时间等。实际中，由于接收机钟差对定位影响较大且难以模型化消除，经常作为待估参数与接收机坐标一起估计，因此至少需要 4 颗卫星才能进行定位。

2.2.4　GNSS 定位模型和随机模型

GNSS 定位主要包括绝对定位和相对定位。其中，绝对定位以 PPP 为代表，下面分别对两种定位方式进行介绍。

1. PPP 模型和随机模型

1）PPP 基本观测方程

GNSS 原始观测方程主要由测码伪距和载波相位两个观测量组成。对于某台接收机 j，观测到某颗卫星 p 的双频伪距及相位观测量，可以表示为

$$\left.\begin{aligned} P_{j,i}^p &= \rho_j^p + c(t_j - t^p) + I_{j,i}^p + T_j^p + c(b_{j,i} - b_i^p) + e_{j,i}^p \\ L_{j,i}^p &= \lambda_i \cdot \varphi_{j,i}^p = \rho_j^p + c(t_j - t^p) + I_{j,i}^p + T_j^p + B_{j,i} - B_i^p + \lambda_i N_{j,i}^p + \varepsilon_{j,i}^p \end{aligned}\right\} \quad (2.2.26)$$

式中，i 为信号频率；t_j 和 t^p 分别为接收机钟差与卫星钟差；T_j^p 为对流层延迟；$b_{j,i}$ 和 b_i^p 分别为接收机端和卫星端的伪距硬件延迟；$B_{j,i}$ 和 B_i^p 分别为接收机端和卫星端的相位硬件延迟；$e_{j,i}^p$ 为伪距观测量的测量误差、多路径效应误差及模型误差等；$\varepsilon_{j,i}^p$ 为相位观测量的测量误差、多路径效应误差及模型误差等。

2）精密单点定位模型

（1）消电离层组合模型。根据无电离层组合可对公式（2.2.26）进行推导，进行消电离层组合（Kouba et al.，2001）后为

$$\left.\begin{aligned} P_{\mathrm{IF}}' &= \frac{f_1^2}{f_1^2 - f_2^2} P_1 - \frac{f_2^2}{f_1^2 - f_2^2} P_2 \\ &= \rho_j^p + c(t_j - t^p) + T_j^p + e_{\mathrm{IF}} \\ L_{\mathrm{IF}}' &= \frac{f_1^2}{f_1^2 - f_2^2} L_{j,1}^p - \frac{f_2^2}{f_1^2 - f_2^2} L_{j,2}^p \\ &= \rho_j^p + c(t_j - t^p) + T_j^p + \lambda_{\mathrm{IF}} N_{\mathrm{IF}} + \varepsilon_{\mathrm{IF}} \end{aligned}\right\} \quad (2.2.27)$$

式中，P'_{IF} 和 L'_{IF} 分别为消电离层组合测码伪距观测值和载波相位观测值。

在进行 GNSS 精密单点定位的过程中，若使用了 IGS 分析中心播发的精密星历及精密钟差产品，就不必对卫星钟差进行改正，其他各项进行误差改正之后，公式（2.2.27）可以化简为

$$\left.\begin{array}{l} P'_{\text{IF}} = \rho^p_j + c \cdot t_j + T^p_j + e'_{\text{IF}} \\ L'_{\text{IF}} = \rho^p_j + c \cdot t_j + T^p_j + \lambda_{\text{IF}} N_{\text{IF}} + \varepsilon'_{\text{IF}} \end{array}\right\} \qquad (2.2.28)$$

消电离层组合模型在实际工作处理中，由于计算量比较小，需要预知的未知参量比较少，因此应用较为广泛。消电离层组合模型无法确定整周未知数的整数特性，其产生的观测噪声是原本观测模型的 3 倍（赵兴旺等，2014），且该模型只能消除一阶电离层误差，无法消除高阶电离层延迟对定位的影响。

（2）UofC 定位模型。利用无电离层组合测码伪距观测值和载波相位观测值的半组合观测值，可以得到以下卡尔加里大学（UofC）定位模型（Gao et al.，2001）：

$$\left.\begin{array}{l} P'_{\text{IF},i} = \dfrac{(P^p_{j,i} + L^p_{j,i})}{2} \\[2mm] \qquad = \rho^p_j + ct_j + T^p_j + \dfrac{\lambda_i N^p_{j,i}}{2} + e'_{\text{IF}} \\[2mm] L''_{\text{IF}} = \rho^p_j + ct_j + T^p_j + \lambda_{\text{IF}} N_{\text{IF}} + \varepsilon'_{\text{IF}} \end{array}\right\} \qquad (2.2.29)$$

UofC 定位模型只能消除一阶电离层误差，但是相比于传统的 PPP 模型，该模型能够降低一半的测码伪距观测值和载波相位观测值的观测噪声，改善单点定位的精度。相比于传统的消电离层组合模型来说，该模型需要额外预知模糊度参数，因此会增加计算量及解算的时间。

（3）非差非组合 PPP 定位模型。在 GNSS 精密单点定位过程中，无电离层组合和 UofC 组合可以消除一阶电离层延迟误差的影响，但是存在着观测噪声、多路径效应引起的噪声被放大等问题（赵兴旺等，2014）。非差非组合模型很好地解决了无电离层组合引起的观测数据的浪费问题，其定位模型为

$$\left.\begin{array}{l} P_i = \rho^p_j + c(t_j - t^p) + I^p_{j,i} + T^p_j + c(b_{j,i} - b^p_i) + e^p_{j,i} \\ L_i = \rho^p_j + c(t_j - t^p) + I^p_{j,i} + T^p_j + c(B_{j,i} - B^p_i) + \lambda_i N^p_{j,i} \\ \qquad + \lambda_i [L_j(t_0) - L^p(t_0)] + \varepsilon^p_{j,i} \end{array}\right\} \qquad (2.2.30)$$

式中，$L_j(t_0)$ 为接收机 0 时刻信号初始相位；$L^p(t_0)$ 为卫星 0 时刻信号初始相位。

3）PPP 随机模型

（1）高度角随机模型。高度角随机模型是基于高度角的某一特点建立的一种

高度角与 GNSS 观测噪声的函数关系，公式如下：

$$\sigma^2 = c^2 + d^2 \cos^2 \text{ele} \qquad (2.2.31)$$

$$\sigma^2 = \begin{cases} c^2, & \text{ele} \geq \dfrac{\pi}{6} \\ \dfrac{c^2}{4\sin^2 \text{ele}}, & \text{其他} \end{cases} \qquad (2.2.32)$$

式中，σ 为观测噪声；ele 为卫星高度角；c 和 d 为常数。

高度角随机模型表明，随着卫星高度角的不断减小，GNSS 信号受各种误差的影响越来越明显。

（2）信噪比随机模型。信噪比为 GNSS 观测信号与观测噪声的比值，比值越大则表示信号质量越好，反之则信号质量越差，其具体公式如下（Tregoning et al., 2013）：

$$\sigma^2 = \sqrt{C_i \cdot 10^{-\frac{R}{10}}} = \frac{\lambda_i}{2\pi}\sqrt{A_i \cdot 10^{-\frac{R}{10}}} \qquad (2.2.33)$$

式中，A_i 为跟踪环带宽；R 为实际获取的信噪比；一般取 $C_1 = 0.00224 \text{ m}^2 \cdot \text{Hz}$，$C_2 = 0.00077 \text{ m}^2 \cdot \text{Hz}$。

此外，还有学者基于高度角随机模型对信噪比随机模型进行了简化，给出了以下公式：

$$\sigma^2 = \sigma_0^2 \left(1 + be^{-\frac{R_0}{R}}\right)^2 \qquad (2.2.34)$$

式中，R_0 为可参考的信噪比；b 为放大因子；σ_0 为 GNSS 观测值在天顶方向的标准差。

2. 相对定位模型和随机模型

1）相对定位模型

GNSS 测量中的一种定位方式为相对定位，该方法可以获取未知点相对于已知点的坐标。在两台地面接收机 j 和 k，2 颗卫星 p 和 q 在同一频率 i 的情况下，观测方程可以写为

$$\left. \begin{aligned} P_{j,i}^p &= \rho_j^p + c(t_j - t^p) + I_{j,i}^p + T_j^p + c(b_{j,i} - b_i^p) + e_{j,i}^p \\ P_{k,i}^q &= \rho_k^q + c(t_k - t^q) + I_{k,i}^q + T_k^q + c(b_{k,i} - b_i^q) + e_{k,i}^q \\ L_{j,i}^p &= \lambda_i \cdot \varphi_{j,i}^p = \rho_j^p + c(t_j - t^p) + I_{j,i}^p + T_j^p + B_{j,i} - B_i^p + \lambda_i N_{j,i}^p + \varepsilon_{j,i}^p \\ L_{k,i}^q &= \lambda_i \cdot \varphi_{k,i}^q = \rho_k^q + c(t_n - t^q) + I_{k,i}^q + T_k^q + B_{k,i} - B_i^q + \lambda_i N_{k,i}^q + \varepsilon_{k,i}^q \end{aligned} \right\} \qquad (2.2.35)$$

对公式（2.2.35）作双差并线性化可得

$$\nabla\Delta P_i = \nabla\Delta\rho + \frac{f_1^2}{f_i^2}\nabla\Delta I_1 + \nabla\Delta T_j^p + \nabla\Delta e_{P_i}$$

$$\lambda_i\nabla\Delta\varphi_i = \nabla\Delta\rho - \frac{f_1^2}{f_i^2}\nabla\Delta I_1 + \nabla\Delta T_j^p - \lambda_i\nabla\Delta N_i + \nabla\Delta\varepsilon_{\varphi_i}$$

（2.2.36）

式中，$\nabla\Delta$ 为双差因子；ρ 为卫星到接收机之间的几何距离；e_{P_i} 为伪距噪声；ε_{φ_i} 为相位噪声。

2）相对定位模型

在 GNSS 相对定位过程中，应用较为广泛的为高度角模型与信噪比随机模型，在此不再赘述。

2.3　GNSS 定位影响误差

2.3.1　卫星星历误差

GNSS 卫星星历误差是指由卫星星历给出的卫星空间位置与其实际位置的偏差。卫星在空间的位置由地面监测站根据观测资料估计得出。

1. 星历误差的来源

GNSS 卫星星历的数据来源有广播星历和精密星历两种。在利用 GNSS 信号定位时，需要计算这一时刻 GNSS 卫星位置，而计算所需的卫星轨道参数都通过这两类星历提供。下面分别对两类卫星星历误差进行介绍。

1）广播星历的误差

广播星历是卫星导航电文中所携带的能够计算卫星空间位置信息的数据。该误差由 GNSS 地面控制中心的观测数据外推得到，当卫星过境注入站上空时通过地面注入站播发给 GNSS 卫星。GNSS 卫星的广播星历用开普勒根数及其变化率来描述卫星轨道。

2）精密星历的误差

在进行高精度 GNSS 数据处理时，一般采用 IGS 提供的精密星历，该数据是根据全球五百多个卫星跟踪站的观测资料进行拟合处理的精密星历精度（可达到厘米级）。IGS 提供的精密星历有最终星历、快速星历和超快星历，其概况见表 2.3.1。此外，在 2001 年，IGS 成立了实时工作组，负责实时活动，该计划被称为 RTPP。2007 年，IGS 宣布呼吁参与 IGS 实时试点项目，是为了实现以下目标：①管理和维护全球 IGS 实时 GNSS 跟踪网络；②增强和改进选定的 IGS 产品；

③生成新的实时产品；④调查实时数据收集的标准和格式，进行数据传播和衍生产品的交付；⑤监测 IGS 预测轨道的完整性和全球导航卫星系统状态；⑥将观测结果和衍生产品分发给实时用户；⑦鼓励实时活动之间的合作，特别是在 IGS 致密化领域。2013 年 4 月，工作组宣布 RTPP 已达到初始运营目标，并成功过渡到 IGS 实时服务，随后发布了一个网站，其中包含用户注册链接和有关如何访问该服务的广泛信息。

表 2.3.1　IGS 提供的精密星历概况

卫星星历	时效性	精度/m	数据时间间隔/min	更新率
超快星历（预报）	实时	0.05	15	1 次/6h
超快星历（实测）	3～9h	0.03	15	1 次/6h
快速星历	1～2d	0.025	15	1 次/d
最终星历	2 周	0.025	15	1 次/周

2. 星历误差的消除方法

1）建立、加密卫星跟踪网法

建立自己国家的 GNSS 卫星跟踪网，确定卫星轨道，可服务于本国及周边国家与地区。在利用地面观测站进行精密定轨时，首先需要选取地面 GNSS 观测站，如图 2.3.1 为地面测站结构图，地面测站分布相对卫星而言，其结构为凹面型。在测站分布结构内，增加测站数量可以增加卫星的可见弧段，从而增加定轨弧段内的可用观测数据；在测站分布结构外，增加测站数量会改善图形结构，提高定轨精度。测站数量会对定轨产生影响，但测站并非越多越好，当测站过多时，轨道精度并不会有明显改善，反而会大大延长解算时间，降低解算效率。

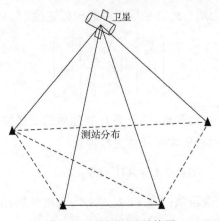

图 2.3.1　地面测站结构图

2）实时精密星历改正

在 GNSS 数据处理过程中，可利用基于互联网的传输协议（NTRIP）对 RTCM 格式的状态空间域增强服务（state spatial representation，SSR）数据进行传输，结合广播星历进行精密卫星位置以及卫星钟差的改正。SSR 数据提供所有的采用全球导航卫星系统得到的位置和卫星钟差改正数，SSR 改正信息中的卫星位置改正数一般是相对于卫星天线相位中心或卫星质心，如果 SSR 数据是相对于卫星天线相位偏差改正量，则需要加上国际地球参考系（ITRF）下的卫星位置坐标。

（1）利用 SSR 数据获取实时精密卫星位置。SSR 形式的数据为广播星历计算得到的改正数。在进行卫星位置求解时，广播星历中轨道参数需要根据改正数中的星历数据龄期确定：

$$\boldsymbol{\delta} = \begin{bmatrix} \delta_r \\ \delta_a \\ \delta_c \end{bmatrix} = \begin{bmatrix} d_r \\ d_a \\ d_c \end{bmatrix} + \begin{bmatrix} d'_r \\ d'_a \\ d'_c \end{bmatrix} (t - t_0) \tag{2.3.1}$$

式中，$\boldsymbol{\delta}$ 为观测时刻 t 的卫星位置；$[d_r, d_a, d_c]^T$ 为 t_0 时刻的卫星位置改正向量；$[d'_r, d'_a, d'_c]^T$ 为卫星速度的改正向量。

在 GNSS 数据处理过程中，需要先将卫星位置向量和改正向量进行坐标转换，将卫星轨道坐标系中的改正向量转换到卫星位置向量的地固坐标系中。

$$\boldsymbol{\gamma} = \begin{bmatrix} \gamma_X \\ \gamma_Y \\ \gamma_Z \end{bmatrix} = [\boldsymbol{e}_r \ \boldsymbol{e}_a \ \boldsymbol{e}_c] \begin{bmatrix} \delta_r \\ \delta_a \\ \delta_c \end{bmatrix} \tag{2.3.2}$$

式中，$\boldsymbol{e}_a = \dfrac{\boldsymbol{r}'}{|\boldsymbol{r}'|}$；$\boldsymbol{e}_c = \dfrac{\boldsymbol{r}' \cdot \boldsymbol{r}}{|\boldsymbol{r}' \cdot \boldsymbol{r}|}$；$\boldsymbol{e}_r = \boldsymbol{e}_a \cdot \boldsymbol{e}_c$；$\boldsymbol{r}$ 为广播星历计算出的卫星位置向量，$\boldsymbol{r} = [X_b, Y_b, Z_b]^T$，$\boldsymbol{r}'$ 为地心地固坐标系中的坐标速度。

$$\begin{bmatrix} X_s \\ Y_s \\ Z_s \end{bmatrix} = \begin{bmatrix} X_b \\ Y_b \\ Z_b \end{bmatrix} - \begin{bmatrix} \gamma_X \\ \gamma_Y \\ \gamma_Z \end{bmatrix} \tag{2.3.3}$$

式中，$\boldsymbol{\zeta} = [\gamma_X \ \gamma_Y \ \gamma_Z]^T$，为观测时刻 t 进行处理后的卫星位置向量。

（2）利用 SSR 数据获取实时精密卫星钟差。

$$\Delta V = A_0 + A_1(t - t_0) + A_2(t - t_0)^2 \tag{2.3.4}$$

式中，ΔV 为卫星钟差改正数；A_0、A_1、A_2 为观测时刻 t 相对于参考时刻 t_0 计算出的卫星钟差多项式系数。

$$\Delta t_s = \Delta t_z + \frac{\Delta V}{C} \tag{2.3.5}$$

式中，Δt_z 为由广播星历提供的钟差；Δt_s 为经过 SSR 数据改正后的钟差。

3）相对定位技术法

根据两个或以上 GNSS 测站的观测值，通过相对定位的方式在站间作差消除卫星星历误差影响。如图 2.3.2 所示，图中 1、2 为测站的近似位置，S 为卫星的实际位置，设卫星星历误差为 $\Delta\rho^s$，则由星历求得的卫星位置位于 S' 处。若在测站 1、2 上进行单点定位时，$\Delta\rho^s$ 对测距的影响分别为 $\Delta\rho_1^s = \Delta\rho^s \cdot \cos\gamma_1$、$\Delta\rho_2^s = \Delta\rho^s \cdot \cos\gamma_2$，当在测站间求差后，$\Delta\rho^s$ 对测距的影响如下：

$$\Delta\rho_2^s - \Delta\rho_1^s = \Delta\rho^s \cdot \left(\cos\gamma_2 - \cos\gamma_1\right) = -2\Delta\rho^s \cdot \sin\frac{\gamma_2 + \gamma_1}{2} \cdot \sin\frac{\gamma_2 - \gamma_1}{2} \tag{2.3.6}$$

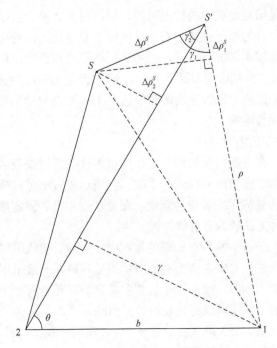

图 2.3.2　卫星星历误差影响示意图

由于 $\frac{\gamma_2 - \gamma_1}{2}$ 为极小角，可令 $\sin\frac{\gamma_2 - \gamma_1}{2} = \frac{\gamma_2 - \gamma_1}{2}$，则式（2.3.6）可进一步化为

$$\Delta\rho_2^s - \Delta\rho_1^s = -\Delta\rho^s \cdot \sin\frac{\gamma_2 + \gamma_1}{2} \cdot \left(\gamma_2 - \gamma_1\right) \tag{2.3.7}$$

由图 2.3.2 可知，$\gamma = b \cdot \sin\theta$，根据角度与弦长关系可得

$$\gamma_2 - \gamma_1 = \frac{\gamma}{\rho} = \frac{b \cdot \sin\theta}{\rho} \qquad (2.3.8)$$

由于 GNSS MEO 卫星距地面均在 2 万 km 以上，则取 ρ =20000km，相对 ρ 而言，地面两个测站基线与卫星视线构成的夹角 θ 可视为 90°，则若地面测站 1、2 的基线距离为 20km、$b \cdot \sin\theta / \rho \leqslant 0.001$，结合式（2.3.7）可知，星历误差对测距的影响只有原来的千分之一。

2.3.2　接收机钟差和卫星钟差

1. 接收机钟差

1）接收机钟差的来源

接收机钟差是指接收机钟的钟面时间与标准时间之差。接收机钟一般采用石英钟，质量较卫星钟的原子钟差，石英钟的钟差数值较大，变化较快，并且变化的规律一般来说比较难掌握。通常，利用测码伪距观测值通过精密单点定位的方式获取接收机钟差，其精度可以达到 0.1μs，可以满足 GNSS 数据处理的要求。有的接收机在观测的过程中，钟差的绝对值达到 1ms 时会自动调整为 1ms，从而使得钟差序列不再保持连续。

2）接收机钟差的消除方法

（1）模型法。在处理接收机钟差时，可以将接收机钟差表达为时间多项式，通过大量观测量的平差求解多项式的系数。利用这种方法可以减少位置数，但是对大多数 GNSS 测量应用来说较为繁琐。在处理固定点、固定接收机、实时性的数据时，利用这种方法较为有价值。

（2）参数法。在 GNSS 数据处理的过程中，一般将接收机钟差作为未知数进行处理。例如，在进行 GNSS 伪距观测方程组处理时，一般采用 4 颗卫星，说明方程组中含有 4 个未知数，除了 3 个位置参数之外，还含有一个接收机钟差，通过采用方程求差的方法便可以将接收机钟差消除。

（3）相对定位法。在 2 颗观测卫星 p、q，在同一频率 i、同一接收机 j 的伪距观测方程可以写为

$$\left.\begin{aligned} P_{j,i}^{p} &= \rho_{j}^{p} + c(t_{j} - t^{p}) + I_{j,i}^{p} + T_{j}^{p} + c(b_{j,i} - b_{i}^{p}) + e_{j,i}^{p} \\ P_{j,i}^{q} &= \rho_{j}^{q} + c(t_{j} - t^{q}) + I_{j,i}^{q} + T_{j}^{q} + c(b_{j,i} - b_{i}^{q}) + e_{j,i}^{q} \end{aligned}\right\} \qquad (2.3.9)$$

公式（2.3.9）中两式相减，可将含有接收机钟差项的 ct_j 消除。同样，在载波定位的过程中，可以采用求差的方法将接收机钟差消除。

2. 卫星钟差

1）卫星钟差的来源

卫星钟差是 GNSS 卫星上的原子钟与标准时间之差。卫星钟差包括钟差、频移、频漂等产生的误差，也包含卫星钟的随机误差。由于卫星的位置是不断变化的，所以 GNSS 测量是以精密测时为基础的，获得了卫星信号到观测站的时间，就获得了卫星与测站之间的距离，即 GNSS 测量的精度与卫星钟存在密切的关系。

2）卫星钟差的消除方法

（1）二次拟合模型法。在 GNSS 测量与数据处理的过程中，测码伪距测量和载波相位测量都要求卫星钟和接收机钟的时间与 GNSS 时间系统同步。虽然卫星星座上搭载了精密的原子钟，但是严格来说，仍与 GNSS 标准时间存在着偏差或漂移。这些偏差均在 1ms 之内，但是等效距离误差却达到了 300km，卫星钟差一般可以表达为

$$\Delta t_s = a_0 + a_1(t - \mathrm{TOE}) + a_2(t - \mathrm{TOE})^2 \qquad (2.3.10)$$

式中，TOE 为参考历元时刻；t 为观测历元；a_0、a_1、a_2 分别为卫星钟在参考历元 TOE 时刻的钟差、钟速及钟速的变化率。模型系数 a_0、a_1、a_2 及 TOE 均由导航电文提供。卫星钟差经过公式（2.3.10）改正之后，各卫星钟之间的同步差可以保持在 20ns 之内，由此引起的等效距离偏差不会超过 6m。

（2）参数法。在 GNSS 数据处理过程中，计算处理问题已经不是 GNSS 数据处理的瓶颈问题，可以将卫星钟差看作未知数，直接代入观测方程，利用 Kalman 滤波或整体最小二乘法进行参数估计，从而得出卫星钟差。

（3）相对定位技术法。在同一颗卫星 p、同一频率 i、同一接收机 j 下伪距观测方程可以写为

$$P_{j,i}^p = \rho_j^p + c(t_j - t^p) + I_{j,i}^p + T_j^p + c(b_{j,i} - b_i^p) + e_{j,i}^p \qquad (2.3.11)$$

通过方程之间求差可以将含有卫星钟差项 ct^p 消去。同样，在载波相对定位中，通过测站之间求差可以将卫星钟差消去。

2.3.3 对流层误差

1. 对流层误差来源

对流层延迟是指电磁波信号在通过对流层时所产生的信号延迟，通常为 STD。在 GNSS 数据处理过程中，STD 可以表示为 ZTD 与映射函数的乘积，天顶方向

的对流层延迟又可以分为由干气体引起的 ZHD 与由水汽引起的 ZWD，因此倾斜对流层延迟可以表示为

$$STD = MF_h(ele) \cdot ZHD + MF_w(ele) \cdot ZWD$$
$$+ MF_g(ele) \cdot (G_{ns}\cos\varphi + G_{ew}\sin\varphi) + \gamma_t \qquad (2.3.12)$$

式中，ele 为卫星高度角；φ 为测站到卫星的方位角；MF_h 为 ZHD 的投影系数；MF_w 为 ZWD 的投影系数；$MF_g(ele)$ 为水平梯度映射函数；G_{ns} 和 G_{ew} 分别为水平梯度改正的南北方向分量与东西方向分量；γ_t 为对流层延迟残差。

2. 对流层误差消除方法

1）模型法

（1）Hopfield 模型。Hopfield 在 1971 年提出了 Hopfield 模型，旨在获取精确的对流层延迟（Hopfield, 1971）。该模型需要输入观测站上测量的气温、观测站上的气压、观测站上水汽压、测站处的折射率、对流层顶部的高程，Hopfield 模型将对流层和平流层的温度垂直梯度看作常数，将大气折射率的干分量和湿分量看作正高的四阶函数。用户通过 Hopfield 模型可以获取 ZHD、ZWD。

（2）Saastamoninen 模型。Saastamoninen 模型在 1973 年提出，用来获取精确的对流层延迟。该模型需要输入的参数有测站纬度、测站正高（章迪，2017）、观测站上的气压、观测站上的水汽压，输出的参数有 ZHD、ZWD。

（3）UNB 模型。Collins 等（1997）提出了 UNB 系列模型，包括 UNB1、UNB2、UNB3、UNB4，旨在为北美地区提供精确的对流延迟改正。该模型需要输入测站的纬度、高程及时间，通过模型内部的气象模型得到气象参数，之后利用 Saastamoninen 模型计算 ZHD 与 ZWD。UNB3 模型及 UNB3m 模型的应用较为广泛。

（4）MOPS-RTCA 模型。MOPS-RTCA（航空无线电技术委员会）模型（Mops, 1999）是在 UNB3 模型基础上提出的，同时考虑了南半球的情况，该模型输入参数主要有常数 g_0、k_1、k_2、R，观测站上的气压、观测站上的水汽压，用于欧洲地球同步卫星增强服务（European geostationary navigation overlay service，EGNOS）系统及日本多功能传输卫星增强系统（Japanese multifunctional transmission satellite augmentation system，MTSAT）获取 ZHD、ZWD。

（5）TropGrid2 模型。TropGrid2 模型（Schueler et al.，2001）为 Schueler 等在 TropGrid 模型基础上提出的，该模型的输入参数有全球同化系统提供的 3D 气象场数据，气象参数的幅值，观测站的气压、纬度、网格点正高、网格点 ZWD 比例高度、网格点处大气加权平均温度或水汽压获取的 ZWD 初值，输出参数有 ZHD 和 ZWD。

（6）IGGTrop 模型。IGGTrop 模型为 Li 等于 2012 年提出的，输入参数主要为经度、年积日、测站 ZTD 的均值、变化幅值，在计算某个测站的 ZTD 时，先根据公式计算附近站点的值，再根据计算的值进行内插得出该站点的值。由于 IGGTrop 模型的网格过大，Li 等（2015）对此模型进行了优化，模型系数有所减少并且精度有所提高。

（7）GPT 系列模型。GPT 模型为 Böhm 等（2007）提出的采用球谐函数拟合的气温气压模型，GPT 模型的输入参数包括测站坐标的年积日，模型内部考虑了气象参数随时间的变化。GPT2 模型为 Lagler 等（2013）基于 GPT 模型提出的，包括 ERA-Interim 数据（气压、温度和湿度）。模型的输入参数为测站的坐标和约化儒略日，输出参数包括气压、温度、温度垂直梯度及映射函数系数。GPT2w 模型为 Böhm 等（2015）提出的，基于 ERA-Interim 数据，模型输入参数为测站的坐标和约化儒略日，输出参数为气压、温度及其递减率、水汽压及其递减因子、大气加权平均温度、VMF1 干延迟和湿延迟映射函数系数。

2）参数法

采用该方法时，首先需要通过经验模型或实测气象数据结合 Saastamoninen 模型得出 ZHD 初值，将上述 ZHD 初值作为对流层延迟的先验值代入 GNSS 观测方程，随后对观测方程进行基于整体最小二乘法或 Kalman 滤波算法的参数估计，得出 ZWD 估值，最后对 ZHD 初值和 ZWD 估值求和，即可得出精确的 ZTD。

此外，当两个测站相距不远时，还可以利用同步观测量求差的方法削弱对流层延迟影响。

2.3.4　电离层误差

1. 电离层误差来源

电离层是受太阳高能辐射以及宇宙射线激励而电离的大气高层，是地球大气的一个电离区域。地表 60km 以上的整个大气层都处于部分电离或完全电离的状态，电离层是部分电离的大气区域。电离层误差受电子密度、GNSS 信号频率等影响。

2. 电离层误差改正方法

电离层误差改正方法主要包括经验模型改正法、GNSS 双频改正法和差分改正法等。其中，经验模型改正法主要包括本特模型、国际参考电离层（international reference ionosphere，IRI）模型、克罗布歇模型和电离层网格模型等。双频改正法是根据电离层对不同频率卫星信号影响不同的原理提出的。差分改正法根据两测站相距较近（小于 20km）时电离层强相关的特性通过作差的方式削弱电离层的影响。

2.3.5　天线相位中心偏差

1. 天线相位中心偏差来源

在 GNSS 测量中，观测值应当以接收机天线的相位中心为准，理论上天线的相位中心应当与几何中心保持一致。在实际工作中，IGS 精密星历给出的是卫星质心的坐标，而卫星质心与卫星的相位中心并不能保持一致。同样，接收机的天线相位中心与天线的参考点之间往往不能保持一致，而在接收机天线对中、量测天线高时是以天线参考点为准的，因此也需要进行天线相位中心改正。

天线相位中心改正通常可以分为天线相位中心偏差（phase center offset，PCO）和天线相位中心变化（phase center variation，PCV）。其中，PCO 为天线的平均相位中心（天线瞬时相位中心的平均值）与天线参考点之间的偏差，PCV 为天线瞬时相位中心与平均相位中心的差值。

2. 天线相位中心偏差削弱方法

1）接收机天线相位中心误差

在 IGS 给出的天线文件中包含接收机的 PCO 和 PCV 改正，PCO 改正为在测站地平坐标系中的三个分量（North、East 和 Up），用户需要将其转换为（$\delta B, \delta L, \delta H$），如果采用空间直角坐标系时，需要采用以下公式进行转换：

$$\left\{ \begin{matrix} \begin{pmatrix} \delta B \\ \delta L \\ \delta H \end{pmatrix}_{PCO} = \begin{pmatrix} -\cos L \sin B & -\sin L & \cos L \cos B \\ -\sin L \sin B & \cos L & \sin L \cos B \\ \cos B & 0 & \sin B \end{pmatrix} \cdot \begin{pmatrix} North \\ East \\ Up \end{pmatrix}_{PCO} \\ \begin{pmatrix} X \\ Y \\ Z \end{pmatrix}_{AN} = \begin{pmatrix} X \\ Y \\ Z \end{pmatrix}_{PC} - \begin{pmatrix} \delta X \\ \delta Y \\ \delta Z \end{pmatrix}_{PCO} \end{matrix} \right. \tag{2.3.13}$$

式中，$\begin{pmatrix} X \\ Y \\ Z \end{pmatrix}_{AN}$ 为天线参考点；$\begin{pmatrix} X \\ Y \\ Z \end{pmatrix}_{PC}$ 为天线参考中心。通过公式（2.3.13）求得天线参考点的位置后，利用天线对中数据以及仪器高等数据求得标石中心的位置计算可得

接收机天线参考点的位置=接收机天线相位中心的位置-PCO　　（2.3.14）

在实际工作中，PCV 通常是用来改正距离观测值的，通常用观测距离减去 PCV 再加上其他改正项获取接收机至卫星几何距离。

$$接收机至卫星几何距离=观测距离-PCV+其他改正项 \tag{2.3.15}$$

2）卫星发射天线相位中心误差

IGS 给出的天线相位中心偏差文件（.ATX 文件）中包含 GPS、GLONASS、Galileo、BDS、QZSS、IRNSS 等系统的 PCO 改正和 PCV 改正，利用卫星质心的位置向量 $\boldsymbol{X}_{\mathrm{mc}}$、卫星天线相位中心的偏差 $\boldsymbol{r}$、矢量卫星的姿态矩阵 $[x', y', z']$，获取卫星天线相位中心的位置矢量 $\boldsymbol{X}_{\mathrm{pc}}$，计算公式如下：

$$\boldsymbol{X}_{\mathrm{pc}} = \boldsymbol{X}_{\mathrm{mc}} + [x', y', z'] \cdot \boldsymbol{r} \tag{2.3.16}$$

在数据处理的过程中，利用卫星天线相位中心的位置减去 PCO 便可以获取卫星质心的位置，具体公式如下：

$$卫星质心的位置=卫星天线相位中心的位置-PCO \tag{2.3.17}$$

2.3.6　其他误差

1. 地球自转误差

1）地球自转误差来源

地球自转误差是指当卫星信号传输到测站时，与地球固联的协议地球坐标系相对卫星的瞬时位置已经产生了旋转。在 GNSS 精密测量中，应当对此误差进行消除。

2）地球自转误差消除方法

当两个测站相距 10km 时，地球自转对基线向量的影响大于 1cm，因此在 GNSS 相对定位过程中，需要将此误差消除。

$$
\begin{bmatrix} X'_{\mathrm{s}} \\ Y'_{\mathrm{s}} \\ Z'_{\mathrm{s}} \end{bmatrix} = \begin{bmatrix} \cos(\omega\tau) & \sin(\omega\tau) & 0 \\ -\sin(\omega\tau) & \cos(\omega\tau) & 0 \\ 0 & 0 & 1 \end{bmatrix} \begin{bmatrix} X_{\mathrm{s}} \\ Y_{\mathrm{s}} \\ Z_{\mathrm{s}} \end{bmatrix} \tag{2.3.18}
$$

式中，ω 为地球自转角速度；τ 为接收机信号与卫星信号发射时刻的时间差；$(X_{\mathrm{s}}, Y_{\mathrm{s}}, Z_{\mathrm{s}})$ 为改正之前的卫星坐标；$(X'_{\mathrm{s}}, Y'_{\mathrm{s}}, Z'_{\mathrm{s}})$ 为改正之后的卫星坐标。如果是对卫星到地面的距离进行改正，可以采用式（2.3.19）：

$$\delta\rho = \frac{\omega}{c}[(X_{\mathrm{s}} - X) \cdot Y_{\mathrm{s}} - (Y_{\mathrm{s}} - Y) \cdot X_{\mathrm{s}}] \tag{2.3.19}$$

2. 信道时延误差

1）信道时延误差来源

GNSS 信号在接收机内部从一个电路转移到另一个电路需要占用一定的时

间。这种由于电子信号产生的时延，称为信道时延，它的大小一般可以通过电路参数进行求得。如果信道时延是稳定的，经过信道时延改正的测站与卫星之间的距离便不存在精度损失。但由于信道时延的不稳定性，中频信号的相位抖动和接收天线相位中心的偏移不可能实现接收机信道时延的精确改正。

2）信道时延误差的消除方法

更新和研制新的接收机或提高软件的精度，提高信号接收的能力。在 GNSS 接收机制作过程中，给予时延补偿，设置时延校正程序，在数据文件中，能够读取对应文件的相对信道时延。

此外，GNSS 定位还受到相对论效应、多路径效应、地球潮汐改正等影响，在此不再赘述。

2.4　IGS

IGS 是国际大地测量协会为支持大地测量和地球动力学研究于 1993 年组建的一个国际协作组织，于 1994 年 1 月 1 日正式开始工作。

2.4.1　主要功能

IGS 是一个由 200 多个国家和地区的 100 多个自筹资金机构、大学和研究机构组成的自愿联合会，主要功能是提供世界上最高精度的民用 GNSS 卫星轨道；为科学研究和公共事业提供免费和开放的高精度产品。这些产品支持各种各样的应用程序，几乎触及全球经济所有领域的数百万用户；同时生产支持实现国际地面参考框架的产品，以及对来自全球 500 多个参考站的跟踪数据提供访问。

2.4.2　组成部分

IGS 组成部分是该组织的关键运营要素。其中的数据和分析中心，确保提供最高质量的产品；中央局负责管理 IGS 的日常管理；理事会和准会员则通过活跃来维持组织，以及不断推动组织前进的试点项目和工作组。IGS 的基础是一个由 500 多个永久且连续运行的大地测量质量站组成的全球网络，跟踪 GPS、GLONASS、Galileo、BDS、QZSS 和星基增强系统（SBAS）。工作站数据在 6 个 IGS 全球数据中心［美国地壳动力学数据信息中心（CDDIS）、美国美斯克利普斯海洋研究所（SIO）、法国国家地理研究所（IGN）、韩国天文和空间科学研究所（KASI）、中国武汉大学 IGS 数据中心（WHU）、ESA］和多个区域数据中心存档，分析中心定期处理数据，并将产品提供给分析中心协调员，后者生产官方 IGS 组合产品。IGS 实时服务是一种 GNSS 轨道和时钟校正服务，可实现全球范围内的精密单点定位。实时产品支持科学测试、地球物理监测、危害检测和预警、天气预报、时间同步、GNSS 星座监测，以及图像控制和许多其他公益项目等应用。

IGS 作为全球大地测量观测系统的一个组成部分，由全球导航卫星系统地面站、数据中心和数据分析中心组成，提供对地球科学研究至关重要的数据和衍生数据产品，多学科定位、导航和授时应用。

2.5　GNSS 相关解算软件简介

基于 PPP（非差）技术或双差技术，国内外研制了各种高精度的 GNSS 数据解算软件。较著名的 GNSS 数据处理的软件主要有美国的 GAMIT/GLOBK 软件和 GIPSY 软件，瑞士的 Bernese 软件和中国的 PANDA 软件。其中，Bernese 软件兼顾 PPP 和双差技术，GAMIT/GLOBK 软件仅包含双差技术，GIPSY 和 PANDA 软件仅包含 PPP 技术。此外，国内外相关软件还包括 PANDA、Groops、PLAOD、EPOS 等软件，GNSS 数据处理软件具体统计信息如表 2.5.1 所示。

表 2.5.1　GNSS 数据处理软件列表

软件/国家	开发单位/时间	源代码	处理技术	参数估计方法
GAMIT/美国	MIT、SIO/1987 年	Fortran（开源）	双差	SRIF
GIPSY/美国	JPL/1991 年	Fortran/C（非开源）	非差	LS
Bernese/瑞士	伯尔尼大学/1995 年	Fortran/C（非开源）	非差/双差	LS
PANDA/中国	武汉大学/2000 年	Fortran（开源）	非差	SRIF/LS
Groops/德国	波恩大学/2020 年	C++（开源）	非差	LS
PLAOD/中国	西南大学/2011 年	Fortran/C（开源）	非差	LS
EPOS/德国	ERIC/2016 年	Fortran/C（开源）	非差/双差	SRIF

注：ERIC-欧洲研究基础设施联盟；MIT-麻省理工学院；SRIF-均方根信息滤波；LS-最小二乘法。

本章对 GNSS 及定位原理进行了系统介绍，对全球四大 GNSS、GNSS 定位基本原理及影响 GNSS 定位误差的因素进行详细介绍。此外，对与 GNSS 相关的机构和组织进行介绍，并且对国际上常用的 GNSS 数据处理软件进行简单介绍。

参 考 文 献

陈鹏, 2021. 格洛纳斯卫星导航系统的发展历程及其现代化计划[J]. 导航定位学报, 9(5): 20-24.

何秀凤, 王杰, 王笑蕾, 等, 2020. 利用多模多频 GNSS-IR 信号反演沿海台风风暴潮[J]. 测绘学报, 49(9): 1168-1178.

金际航, 边少锋, 2005. 美国全球定位系统 GPS 现代化进展[J]. 舰船电子工程, (2): 15-18.

刘天雄, 周鸿伟, 聂欣, 等, 2021. 全球卫星导航系统发展方向研究[J]. 航天器程, 30(2): 96-107.

王文军, 吴新峰, 袁大克, 等, 2013. GLONASS 最新进展及其定位应用研究[J]. 遥测遥控, 34(6): 1-6.

王小妮, 赵子峥, 韩超, 2017. 美国 GPS 现代化战略研究[J]. 全球定位系统, 42(1): 100-102.

王笑蕾, 何秀凤, 陈殊, 等, 2021. 地基 GNSS-IR 风速反演原理及方法初探[J]. 测绘学报, 50(10): 1298-1307.

杨元喜, 任夏, 2021a. 超高精度定位[J]. 中国科学基金, 35(3): 410-412.

杨元喜, 杨诚, 任夏, 2021b. PNT 智能服务[J]. 测绘学报, 50(8): 1006-1012.

章迪, 2017. GNSS 对流层天顶延迟模型及映射函数研究[D]. 武汉: 武汉大学, 2017.

赵超, 刘春保, 2019. 美国 GPS 系统未来发展浅析[J]. 国际太空, (12): 16-21.

赵兴旺, 王胜利, 邓健, 等, 2014. 精密单点定位中 4 种函数模型解算性能分析[J]. 合肥工业大学学报(自然科学版), 37(6): 751-756.

朱伟刚, 马东, 郑宇, 等, 2023. 利用 GNSS 垂向位移研究云南地区水文干旱特征[J]. 大地测量与地球动力学, 43(3): 295-302.

BORDI I, RAZIEI T, PEREIRA L S, et al., 2015. Ground-based GPS measurements of precipitable water vapor and their usefulness for hydrological applications[J]. Water Resources Management, 29(2): 471-486.

BÖHM J, HEINKELMANN R, SCHUH H, 2007. Short note: A global model of pressure and temperature for geodetic applications[J]. Journal of Geodesy, 81: 679-683.

BÖHM J, MÖLLER G, SCHINDELEGGER M, et al., 2015. Development of an improved empirical model for slant delays in the troposphere (GPT2w)[J]. GPS Solutions, 19(3): 433-441.

COLLINS J P, LANGLEY R B, 1997. A Tropospheric Delay Model for the User of the Wide Area Augmentation System[R]. Fredericton: Department of Geodesy and Geomatics Engineering, University of New Brunswick.

GAO Y, SHEN X, 2001. Improving ambiguity convergence in carrier phase-based precise point positioning[C]. Salt Lake City: Proceedings of the 14th International Technical Meeting of the Satellite Division of the Institute of Navigation.

HOPFIELD H S, 1971. Tropospheric effect on electron-magnetically measured range: Prediction from surface weather data[J]. Radio Science, 6(3): 357-367.

KOUBA J, HEROUX P, 2001. Precise point positioning using IGS orbit and clock products[J]. GPS Solution, 5(2): 12-28.

LAGLER K, SCHINDELEGGER M, BOHM J, et al., 2013. GPT2: Empirical slant delay model for radio space geodetic techniques[J]. Geophysical Research Letters, 40(6): 1069-1073.

LI W, YUAN Y B, OU J K, et al., 2012. A new global zenith tropospheric delay model IGGtrop for GNSS applications[J]. Chinese Science Bulletin, 57(17): 2132-2139.

LI W, YUAN Y B, OU J K, et al., 2015. New versions of the BDS/GNSS zenith tropospheric delay model IGGtrop[J]. Journal of Geodesy, 89: 73-80.

MELBOURNE W, 1985. The case for ranging in GPS-based geodetic systems[C]. Proceedings of the First International Symposium on Precise Positioning with the Global Positioning System.Rockville: US Department of Commerce .

MOPS W, 1999. Minimum operational performance standards for global positioning system/wide area augmentation system airborne equipment: DO-229D[S]. USA: RTAC.

SCHUELER T, HEIN G W, EISSFELLER B, 2001. A new tropospheric correction model for GNSS navigation[C]. Proceedings of GNSS. Sevilla: The 5th international symposium on global navigation satellite systems.

TREGONING P, BRUNNER F K, BOCK Y, et al., 2013. First geodetic measurement of convergence across the Java Trench[J]. Geophysical Research Letters, 21(19): 2135-2138.

ZHAO Q, LIU K, LI Z, et al., 2021. A novel ENSO monitoring index and its potential for drought application[J]. Journal of Atmospheric and Solar-Terrestrial Physics, 225: 105762.

ZHAO Q, LIU Y, MA X, et al., 2020a. An improved rainfall forecasting model based on GNSS observations[J]. IEEE Transactions on Geoscience and Remote Sensing, 58(7): 4891-4900.

ZHAO Q, LIU Y, YAO W, et al., 2020b. A novel ENSO monitoring method using precipitable water vapor and temperature in southeast China[J]. Remote Sensing, 12(4): 649.

ZHAO Q, MA X, YAO W, et al., 2019. Improved drought monitoring index using GNSS-derived precipitable water vapor over the loess plateau area[J]. Sensors, 19(24): 5566.

第 3 章　地基 GNSS 气象学基本原理

　　1990 年，Tralli 和 Lichten 最早提出利用 GPS 技术遥感大气的想法（Tralli and Lichten，1990），1992 年 Bevis 等提出 GPS 气象学概念，现为 GNSS 气象学。随后，该学科进入了飞速发展的阶段，1992~2000 年，GNSS 气象学主要以反演 PWV 为主，但 1999 年随着 GNSS 水汽层析概念的提出，GNSS 气象学逐渐过渡到多维水汽反演方面。本章首先对基于 GNSS 技术的 PWV 反演基本原理进行详细介绍，主要包括获取 ZTD、ZHD 和 Tm 三个关键因子的基本原理。其次，对基于站点的无线电探空等 PWV 反演原理进行详细介绍。最后，对基于遥感卫星的 PWV 反演原理进行详述。

3.1　基于 GNSS 技术的 PWV 反演基本原理

3.1.1　GNSS ZTD 数据反演

　　在导航定位领域，ZTD 是 GNSS 定位的主要误差来源之一，通常指电磁波信号在通过高度为 50km 以下未被电离的中性大气层时产生的信号延迟。卫星信号路径上的对流层延迟在测站天顶方向上的投影称为 ZTD。ZTD 的估计方法主要有 PPP 技术和双差技术（叶世榕等，2008），基于上述两种方法估计 ZTD 的具体流程如下。

　　1. 基于 PPP 技术的 ZTD 估计

　　PPP 技术是利用双频 GPS 接收机的观测资料，联合 IGS 等提供的精密星历和钟差产品，并采用各种精密的误差改正模型直接解算得到测站的绝对坐标。随着误差改正模型的精细化和整周模糊度算法的改进，利用 PPP 技术估计 ZTD 的精度与双差技术估计 ZTD 精度一致，且 PPP 技术更加灵活。因此，利用 PPP 技术估计 ZTD 越来越广泛（Chen et al.，2015，2011）。在 GNSS PPP 中，伪距和载波观测相位观测值的无电离层组合观测方程为

$$
\left.
\begin{aligned}
P_{\mathrm{IF}} &= \rho + c(\mathrm{d}t_{\mathrm{r}} - \mathrm{d}t_{\mathrm{s}}) + d_{\mathrm{trop}} + d_{\mathrm{Sagnac}} + d_{\mathrm{rel}} + d_{\mathrm{windup}} + d_{\mathrm{ant,r}} + d_{\mathrm{ant,s}} + d_{\mathrm{tides}} \\
&\quad + d_{\mathrm{hd,s}} + d_{\mathrm{hd,r}} + m_P + \varepsilon_P \\
\Phi_{\mathrm{IF}} &= \rho + c(\mathrm{d}t_{\mathrm{r}} - \mathrm{d}t_{\mathrm{s}}) + d_{\mathrm{trop}} + d_{\mathrm{Sagnac}} + d_{\mathrm{rel}} + d_{\mathrm{windup}} + d_{\mathrm{ant,r}} + d_{\mathrm{ant,s}} + d_{\mathrm{tides}} \\
&\quad + d_{\mathrm{hd,s}} + d_{\mathrm{hd,r}} + m_\Phi + \frac{f_1^2 \lambda_1}{f_1^2 - f_2^2}(\varphi_{\mathrm{r},0} - \varphi_{\mathrm{s},0}) + \frac{c f_1 N_1 - c f_1 N_1}{f_1^2 - f_2^2} + \varepsilon_\Phi
\end{aligned}
\right\}
\quad (3.1.1)
$$

式中，P_{IF} 为无电离层组合的伪距观测量；d_{trop} 为对流层延迟；Φ_{IF} 为无电离层组合的载波相位观测量；c 为真空中的光速，$c=299792458.0\text{m/s}$；$\rho = \|r_s - r_r\|$ 为惯性系下信号发射时刻的卫星天线相位中心位置 r_s 到信号接收时刻的接收机天线相位中心位置 r_r 之间的几何距离；dt_r、dt_s 分别为接收机钟差和卫星钟差；d_{Sagnac} 为萨尼亚克效应改正，也称为地球自转效应改正；d_{rel} 为相对论效应改正；d_{windup} 为相位绕转效应改正；$d_{ant,r}$、$d_{ant,s}$ 分别为接收机和卫星的天线相位中心改正；d_{tides} 为地球固体潮、海潮和极移影响造成的潮汐改正；$d_{hd,s}$、$d_{hd,r}$ 分别为接收机和卫星的载波相位硬件延迟；m_P、m_Φ 分别为伪距和载波相位受到多路径效应误差；ε_P、ε_Φ 分别表示伪距和载波相位测量误差；$\varphi_{r,0}$、$\varphi_{s,0}$ 分别为接收机和卫星的初始相位（小于一周）；f_i 为载波的频率；λ_i 为载波的波长；N_i 为非差整周模糊度。

在基于 PPP 技术的 ZTD 估计中，一般采用已知站点坐标的观测值，并将精密星历和精密卫星钟差代入观测方程（3.1.1），消去卫星轨道和卫星钟差项的影响。因此，无电离层组合的相位和载波观测误差方程如下：

$$\left. \begin{aligned} v_P^j(t) &= \rho(t) + c \cdot dt_r(t) + \delta ztd(t) \cdot M(\text{ele}(t)) - P^j(t) + \varepsilon_P \\ v_\Phi^j(t) &= \rho(t) + c \cdot dt_r(t) + \delta ztd(t) \cdot M(\text{ele}(t)) - \lambda \cdot N^j(t) - \lambda \cdot \Phi^n(t) + \varepsilon_\Phi \end{aligned} \right\} \quad (3.1.2)$$

式中，v 为观测值改正数；j 为卫星号；t 为相应的观测历元；$\delta ztd(t)$、$M(\text{ele}(t))$ 为天顶对流层延迟和相应的投影函数，ele 是卫星的高度角；$P^j(t)$、$\Phi^n(t)$ 为相应卫星在 m 历元消除了电离层影响的组合观测值；λ 为相应的波长；$N^j(t)$ 为消除了电离层影响的组合观测值的模糊度参数。

2. 基于双差技术的 ZTD 估计

双差技术，又称为网解法，具有解算模型简单、待估参数少、整周模糊度易固定、解算精度高等优点（唐龙江，2017）。GNSS 网中载波相位误差观测方程的表达式如下：

$$\begin{aligned} v_\Phi^j(\text{i}) = &-l_i V_X - m_i V_Y - n_i V_Z + \rho(i) + c \cdot dt_r(i) + \delta ztd(i) \cdot M(\text{ele}) \\ &- \lambda \cdot N^j(i) - \lambda \cdot \Phi^j(i) + \varepsilon_P \end{aligned} \quad (3.1.3)$$

通过对两个测站（m 和 n）观测到的两颗卫星（i 和 j）的观测值作双差处理，可消除卫星和接收机钟差影响，削弱对流层、电离层等参数误差，仅保留测站相对位置和整周模糊度参数，最终双差载波相位误差观测方程如下：

$$\Delta\tilde{N}v_\Phi^{j,k}(i) = \Delta\tilde{N}\rho(i) + \Delta\tilde{N}\delta\rho_{zd}(i) \cdot \Delta M(\text{ele}) + \varepsilon_P \quad (3.1.4)$$

式中，$\Delta\tilde{N}v_\Phi^{j,k}(i)$ 为载波相位双差值；$\Delta M(\text{ele})$ 为对流层系数双差值。对流层天顶延迟可以通过最小二乘 $\delta\rho_{zd}$ 进行解算。

3.1.2　ZHD 估计

ZTD 主要是由 ZHD 和 ZWD 组成，其中，ZHD 约占 ZTD 的 90%，可以通过气压和气温等参数利用经验模型计算。然而，大气中水汽变化很大，ZWD 不能通过模型精确计算。目前，GNSS 数据处理中，ZWD 获取方式主要是将模型计算的 ZHD 作为已知量，将 ZWD 作为未知量参数进行估计，因此获取 ZHD 是 GNSS 气象学中的关键步骤。ZHD 估计模型可以根据有无实测气象参数分为两大类：一类是基于实测气象参数的天顶静力学延迟模型，主要包括 Saastamoinen、Hopfield、Black 等模型，另一类是基于无实测气象参数的天顶静力学延迟模型，主要包括新不伦瑞克大学（University of New Brunswick，UNB）研发的 UNB 系列模型、GPT 系列模型等。ZHD 经验模型的具体统计信息如表 3.1.1 所示。

表 3.1.1　ZHD 经验模型的具体统计信息

类型	模型名称（参考文献）	输入参数	输出参数	年份
实测气象参数	Hopfield（Hopfield，1971）	T、P、H		1971
	Saastamoinen（Saastamoinen，1972）	lat.、P、H	ZHD、ZWD、ZTD	1972
	Black（Black et al.，1978）	T、P		1978
GPT 系列	GPT（Böhm et al.，2007）	lat.、lon.、H、doy	P、T、ZHD、ZWD 等	2007
	GPT2（Lagler et al.，2013）			2013
	GPT2w（Böhm et al.，2015）			2015
	GPT3（Landskron et al.，2018）			2018
非实测气象参数 UNB 系列	UNB1（Collins et al.，1996）	lat.、H、doy	P、T、ZHD、ZWD 等	1996
	UNB2（Collins et al.，1996）			1996
	UNB3（Collins et al.，1996）			1996
	UNB3m（Collins et al.，1996）			1996
	UNB4（Collins et al.，1996）			1996
	UNB3m.na（Leandro et al.，2009）	lat.、lon.、H、doy		2009
	EGNOS（RTCA，2006）	lat.、H、doy	P、T、ZHD、ZWD 等	2006
	TropGrid2（Schvler，2014）	lat.、lon.、H、doy	P、T、ZWD、Tm 等	2014

注：lat.表示纬度，lon.表示经度，H 表示测站高度，doy 表示年积日，P 表示气压，T 表示温度，ZHD 表示天顶静力延迟，ZWD 表示天顶湿延迟，ZTD 表示天顶总延迟，Tm 表示大气加权平均温度。

3.1.3　Tm 计算方法

Tm 是计算水汽转换系数的一个关键参数，同时也是影响 GNSS PWV 计算精度的一个关键因素，Tm 可以通过公式（3.1.5）从地表到对流层天顶方向分层积分精确计算。

$$Tm = \dfrac{\displaystyle\int_{h_s}^{\infty} \dfrac{e_0}{T} \mathrm{d}h}{\displaystyle\int_{h_s}^{\infty} \dfrac{e_0}{T^2} \mathrm{d}h} \qquad (3.1.5)$$

式中，e_0 表示水汽压；T 表示温度；h 表示高度；h_s 表示测站高度。

综上，利用分层积分方法计算 Tm 时，需要知道测站上空温度和水汽压的垂直廓线，在实际中很难实现。随着气象参数模型的出现，Tm 模型得到进一步发展，逐渐出现了两类 Tm 模型，一类是基于气象参数的高精度大气加权平均温度模型；另一类是基于非气象参数的加权大气平均温度经验模型，具体模型统计如表 3.1.2 所示。

表 3.1.2　大气加权平均温度模型

类型	模型名称		输入参数	年份
气象参数模型	单气象因子模型	Bevis（Bevis et al.，1992）	T_s	1992
		李建国（李建国等，1999）		1999
		王勇（王勇等，2007）		2007
		王晓英（王晓英等，2011）		2011
		GTm（Yao et al.，2014b）		2014
		NNTm（Ding，2018）	T_s、lat.	2018
	多气象因子模型	PTm-Ⅰ（Yao et al.，2014a）	T_s、e_0	2014
非气象参数模型	GTm	GTm-Ⅰ（Yao et al.，2013）	lat.、doy、h	2013
		GTm-Ⅱ（Yao et al.，2013）		2013
		GWMT（Yao et al.，2012）		2012
		GTm-N（Chen et al.，2014）		2014
		GWMT-Ⅳ（He et al.，2013）		2013
		GTm-Ⅲ（张豹，2016）	lat.、doy、h、hod	2016
		GTm-H（姚宜斌等，2019）		2019
	GPT2w（Böhm et al.，2015）			2015
	IGPT2w（Huang et al.，2019）		lat.、lon.、doy、h	2019
	CTm（黄良珂等，2020）			2020
	王小亚（王小亚等，1999）		Tm=264.42 K	1999

注：T_s 为地表温度；hod 为日内小时数。

1）基于气象参数的高精度大气加权平均温度模型

最具代表性的基于气象参数的高精度大气加权平均温度模型是 Bevis 模型，该模型最早由 Bevis 等（1992）利用美国 13 个气象探空站两年的数据，构建了大气加权平均温度的线性计算公式，即大气加权平均温度与地表温度之间的线性关系式如下所示：

$$Tm = 70.2 + 0.72T_s \qquad (3.1.6)$$

式（3.1.6）中大气加权平均温度的系数与气象条件和地理要素息息相关。如果针对特定区域和季节使用，需要重新估算模型系数以保证 Tm 的精度。很多学者开展了适合中国区域大气加权平均温度的研究工作，在分析 Tm 与温度等气象因子相关性的基础上构建了全球/区域的单气象因子和多气象因子线性/非线性模型。1999 年，李建国等（1999）基于 1992 年中国东部的探空数据资料，分析了月度 Tm 和温度之间的线性关系，采用最小二乘法拟合回归得到模型系数，构建了线性表达式：Tm=44.05+0.81T_s。王勇等（2007）基于 2005 年无线电探空 Tm 和地表温度数据，通过回归分析构建了针对武汉地区的大气加权平均温度线性模型：Tm=170.76+0.382T_s。2011 年，王晓英等利用 2009 年中国 83 个探空站点的数据重新拟合出经验公式 Tm=53.244+0.783T_s。GTm 模型是 Yao 等（2014b）基于 2005～2011 年 GGOS 的 Tm 数据与 ECMWF 提供的温度数据基于纬度进行相关性分析，将全球每隔 15°划分为 12 个纬度带，在每个纬度带进行系数拟合，构建针对不同纬度的线性模型。

Yao 等（2014b）利用 1995～2011 年的 IGRA1 提供的无线电探空仪数据，分析了大气加权平均温度与地表温度的线性关系及大气加权平均温度与水汽压的幂关系，构建了多气象因子的 PTm 模型，模型的具体表达式如下：

$$Tm = 81.90 + 0.5344T_s + 31.81e_0^{0.1131} \qquad (3.1.7)$$

Ding（2018）基于 Tm 的季节变化及其地表气象要素的关系利用多层前馈神经网络（multilayer feed-forward neural network, MFFNN）构建 NNTm 模型，该模型以 GPT2w 的 Tm 数据、温度和纬度作为输入数据，模型中使用双曲正切函数[式（3.1.8）]作为神经网络隐层中每个神经元的传递函数，线性函数作为输出层中神经元的传递函数。在模型的精度验证方面，NNTm 模型优于 GPT2w、GTm、GTm-Ⅰ和 PTm-Ⅰ。

$$g(x) = \frac{2}{1 + \exp(-2x)} - 1 \qquad (3.1.8)$$

2）基于非气象参数的大气加权平均温度经验模型

研究发现，大气加权平均温度并非与温度存在严格的线性关系。受到站点位置和时间的影响，在考虑站点位置及时间关系条件下建立了大气加权平均温度全局模型，模型表达式如下：

$$\left.\begin{array}{l} \text{Tm}=\alpha_1 + \alpha_2 h + \alpha_3 \cos(\dfrac{\text{doy} - 28}{365.25} \times 2\pi) \\[3mm] \alpha_i = \sum\limits_{n=0}^{9} \sum\limits_{m=0}^{n} P_{nm}[\sin(\text{lat.})][C_{nm}\cos(m \cdot \lambda) + S_{nm}\sin(m \cdot \text{lon.})] \end{array}\right\} \qquad (3.1.9)$$

式中，α_2 为测站高程项系数；h 为测站高度；α_3 为年周期项系数；doy 为年积日；lat.为纬度；lon.为经度；P_{nm} 为勒让德函数；C_{nm}、S_{nm} 为模型系数。

　　Yao 等（2012）利用全局模型表达式基于 2002～2009 年无线电探空仪数据建立了 GTm-Ⅰ模型，由于选取站点大部分位于南半球，模型验证结果显示在北半球有着较高的精度，在南半球的精度较差，说明 GTm-Ⅰ模型在海域的准确性和稳定性需要提高。在 GTm-Ⅰ模型问题的基础上，GTm-Ⅱ模型在全球建立 10°×20°的网格，网格中利用 135 个无线电探空站点，对于没有站点的网格利用 GPT 模型的气象数据进行插值建立虚拟站点，进行模型系数拟合，这样建立的 GTm-Ⅱ模型在南半球的精度有明显的提高（Yao et al., 2013）。全球大气加权平均温度（global weight mean temperature，GWMT）模型采用同样的建模思想，为进一步对大气加权平均温度模型进行精化，在考虑大气加权平均温度的半年周期变化和日周期变化，同时将各周期项的初始相位作为参数进行估计，采用球谐函数基于 GGOS 提供的 2005～2011 年的数据构建了 GTm-Ⅲ模型，具体的模型表达式如式（3.1.10）所示。在精度验证方面，GTm-Ⅲ较 GTm-Ⅱ有明显的提升，并且在全球范围内不存在误差较大的区域（张豹，2016）。

$$\text{Tm} = A_1 + A_2 h + A_3 \cos(\dfrac{\text{doy} - c_1}{365.25} \times 2\pi)$$

$$+ A_4 \cos(\dfrac{\text{doy} - c_2}{365.25} \times 4\pi) + A_5 \cos(\dfrac{\text{hod} - c_3}{24} \times 2\pi) \qquad (3.1.10)$$

式中，A_3、A_4 为半年周期项系数；A_5 为日周期项系数；c_1 为年周期项初始相位；c_2 为半年周期项初始相位；c_3 年日周期项初始相位；hod 为日内小时数。

　　姚宜斌等（2019）通过分析 ECMWF 的再分析资料对 Tm 在垂直方向上的分布特征进行分析，构建了一种顾及非线性高程归算的全球大气加权平均温度模型 GTm-H，模型主要包含两部分：平均海水面处的 Tm（Tm^{MSL}）和高程方向的修正值 Tm（Tm^h），模型的具体表达式如式（3.1.11）所示；模型中高程修正函数是由线性函数和一个周期为 20km 的三角函数拟合而成，使用 2013～2015 年 ECMWF 气压分层数据获取的 Tm 廓线网格数据求解模型系数。

$$
\left.
\begin{array}{l}
\mathrm{Tm} = \mathrm{Tm}^{\mathrm{MSL}} + \mathrm{Tm}^{h} \\[2mm]
\mathrm{Tm}^{\mathrm{MSL}} = B_1 + B_2 \cos\left(\dfrac{2\pi \cdot \mathrm{doy}}{365.25}\right) + B_3 \sin\left(\dfrac{2\pi \cdot \mathrm{doy}}{365.25}\right) \\[4mm]
\qquad\quad + B_4 \cos\left(\dfrac{4\pi \cdot \mathrm{doy}}{365.25}\right) + B_5 \sin\left(\dfrac{4\pi \cdot \mathrm{doy}}{365.25}\right) \\[4mm]
\mathrm{Tm}^{h} = A_1 h + A_2 \cos\left(\dfrac{2\pi \cdot h}{20}\right) + A_3 \sin\left(\dfrac{2\pi \cdot h}{20}\right)
\end{array}
\right\}
\quad (3.1.11)
$$

GTm-III 模型的公式是非线性的，所确定的系数可能是不稳定的或有偏差的。Chen 等（2014）建立了 GTm-N 模型，采用 2.5°×2.5° 的 NCEP 再分析数据，忽略了 Tm 的日变化。使用同样的思想和线性表达式，GWMT-IV 模型（He et al.，2013）和 GTm-N 模型（Chen et al.，2014）是式（3.1.12）线性化表示，具体公式如下：

$$
\mathrm{Tm} = A_1 + A_2 h + A_3' \cos\left(\dfrac{\mathrm{doy}}{365.25} \times 2\pi\right) + B_3' \sin\left(\dfrac{\mathrm{doy}}{365.25} \times 2\pi\right)
$$
$$
\qquad + A_4' \cos\left(\dfrac{\mathrm{doy}}{365.25} \times 4\pi\right) + B_4' \sin\left(\dfrac{\mathrm{doy}}{365.25} \times 4\pi\right) \quad (3.1.12)
$$

GPT2w 是一种改进的 GPT 模型，是由 Böhm 等（2015）开发的。该经验模型可以提供压力、温度、对流层延迟和 Tm 的年和半年振幅。模型是基于 5° 的常规分辨率，模型系数是基于 5° 或 1° 分辨率的正则网格确定的，但 GPT2w 并不是专门为 Tm 计算而设计的，并且 GPT2w 模型在我国的 Tm 计算中存在显著的系统误差。Huang 等（2019）发现 GPT2w 模型没有考虑 Tm 的递减率问题，因此在 GPT2w 模型 Tm 的基础上，考虑垂直递减率及周期变化进行改正，在 2019 年开发了适用于我国的 GPT2w 模型——IGPT2w，模型的具体表达式如式（3.1.13）所示，相较于 GPT2w 有明显的改进。利用同样的改进方式，黄良珂等（2020）在 2007～2014 年中国区域 GGOS 数据的基础上建立了 CTm 模型。

$$
\left.
\begin{array}{l}
\mathrm{Tm}^{\mathrm{IGPT2w}} = \mathrm{Tm}^{\mathrm{GPT2w}} + \beta \times (\delta h_s - \delta h_G) \\[3mm]
\beta = B_1 + B_2 \cos\left(\dfrac{2\pi \times \mathrm{doy}}{365.25}\right) + B_3 \sin\left(\dfrac{2\pi \times \mathrm{doy}}{365.25}\right) \\[4mm]
\qquad + B_4 \cos\left(\dfrac{4\pi \times \mathrm{doy}}{365.25}\right) + B_5 \sin\left(\dfrac{4\pi \times \mathrm{doy}}{365.25}\right)
\end{array}
\right\}
\quad (3.1.13)
$$

式中，$\mathrm{Tm}^{\mathrm{IGPT2w}}$ 表示 IGPT2w 的 Tm 值；$\mathrm{Tm}^{\mathrm{GPT2w}}$ 表示 GPT2w 网格的 Tm 值；β 表示递减率的周期变化；δh_s 表示站点的椭球高度；δh_G 表示 GPT2w 网格的椭球高度。

3.1.4　GNSS PWV 反演

PWV 表示单位面积上垂直方向气柱中的水汽对应的等质量液态水柱高度。3.1.1 小节、3.1.2 小节介绍了 ZTD 和 ZHD 的定义及计算方法，由于 GNSS 估算的 ZTD 结果一般不能反演 PWV，通常利用 ZWD 转化为 PWV，ZWD 计算公式如下：

$$ZWD = ZTD - ZHD \tag{3.1.14}$$

ZWD 转化为 PWV 需要转换系数 Π，PWV 和 Π 的计算过程如下：

$$\left. \begin{array}{l} PWV = ZWD \cdot \Pi \\[2mm] \Pi = \dfrac{10^6}{\rho_w R_V \cdot \left[k_2' + (k_3 / Tm) \right]} \end{array} \right\} \tag{3.1.15}$$

式中，ρ_w 为液态水的密度；$R_V = 461.495 \text{J} \cdot \text{kg}^{-1} \cdot \text{K}^{-1}$；$k_3$、$k_2'$ 是大气折射常系数，一般 $k_3 = 375463 \text{K}^2 \cdot \text{hPa}^{-1}$、$k_2' = 22.97 \text{K} \cdot \text{hpa}^{-1}$（Yuan et al., 2014），转换系数计算需要考虑 Tm，在 3.1.3 小节中具体介绍了 Tm 的定义及计算方法。

3.2　基于 IGRA/AERONET 的 PWV 反演原理

3.2.1　IGRA PWV 反演原理

1）IGRA 数据介绍

IGRA1 是 NCDC 在 20 世纪 60 年代发布的无线电探空仪数据集，其目的是制作一个包含世界各地、有质量保证的无线电探空仪观测数据的数据集，以便于用户访问。IGRA 的目标：①将尽可能多的可靠数据源合并到一个无线电探空仪档案中；②开发和应用质量保证算法，以消除数据中的重大错误；③建立一个自动系统，以每天更新生成的档案；④提供数据的无限制在线访问权限。IGRA1 包含 11 个不同来源的质量保证数据，其核心由 4 个基于全球通信系统 GTS 的数据集组成，这些数据集分别在 NCDC（1963～1970 年和 2000～2018 年）、美国国家大气研究中心（National Center for Atmospheric Research，NCAR）（1970 年 12 月～1972 年）和 NCEP（1973 年～1999 年 10 月）进行了预处理。采用严格的程序来确保正确的台站识别，消除测深中的重复级别，并为每个台站和时间选择一个测深；质量保证算法检查格式问题、物理上不合理的值、变量之间不一致、气候异常值、温度的时间和垂直不一致；通过仔细检查选定的测深和时间序列来评估各种检查的性能。IGRA1 提供了全球范围内 1500 多个台站每天两次（UTC 00:00 和 12:00）的无线电探空仪和无线电探空气球观测数据，包括地面到 30m 左右高度的气温、气压、风向、风速和水汽等气象参数的垂直廓线（Durre et al., 2006）。Haase

等（2001）使用 GPS ZTD 对 IGRA ZTD 的精度进行评估，发现 IGRA ZTD 和 GPS ZTD 之间的标准差（STD）为 12mm，具有较高的精度。美国国家环境信息中心（National Centers for Environmental Information，NCEI，前身为 NCDC）推出了第二代 IGRA 数据集（IGRA2），其在测站数量、观测长度、数据采集来源等方面均优于 IGRA1。早在 1940 年，IGRA2 就有数百个站点，集中在北美、西欧、西非和南亚。相比之下，IGRA1 在 1965 年只有一个站设在塔斯马尼亚。25 年后，IGRA2 的覆盖范围显著改善，在全球大部分陆地地区有 1000 多个监测站，而 IGRA1 在南美洲和非洲有很大差距。两个数据集中的监测站点数量在 1990 年左右最多，超过 1500 个监测站。截至 2016 年，两个数据集覆盖范围大致相同，每个数据集在除非洲东半部外的大多数地区都有合理的覆盖范围。目前，IGRA2 可提供全球 2787 个监测站数据，其中三分之一经在 2016 年投入使用，数据时间最早可追溯到 1905 年；IGRA1 于 2018 年停止更新。IGRA 有着严格的程序以确保正确的测点识别，其质量保证程序可分为七大类：基本的"完整性"检查、表面高程的可靠性和时间一致性检查、内部一致性检查、值的重复检查、基于气候的检查、温度的垂直和时间一致性检查、数据完整性检查。前 4 个类别消除了可能影响后续算法性能的粗大错误，针对气压、温度、湿度、风速等气象数据进一步引入 6 项额外的检查，在一定程度上保证了数据的准确性。因此，IGRA2 是目前全球范围内时间长度最长、资料最为完整的一套高质量探空站点资料数据集，且垂直分辨率和精度较高。

2）基于 IGRA 的 PWV 反演基本原理

基于 IGRA 提供的廓线数据计算 PWV，主要采用分层积分法，公式如下：

$$\text{PWV} = \int_{P_1}^{P_2} \frac{q}{\rho_w g} dP \tag{3.2.1}$$

式中，g 表示重力加速度；P_1 和 P_2 分别表示地面和顶层气压；ρ_w 表示液态水密度；q 表示比湿，计算公式如下：

$$q = 622 \times \frac{e_0}{p - 0.378 \times e_0} \tag{3.2.2}$$

式中，e_0 表示水汽压，计算公式如下：

$$e_0 = \text{RH} \cdot \frac{6.112 \times 10^{\left(\frac{a \cdot T}{b + T}\right)}}{100} \tag{3.2.3}$$

式中，RH 表示相对湿度；T 表示大气温度。当 $T \geq 0℃$，$a = 7.5$，$b = 237.3$，当 $T < 0℃$，$a = 9.5$，$b = 265.5$。

3）IGRA 提供产品及应用

IGRA 可以提供 12h 分辨率（UTC 00:00 和 12:00）产品和月均值产品，产品包括了全球 1500 多个台站地面到大约 30km 高度的气温、气压、风向、风速和水汽的垂直廓线等气象参数。IGRA 数据集发布以来，由于数据精度极高，其经常被作为真值来评估其他方式获取的气象参数精度（Durre et al.，2018）。同时，IGRA 提供的气象参数及其反演的 ZTD、Tm 和 PWV 等在多领域研究和实际应用中发挥了巨大的作用，如对各种大气过程和结构的研究（Rapp et al.，2011；Sorokina and Esau，2011；Seidel et al.，2010）、对流层关键参数模型构建（Ferreira et al.，2019）、对流层温度和水汽含量趋势的分析（Serreze et al.，2012；Durre et al.，2009），以及不同平台水汽测量结果的对比（Schröder et al.，2016；Huang et al.，2013）均依赖于 IGRA 的观测结果。

3.2.2 AERONET PWV 反演原理

1）AERONET 数据介绍

AERONET 是由 NASA 和 CNRS 联合建立的地基气溶胶遥感观测网（Sobrino et al.，1994）。AERONET 包括全球 300 多个 CE-318 型太阳光度计，其监测结果为气溶胶特征研究提供长期、连续、开放的气溶胶光学数据并验证卫星反演结果（Zhang et al.，2017）。AERONET 太阳光度计的优点包括维护成本较低，接收实时数据及较高的精度。太阳光度计中 936nm 光谱的测量值用于计算 PWV（Che et al.，2016）。该系统性不确定（包括仪器状态、反演算法、标定等）能够给 AERONET PWV 的反演带来大约±10%的误差（Pérez-Ramírez et al.，2014）。

2）基于 AERONET 反演 PWV 基本原理

基于改进的 Langley 方法，利用太阳辐射度观测数据计算 PWV，其中太阳辐射度在 936nm 水汽吸收波段的光谱透射由太阳光度计测量（Che et al.，2016）。PWV 可以使用如下公式计算（Bokoye et al.，2007）：

$$\mathrm{PWV} = \frac{1}{m}\left\{\frac{1}{a}\left[\ln\left(\frac{V_{0(\lambda)}R^{-2}}{V_{(\lambda)}}\right) - \tau_{\mathrm{r}}(\lambda)m_{\mathrm{r}} - \tau_{\mathrm{a}}(\lambda)m\right]\right\}^{\frac{1}{b}} \tag{3.2.4}$$

式中，a 和 b 表示常数，取决于中心波长位置、宽度和光度计滤光函数的形状、大气压力/温度递减率及水蒸气的垂直分布（Alexandrov et al.，2009）；m 表示气团；m_{r} 表示经压力校正的气团；$V_{(\lambda)}$ 和 $V_{0(\lambda)}$ 分别表示太阳光度计和大气顶外部的输出电压；R^{-2} 表示日地距离校正系数；$\tau_{\mathrm{a}}(\lambda)$ 和 $\tau_{\mathrm{r}}(\lambda)$ 分别表示 936nm 处气溶胶消光光学厚度和分子瑞利散射光学厚度。

3）AERONET 数据产品及应用

目前，AERONET 提供了三种质量等级的数据产品，Level 1.0 是未进行云检测的数据，Level 1.5 是进行了云去除的数据，Level 2.0 是进行了云去除和质量检测的数据（Ukhov et al.，2020），可通过 AERONET 网站免费下载。AERONET 反演 AOD 产品的精度较高，其误差仅为 0.01～0.02（Ichoku et al.，2002）。AERONET 反演的 PWV 也具有精度较高、观测连续等优点，且 AERONET 站点在世界各地分布广泛，因此 AERONET PWV 数据被广泛用作遥感 PWV 数据验证的真值（Martins et al.，2019；Shi et al.，2018；Makarau et al.，2016）。此外，AERONET 还结合光学厚度和主平面资料反演得到气溶胶的相函数、单次散射反照率、复折射指数等信息，以满足不同用户的需求。

3.3　基于遥感卫星的 PWV 反演原理

3.3.1　基于遥感卫星 L1 级数据的 PWV 反演原理

1）MODIS 和 FY 卫星 MERSI 传感器及 L1 级数据结构

MODIS 是 1999 年 12 月成功发射的 EOS-Terra 卫星上的一个关键传感器，由 2002 年发射的 EOS-Aqua 卫星上的另一个 MODIS 补充（Justice et al.，2002）。MODIS 是一种被动式成像分光辐射计，共有 490 个探测器，分布在 36 个光谱波段，从波长 0.4μm（可见光）到 14.4μm（热红外）全光谱覆盖，空间分辨率有 250m、500m、1000m，MODIS 包含 5 个近红外水汽相关通道，分别为中心波长 865nm、1240nm 的窗口通道和中心波长 905nm、936nm、940nm 的水汽吸收通道（He and Liu，2020）。MODIS 的 L1 级数据产品有 L1A 与 L1B 两种，包括原始辐射率、定标辐射、经纬度坐标等信息，具体见表 3.3.1。

表 3.3.1　MODIS-L1 级数据产品具体信息

产品类型	产品 ID	ESDT/数据集名称	数据级别
一级数据产品	MOD01	MOD01/原始辐射率	L1A
	MOD02	MOD02KM/1km 定标辐射	L1B
		MOD02HKM/500m 定标辐射	L1B
		MOD02QKM/250m 定标辐射	L1B
		MOD02OBC/星载定标和工程数据	L1B
	MOD03	MOD03/1km 经纬度坐标数据	L1A

注：ESDT 表示增强光谱数据类型。

FY 卫星搭载的 MERSI 传感器能高精度定量遥感云特性、气溶胶、陆地表面特性、海洋水色、低层水汽等地球物理要素，实现对大气、陆地、海洋的多光谱

连续综合观测。MERSI 传感器分为三代，第一代为Ⅰ型（MERSI-Ⅰ），第二代为
Ⅱ型（MERSI-Ⅱ），第三代包括Ⅲ型（MERSI-Ⅲ）、微光型（MERSI-LL）和降水
型（MERSI-RM）三种。MERSI 与 MODIS 类似，可接收 20 个波段的数据，其空
间分辨率为 250～1000m。MERSI 传感器包含 5 个近红外水汽相关通道，分别为
中心波长 865nm、1030nm 的窗口通道和中心波长 905nm、940nm、980nm 的水汽
吸收通道（He and Liu，2019），可提供全球范围的 PWV 数据，具体波段信息见
表 3.3.2。

表 3.3.2　MERSI 传感器波段信息

通道序号	中心波长/μm	光谱宽带/μm	空间分辨率/m	信号动态上限（最大反射率或最大温度）
1	0.47	0.05	250	100%
2	0.55	0.05	250	100%
3	0.65	0.05	250	100%
4	0.865	0.05	250	100%
5	11.25	2.5	250	330K
6	1.64	0.05	1000	90%
7	2.13	0.05	1000	90%
8	0.412	0.02	1000	80%
9	0.443	0.02	1000	80%
10	0.49	0.02	1000	80%
11	0.52	0.02	1000	80%
12	0.565	0.02	1000	80%
13	0.65	0.02	1000	80%
14	0.685	0.02	1000	80%
15	0.765	0.02	1000	80%
16	0.865	0.02	1000	80%
17	0.905	0.02	1000	90%
18	0.94	0.02	1000	90%
19	0.98	0.02	1000	90%
20	1.03	0.02	1000	90%

FY/MERSI 源包 L0 数据经过多站接收去重复、质量检验后进入定位定标预处
理，生成 L1 数据产品，MERSI L1 数据产品是各类图像产品和 L2 定量遥感产品
生成的起点。MERSI L1 包括如下产品：MERSI L1 250m 数据产品、MERSI L1
1000m 数据产品、MERSI L1 OBC 数据产品，表 3.3.3 简要列出了 MERSI 3 个 L1
产品的主要文件内容以及用途。

表 3.3.3　MERSI L1 数据产品文件总览

文件识别名	文件内容	用途
MERSI_GBAL_L1_XX_0250M_MS	存放经过辐射定标和地理定位预处理后的地球观测 250m 空间分辨率 MERSI 数据	用于 250m 空间分辨率的真彩色图像产品和地表遥感（如植被和生态应用）产品生成
MERSI_GBAL_L1_XX_1000M_MS	存放经过辐射定标和地理定位预处理后的地球观测 1000m 空间分辨率 MERSI 数据	用于 1000m 空间分辨率的大气、海洋和陆地遥感产品生成
MERSI_GBAL_L1_XX_OBCXX_MS	存放 MERSI 星上定标相关的原始数据、工程遥测和定标处理结果数据	用于 MERSI 星上性能状态离线分析和星上定标离线处理，特别是可见近红外通道星上定标数据处理

2）基于 L1 级数据的 PWV 反演

太阳辐射传输到地表后又被反射到大气，在这个过程中大气水汽对其进行吸收。垂直方向上总的大气水汽含量，可通过比较在大气吸收通道和邻近的非大气吸收通道处反射的太阳辐射之比获得（Bowers, 1971）。近红外水汽反演的理论基础是近红外的辐射传输方程：

$$L_{\text{sensor}} = L_{\text{sun}}(\lambda)\rho(\lambda)\tau(\lambda) + L_{\text{path}}(\lambda) \qquad (3.3.1)$$

式中，L_{sensor} 是卫星传感器接收到的总辐射率；$L_{\text{sun}}(\lambda)$ 是大气顶层的入射太阳辐射率；$\rho(\lambda)$ 是地表的反射率；$\tau(\lambda)$ 是总大气透过率，即从大气层顶到地表，再从地表到传感器的透过率；$L_{\text{path}}(\lambda)$ 是大气传输路径上的辐射率，在近红外波段主要受到单散射和多散射的影响；λ 为 MODIS 对应通道的中心波长。在近红外光谱区，气溶胶光学厚度很小，大气传输路径上的辐射率也非常小，$L_{\text{path}}(\lambda)$ 只相当于式（3.3.1）等号右边的百分之几。因此，大气传输路径上的辐射率 $L_{\text{path}}(\lambda)$ 就可以忽略不计，式（3.3.1）可以简化为

$$L_{\text{sensor}} = L_{\text{sun}}(\lambda)\rho(\lambda)\tau(\lambda) \qquad (3.3.2)$$

由式（3.3.2）得

$$\tau(\lambda) = L_{\text{sensor}} / [L_{\text{sun}}(\lambda)\rho(\lambda)] \qquad (3.3.3)$$

从式（3.3.3）可知，大气水汽含量主要是大气水汽透过率的函数，式（3.3.3）中的 $L_{\text{sun}}(\lambda)\rho(\lambda)$ 中 ρ 对于不同的波长，地面的反射率基本上是不一样的，但是 Kaufman 和 Gao（1992）经过大量的研究表明，在 0.85～1.25μm 的各种地物反射率基本上满足线性关系。从而可以利用大气窗口通道（这一通道可近似看成无大气反射和吸收的影响，大气透过率接近 1）中对 $L_{\text{sun}}(\lambda)\rho(\lambda)$ 进行的近似模拟。研究表明，在某些固定波段区间大气水汽透过率几乎为 1，还有一些波段对大气水

汽具有强吸收特性。很多学者通过大量实验发现，利用通道比值法反演水汽是可行的（Kaufman and Gao, 1992）。由此可由式（3.3.3）进一步推导出两通道比值法、三通道比值法（赵有兵等，2008）。

利用两通道比值法或三通道比值法计算透过率的区别在于针对的遥感地物种类是否单一，针对单一地物利用两通道比值法，而针对复杂地物则利用三通道比值法：

$$\left.\begin{array}{l} \tau_i = \dfrac{\rho_i}{\rho_{16}} \\[3mm] \tau_i = \dfrac{\rho_i}{K_1\rho_{16} + K_2\rho_{20}} \end{array}\right\} \qquad (3.3.4)$$

式中，τ_i 为大气透过率（i 为 3 个水汽吸收通道）；ρ_i 为 MERSI L1 3 个水汽吸收通道的反射率；ρ_{16} 与 ρ_{20} 为 MERSI 两个窗口通道的反射率；K_1 与 K_2 分别为 0.8 与 0.2。

Kaufman 和 Gao（1992）通过大量的实验利用低分辨率传输（low resolution transmission，LOWTRAN）模型模拟通道比值法透过率与大气水汽含量的关系表达式：

$$\tau_i = \exp(a - b\sqrt{W_i}) \qquad (3.3.5)$$

式中，W_i 为利用大气廓线等数据通过大气模型计算得到的大气水汽含量；a 与 b 为拟合系数。

利用得到的拟合系数可计算不同吸收通道的水汽含量，具体公式如下：

$$W_i^* = \left[\frac{\alpha - \ln(\tau_i / M)}{\beta}\right]^2 \qquad (3.3.6)$$

式中，W_i^* 为第 i 通道水汽含量；$M = 0.8\tau_{16} + 0.2\tau_{20}$。

中分辨率光谱成像仪的 3 个近红外吸收通道对水汽的敏感度不同。因此，3 个水汽吸收通道的透过率可以代表水汽引起的辐射衰减并以此来计算权重，再经过加权求和计算出 3 个吸收通道水汽的加权平均值，以获取更准确的水汽反演结果。计算各通道权重公式如下：

$$\eta_i = \left|\frac{\mathrm{d}\tau_i}{\mathrm{d}W_i^*}\right| = 0.5\beta\tau_i / \sqrt{W_i^*} \qquad (3.3.7)$$

式中，η_i 为第 i 个通道对应的水汽权重，需要对 3 个吸收通道得到的权重进行归一化，归一化后的权重为

$$f_i = \frac{\eta_i}{\eta_{17} + \eta_{18} + \eta_{19}} \qquad (3.3.8)$$

式中，f_i 为第 i 个通道归一化后的水汽权重。因此，利用上述得到的通道水汽含量与水汽权重反演的最终 PWV 为

$$\text{PWV}_{\text{L1}} = f_{17}W_{17}^* + f_{18}W_{17}^* + f_{19}W_{17}^* \qquad (3.3.9)$$

式中，PWV_{L1} 为加权平均大气水汽含量。

3.3.2　基于遥感卫星 L2 级数据的 PWV 反演原理

1）MODIS 和 FY 卫星 MERSI 传感器及 L2 级数据结构介绍

MODIS L2 级产品是经过定标定位后的数据，所有产品是国际标准的 EOS-HDF 格式。该产品包含所有波段数据，是应用比较广泛的一类数据，其时间分辨率主要有每日产品（1d）、8d 合成产品、16d 合成产品、月合成产品、季度产品、年产品；空间分辨率为 250m（1～2 波段）、500m（3～7 波段）、1000m（8～36 波段）。MODIS L2 级产品主要集中在大气标准产品与海洋标准产品中，具体信息见表 3.3.4。

表 3.3.4　MODIS L2 级数据产品具体信息

产品类型	产品 ID	ESDT/数据集名称	数据级别
大气标准产品	MOD04	MOD04_L2/气溶胶	L2
	MOD05	MODO5_L2/大气可降水量检测结果	L2
	MOD06	MOD06_L2/云产品	L2
	MOD07	MOD07_L2/温度和水汽轮廓产品	L2
	MOD35	MOD35_L2/250m 和 1km 云覆盖和光谱检测结果	L2
海洋标准产品	MOD18	归一化离水辐亮度	L2
			L3（1d）
			L3（8d）
	MOD19	色素浓度	L2
			L3（1d）
			L3（8d）
	MOD20	叶绿素荧光	L2
			L3（1d）
			L3（8d）
	MOD21	叶绿素 a 色素浓度	L2
			L3（1d）

对于 FY-3A MERSI 传感器利用传统水汽反演算法对 MERSI/FY-3A L1 数据进行处理得到了 L2 级 PWV 产品。该产品包括时间分辨率为 5min 的段产品、10d 的旬产品和月产品。FY-3A-L2 PWV 日产品并未直接给出，需对 PWV 5min 段产品进行拼接和投影得到，中国区域日产品空间分辨率为 0.01°×0.01°，网格数为 7000×5000；全球区域日产品空间分辨率为 0.05°×0.05°，网格数为 7200×3600（胡秀清等，2011）。此外，MERSI/FY-3D 提供 1km 空间分辨率的 PWV 段产品与 5km 空间分辨率的日、旬、月 PWV 产品。MERSI/FY-3A L2 级 PWV 产品详细信息见表 3.3.5。

表 3.3.5　MERSI/FY-3A 陆上 PWV 产品规格表

产品类型	投影方式	覆盖范围	空间分辨率	生成频次
5min 段产品	无投影	5min 轨道	1km×1km	每 5min1 次
日产品	等经纬度	全球	0.05°×0.05°	每日 1 次
中国区域日产品	等经纬度	5°～55°N 70°～140°E	0.01°×0.01°	每日 1 次
旬产品	等经纬度	全球	0.05°×0.05°	每旬 1 次
月产品	等经纬度	全球	0.05°×0.05°	每月 1 次

2）L2 级 PWV 网格产品获取及校正

FY 卫星 MERSI 传感器获取的 L2 级 PWV 产品可在风云卫星遥感数据服务网（http://satellite.nsmc.org.cn）获取，如今只有 FY-3A 与 FY-3D 提供陆上 PWV 产品，包括段、日、旬、月 PWV 产品。FY-3A-L2 PWV 段产品获取方法如下。

首先，读取下载好的 PWV 段产品数据（.HDF），在数据中读取 MERSI_PWV 属性为该段产品记录的 PWV（单位为 g/cm^2）。其次，对于获取到的 PWV 需要进行去云处理以保证数据准确性，去云处理需要用到云掩模，即 Cloud_Mask 属性，是一个由 6 字节组成的整型数组，内容按比特（bit）存放，Cloud_Mask 存放的是第 0～7bit，云掩模通过 bit 进制转换得到对应网格的云掩模数据。最后，将云掩模数据与对相应时间 PWV 数据进行网格匹配并设空，达到去云处理的目的，得到清晰像元。表 3.3.6 列出了 MERSI 云检测数组 bit 存放内容。

表 3.3.6　MERSI 云检测数组 bit 存放内容具体说明

bit	存储内容意义描述	结果说明
0	云检测标识	0=未经检测 1=已检测

续表

bit 位	存储内容意义描述	结果说明
1～2	可靠性标识	00=云
		01=可能云
		10=可能晴空
		11=晴空
3	白天/夜间标识	0=夜间/1=白天
4	太阳耀斑标识	0=是/1=否
5	下垫面冰/雪标识	0=是/1=否
6～7	水陆标识	00=水体
		01=海岸线
		10=沙漠
		11=陆地

本章对 GNSS 气象学基本原理进行详细介绍。首先，对地基 GNSS 技术反演 PWV 基本原理进行详述，包括 GNSS ZTD 数据反演、大气加权平均温度估计及 GNSS PWV 反演方法。其次，对 IGRA/AERONET 的 PWV 反演原理、特点、基本流程等进行详细介绍。最后，对遥感卫星的 PWV 反演原理及方法进行了详细介绍。

参 考 文 献

胡秀清, 黄意玢, 陆其峰, 等, 2011. 利用 FY-3A 近红外资料反演水汽总量[J]. 应用气象学报, 22(1): 46-56.

黄良珂, 彭华, 刘立龙, 等, 2020. 顾及垂直递减率函数的中国区域大气加权平均温度模型[J]. 测绘学报, 49(4): 432-442.

李建国, 毛节泰, 李成才, 等, 1999. 使用全球定位系统遥感水汽分布原理和中国东部地区加权"平均温度"的回归分析[J]. 气象学报, 1999(3): 28-37.

唐龙江, 2017. 利用精密单点定位法准实时估计 BDS 天顶对流层延迟[D]. 阜新: 辽宁工程技术大学.

王小亚, 朱文耀, 严豪健, 等, 1999. 地面 GPS 探测大气可降水量的初步结果[J]. 大气科学, (5): 605-612.

王晓英, 戴仔强, 曹云昌, 等, 2011. 中国地区地基 GPS 加权平均温度 Tm 统计分析[J]. 武汉大学学报(信息科学版), 36(4): 412-416.

王勇, 柳林涛, 郝晓光, 等, 2007. 武汉地区 GPS 气象网应用研究[J]. 测绘学报, (2): 141-145.

姚宜斌, 孙章宇, 许超钤, 2019. Bevis 公式在不同高度面的适用性以及基于近地大气温度的全球加权平均温度模型[J]. 测绘学报, 48(3): 276-285.

叶世榕, 张双成, 刘经南, 2008. 精密单点定位方法估计对流层延迟精度分析[J]. 武汉大学学报(信息科学版), (8): 788-791.

张豹, 2016. 地基 GNSS 水汽反演技术及其在复杂天气条件下的应用研究[D]. 武汉: 武汉大学.

赵有兵, 顾利亚, 黄丁发, 等, 2008. 利用 MODIS 影像反演大气水汽含量的方法研究[J]. 测绘科学, (5): 51-53, 45.

ALEXANDROV M D, SCHMID B, TURNER D D, et al., 2009. Columnar water vapor retrievals from multifilter rotating shadowband radiometer data[J]. Journal of Geophysical Research: Atmospheres, 114(D2): 1-28.

BEVIS M, BUSINGER S, HERRING T A, et al.,1992. GPS meteorology: Remote sensing of atmospheric water vapor using the global positioning system[J]. Journal of Geophysical Research: Atmospheres, 97(D14): 15787-15801.

BLACK H D. An easily implemented algorithm for the tropospheric range correction[J]. Journal of Geophysical Research, 1978, 83(b4): 1825-1828.

BÖHM J, HEINKELMANN R, SCHUH H, 2007. Short note: A global model of pressure and temperature for geodetic applications[J]. Journal of Geodesy, 81: 679-683.

BÖHM J, MÖLLER G, SCHINDELEGGER M, et al., 2015. Development of an improved empirical model for slant delays in the troposphere (GPT2w)[J]. GPS Solutions, 19: 433-441.

BOKOYE A I, ROYER A, CLICHE P, et al., 2007. Calibration of sun radiometer-based atmospheric water vapor retrievals using GPS meteorology[J]. Journal of Atmospheric and Oceanic Technology, 24(6): 964-979.

BOWERS S A, 1971. Reflection of radiant energy from soils[J]. Soil Science, 100(2): 130-138.

CHE H, GUI K, CHEN Q, et al., 2016. Calibration of the 936 nm water-vapor channel for the China aerosol remote sensing NETwork (CARSNET) and the effect of the retrieval water-vapor on aerosol optical property over Beijing, China[J]. Atmospheric Pollution Research, 7(5): 743-753.

CHEN J, ZHANG Y, WANG J, et al., 2015. A simplified and unified model of multi-GNSS precise point positioning[J]. Advances in Space Research, 55(1): 125-134.

CHEN P, YAO W, ZHU X, 2014. Realization of global empirical model for mapping zenith wet delays onto precipitable water using NCEP re-analysis data[J]. Geophysical Journal International, 198(3): 1748-1757.

CHEN Q, SONG S, HEISE S, et al., 2011. Assessment of ZTD derived from ECMWF/NCEP data with GPS ZTD over China[J]. GPS Solutions, 15: 415-425.

COLLINS P, LANGLEY R, LAMANCE J, 1996. Limiting factors in tropospheric propagation delay error modelling for GPS airborne navigation[C]. Cambridge: The Institute of Navigation 52nd Annual Meeting.

DING M, 2018. A neural network model for predicting weighted mean temperature[J]. Journal of Geodesy, 92(10): 1187-1198.

DURRE I, VOSE R S, WUERTZ D B, 2006. Overview of the integrated global radiosonde archive[J]. Journal of Climate, 19(1): 53-68.

DURRE I, WILLIAMS JR C N, YIN X, et al., 2009. Radiosonde-based trends in precipitable water over the Northern Hemisphere: An update[J]. Journal of Geophysical Research: Atmospheres, 114(D5): 1-8.

DURRE I, YIN X, VOSE R S, et al., 2018. Enhancing the data coverage in the integrated global radiosonde archive[J]. Journal of Atmospheric and Oceanic Technology, 35(9): 1753-1770.

FERREIRA A P, NIETO R, GIMENO L, 2019. Completeness of radiosonde humidity observations based on the Integrated Global Radiosonde Archive[J]. Earth System Science Data, 11(2): 603-627.

HAASE J S, VEDEL H, GE M, et al., 2001. GPS zenith tropospheric delay (ZTD) variability in the Mediterranean[J]. Physics and Chemistry of the Earth, Part A: Solid Earth and Geodesy, 26(6-8): 439-443.

HE C, YAO Y, ZHAO D, et al., 2013. GWMT global atmospheric weighted mean temperature models: Development and refinement[C]. WuHan: China Satellite Navigation Conference (CSNC), 244: 487-500.

HE J, LIU Z, 2019. Comparison of satellite-derived precipitable water vapor through near-infrared remote sensing channels[J]. IEEE Transactions on Geoscience and Remote Sensing, 57(12): 10252-10262.

HE J, LIU Z, 2020. Water vapor retrieval from MODIS NIR channels using ground-based GPS data[J]. IEEE Transactions on Geoscience and Remote Sensing, 58(5): 3726-3737.

HOPFIELD H S, 1971. Tropospheric effect on electromagnetically measured range: Prediction from surface weather data[J]. Radio Science, 6(3): 357-367.

HUANG C Y, TENG W H, HO S P, et al., 2013. Global variation of COSMIC precipitable water over land: Comparisons with ground-based GPS measurements and NCEP reanalyses[J]. Geophysical Research Letters, 40(19): 5327-5331.

HUANG L, LIU L, CHEN H, et al., 2019. An improved atmospheric weighted mean temperature model and its impact on GNSS precipitable water vapor estimates for China[J]. GPS Solutions, 23(2): 51.

ICHOKU C, CHU D A, MATTOO S, et al., 2002. A spatio-temporal approach for global validation and analysis of MODIS aerosol products[J]. Geophysical Research Letters, 29(12): MOD1-1-MOD1-4.

JUSTICE C O, TOWNSHEND J R G, VERMOTE E F, et al., 2002. An overview of MODIS land data processing and product status[J]. Remote Sensing of Environment, 83(1-2): 3-15.

KAUFMAN Y J, GAO B C, 1992. Remote sensing of water vapor in the near IR from EOS/MODIS[J]. IEEE Transactions on Geoscience and Remote Sensing, 30(5): 871-884.

LAGLER K, SCHINDELEGGER M, BÖHM J, et al., 2013. GPT2: Empirical slant delay model for radio space geodetic techniques[J]. Geophysical Research Letters, 40(6): 1069-1073.

LANDSKRON D, BÖHM J, 2018. VMF3/GPT3: Refined discrete and empirical troposphere mapping functions[J]. Journal of Geodesy, 92: 349-360.

LEANDRO R F, SANTOS M C, LANGLEY R B, 2009. A North America wide area neutral atmosphere model for GNSS applications[J]. Navigation, 56(1): 57-71.

MAKARAU A, RICHTER R, SCHLÄPFER D, et al., 2016. APDA water vapor retrieval validation for Sentinel-2 imagery[J]. IEEE Geoscience and Remote Sensing Letters, 14(2): 227-231.

MARTINS V S, LYAPUSTIN A, WANG Y, et al., 2019. Global validation of columnar water vapor derived from EOS MODIS-MAIAC algorithm against the ground-based AERONET observations[J]. Atmospheric Research, 225: 181-192.

Pérez-Ramírez D, Whiteman D N, Smirnov A, et al.,2014. Evaluation of AERONET precipitable water vapor versus microwave radiometry, GPS, and radiosondes at ARM sites[J]. Journal of Geophysical Research: Atmospheres, 119(15): 9596-9613.

RAPP A D, KUMMEROW C D, FOWLER L, 2011. Interactions between warm rain clouds and atmospheric preconditioning for deep convection in the tropics[J]. Journal of Geophysical Research: Atmospheres, 116(D23): 1-13.

RTCA (FIRM), 2006. SC-159. Minimum operational performance standards for global positioning system/wide area augmentation system airborne equipment: SC-159[S]. USA: RTCA.

SAASTAMOINEN J, 1972. Atmospheric correction for the troposphere and stratosphere in radio ranging satellites[J]. The Use of Artificial Satellites for Geodesy, 15: 247-251.

SCHRÖDER M, LOCKHOFF M, FORSYTHE J M, et al., 2016. The GEWEX water vapor assessment: Results from intercomparison, trend, and homogeneity analysis of total column water vapor[J]. Journal of Applied Meteorology and Climatology, 55(7): 1633-1649.

SCHVLER T, 2014. The TropGrid2 standard tropospheric correction model[J]. GPS Solutions, 18(1): 123-131.

SEIDEL D J, AO C O, LI K, 2010. Estimating climatological planetary boundary layer heights from radiosonde observations: Comparison of methods and uncertainty analysis[J]. Journal of Geophysical Research: Atmospheres, 115(D16): 1-15.

SERREZE M C, BARRETT A P, STROEVE J, 2012. Recent changes in tropospheric water vapor over the Arctic as assessed from radiosondes and atmospheric reanalyses[J]. Journal of Geophysical Research: Atmospheres, 117(D10): 1-21.

SHI F, XIN J, YANG L, et al., 2018. The first validation of the precipitable water vapor of multisensor satellites over the typical regions in China[J]. Remote Sensing of Environment, 206: 107-122.

SOBRINO J A, LI Z L, STOLL M P, et al., 1994. Improvements in the split-window technique for land surface temperature determination[J]. IEEE Transactions on Geoscience and Remote Sensing, 32(2): 243-253.

SOROKINA S A, ESAU I N, 2011. Meridional energy flux in the Arctic from data of the radiosonde archive IGRA[J]. Izvestiya, Atmospheric and Oceanic Physics, 47: 572-583.

TRALLI D M, LICHTEN S M, 1990. Stochastic estimation of tropospheric path delays in global positioning system geodetic measurements[J]. Bulletin Géodésique, 64: 127-159.

UKHOV A, MOSTAMANDI S, DA SILVA A, et al., 2020. Assessment of natural and anthropogenic aerosol air pollution in the Middle East using MERRA-2, CAMS data assimilation products, and high-resolution WRF-Chem model simulations[J]. Atmospheric Chemistry and Physics, 20(15): 9281-9310.

YAO Y B, ZHANG B, YUE S Q, et al., 2013. Global empirical model for mapping zenith wet delays onto precipitable water[J]. Journal of Geodesy, 87(5): 439-448.

YAO Y B, ZHU S, YUE S Q, 2012. A globally applicable, season-specific model for estimating the weighted mean temperature of the atmosphere[J]. Journal of Geodesy, 86: 1125-1135.

YAO Y, ZHANG B, XU C, et al., 2014a. Analysis of the global Tm-Ts correlation and establishment of the latitude-related linear model[J]. Chinese Science Bulletin, 59: 2340-2347.

YAO Y, ZHANG B, XU C, et al., 2014b. Improved one/multi-parameter models that consider seasonal and geographic variations for estimating weighted mean temperature in ground-based GPS meteorology[J]. Journal of Geodesy, 88: 273-282.

YUAN Y, ZHANG K, ROHM W, et al., 2014. Real-time retrieval of precipitable water vapor from GPS precise point positioning[J]. Journal of Geophysical Research: Atmospheres, 119(16): 10044-10057.

ZHANG W, ZHOU T, ZHANG L, 2017. Wetting and greening Tibetan Plateau in early summer in recent decades[J]. Journal of Geophysical Research: Atmospheres, 122(11): 5808-5822.

第 4 章　GNSS 三维水汽层析基本原理

PWV 只能代表 GNSS 测站天顶方向上的大气水汽含量,是对应不同高度角和方位角下多条射线上的水汽信息投影到天顶方向上的均值,本质上讲是一维信息,并不能完全反映测站附近空间大气水汽含量的实际分布情况。卫星信号路径上的湿延迟量包含了空间水汽场对其产生的延迟信息,是获取三维水汽信息的必要输入值。通常,两类观测信息可以作为对流层层析的输入信息:一类是 SWD,用于重构大气湿折射率信息(Flores et al.,2000;Hirahara,2000),另一类是 SWV,用于获取大气水汽密度场的三维分布(Jiang et al.,2014;Xia et al.,2013;Bi et al.,2006;Champollion et al.,2005)。本章主要对 GNSS 三维水汽层析基本原理进行详细介绍,主要包括 SWV 或 SWD 的恢复方法、GNSS 水汽层析观测方程构建方法、层析约束信息构建及层析模型解算等。利用大气温度场参数信息可以将重构的大气湿折射率和水汽密度结果进行相互转换(Bender et al.,2011),因此后续以更常用的 SWV 作为三维水汽层析输入信息进行介绍。

4.1　地基 GNSS SWV/SWD 恢复方法

4.1.1　SWV/SWD 获取方法

地基 GNSS SWD 的获取方法可以分为投影法和直接法。

1. 投影法

投影法求解 GNSS SWD 时,首先假定区域范围内大气在各方向上是对称分布的,利用投影函数可以把 ZWD 投影到测站观测到的各卫星斜路径上。

$$\mathrm{SWD_{ele}} = m_{\mathrm{w}}(\mathrm{ele}) \cdot \mathrm{ZWD} \tag{4.1.1}$$

式中,$m_{\mathrm{w}}(\mathrm{ele})$ 表示 ZWD 对应的斜路径湿映射函数;ZWD 表示对流层天顶湿延迟;$\mathrm{SWD_{ele}}$ 表示高度角为 ele 的对流层斜路径湿延迟。

式(4.1.1)是理想状态下的结果,实际大气的气压、温度和水汽的水平分布往往是不对称的,即高度角相同时,不同方位角的 STD 也不相同。因此,需加入水平梯度项获取更精确的 SWD。水平梯度项仅顾及了水平方向的变化,而水汽具有复杂的三维结构,仅顾及水平梯度有一定的局限性,观测值与模拟值之间有一定偏差。因此，顾及水平梯度项、对流层映射函数的模型误差后，投影法求解 GNSS SWD 的公式可表示如下：

$$SWD_{azi,ele} = m_w(ele) \cdot ZWD + m_w(ele) \cdot \cot(ele)$$
$$\cdot [G_{NS}^w \cdot \cos(azi) + G_{WE}^w \cdot \sin(azi)] + R_{ele} \qquad (4.1.2)$$

式中，$m_w(x)$ 表示湿映射函数，ele 和 azi 分别表示卫星截止高度角和方位角；G_{NS}^w 和 G_{WE}^w 表示大气各向异性造成的水汽在南北和东西方向的湿延迟水平梯度项；R_{ele} 表示观测值的验后残差改正数，即将 SWD 分解为模型化的各向同性成分、各向异性成分以及未模型化残差三部分。其中，模型化的各向同性成分与卫星高度角有关，可由天顶对流层湿延迟与相应的映射函数相乘得到。模型化的各向异性成分与卫星的高度角和方位角都有关，由水平梯度项近似模拟。未模型化的残差主要包括对流层映射函数的模型误差以及大气水平梯度改正模型误差。基于相关气象参数和转换因子，可进一步将 SWD 转换为 SWV，在此不再赘述。

2. 直接法

直接法求解 GNSS SWD，即直接从观测方程中解算出 STD，然后去除由地面气象参数观测数据和经验模型获得斜路径静力学延迟（slant-path hydrostatic delay，SHD），从而获得 SWD。

该方法对接收机钟和卫星钟的精度要求较高，根据是否利用接收机钟和卫星钟，直接法又分为两类。一类是非差精密单点定位法，即利用 IGS 提供的精密星历和卫星钟差产品，基于载波相位观测值进行高精度的定位，进一步通过双频信号组合消除电离层延迟误差、引入未知参数估计对流层延迟误差等方式消除观测方程中电离层延迟、对流层延迟误差、接收机钟差、卫星钟差等误差影响，并正确确定相位模糊度，由非差精密单点方法求得 STD，然后进一步获取 GNSS SWD；该方法的关键在于需要精密卫星星历和钟差产品以消除卫星轨道和卫星钟差影响。另一类是双差法，即基于双差观测值构建观测方程，利用双差观测值可以消除接收机钟差和卫星钟差等参数，但基于双差法得到的双差观测值的验后残差需进一步转化为原始观测方程的非差相位残差，才能用于 SWD 的精确估计。

4.1.2　双差相位残差转化为非差相位残差的方法

双差方法消除了卫星钟差和接收机钟差的影响，并将双差模糊度固定为整数，剩余的是后拟合双差相位残差。若所有的误差均能较好地实现模型化，则数据处理后的双差相位残差主要包括未被模型化的大气延迟部分，即对流层映射函数的模型误差以及大气水平梯度改正模型误差，还有多路径效应影响等。该方法涉及 4 个观测值的线性组合。因此，在考虑式（4.1.2）中 R_{ele} 项时，需要将双差相位残差转变成非差相位残差。Alber 等（2000）介绍了将双差相位残差转变为非差相位残差的具体算法，得到的非差相位残差基于两种"残差加权总和为零"的假设：一是在将双差相位残差转化为单差相位残差时，一条基线上的两个测站在任一历元得到的所有卫星组成的单差相位残差之和为零；二是在将单差相位残差转化为非差相位残差时，任一卫星所有观测站组成的非差相位残差之和为零。研究表明，上述两种假设带来的误差可通过增加测站数目和延长基线长度减弱（宋淑丽等，2004）。因此，在进行数据解算时，需引入 3～4 个远距离的测站参与计算。

下面给出了将双差相位残差转换为非差相位残差的具体过程。

1）双差相位残差转化为单差相位残差

设在历元 t 测站 A、B 同步观测到卫星 i、j，观测值分别为 φ_A^i、φ_A^j、φ_B^i 和 φ_B^j，则站间单差方程为

$$\left.\begin{array}{l} \Delta\varphi_{AB}^i = \varphi_A^i - \varphi_B^i \\ \Delta\varphi_{AB}^j = \varphi_A^j - \varphi_B^j \end{array}\right\} \tag{4.1.3}$$

组成双差方程为

$$\nabla\Delta\varphi_{AB}^{ij} = \Delta\varphi_{AB}^i - \Delta\varphi_{AB}^j = (\varphi_A^i - \varphi_B^i) - (\varphi_A^j - \varphi_B^j) \tag{4.1.4}$$

假设在历元 t 时刻观测到 n 颗卫星，则组成双差方程的矩阵形式为

$$\mathbf{Ml}_{(n-1)\times n} \cdot (\Delta\boldsymbol{\varphi})_{n\times 1} = (\nabla\Delta\boldsymbol{\varphi})_{(n-1)\times 1} \tag{4.1.5}$$

由式（4.1.5）可以看出，单差方程个数比双差方程个数少 1 个。假设 $\mathbf{sd}_{n\times 1}$ 为单差相位残差，$\mathbf{dd}_{(n-1)\times 1}$ 为双差相位残差，则双差相位残差矩阵形式为

$$\mathbf{Ml}_{(n-1)\times n} \cdot \mathbf{sd}_{n\times 1} = \mathbf{dd}_{(n-1)\times 1} \tag{4.1.6}$$

利用双差方法反演 SWD 时，首先得到式（4.1.6）中的后拟合双差相位残差，由于系数矩阵 $\mathbf{Ml}_{(n-1)\times n}$ 秩亏，无法得到单差相位残差向量 $\mathbf{sd}_{n\times 1}$。因此，可通过附加约束条件，得到单差相位残差，计算公式如下：

$$\begin{bmatrix} 1 & -1 & 0 & \cdots & 0 \\ 1 & 0 & -1 & \cdots & 0 \\ \vdots & \vdots & \vdots & & \vdots \\ 1 & 0 & 0 & \cdots & -1 \\ w_{AB}^1 & w_{AB}^2 & w_{AB}^3 & \cdots & w_{AB}^n \end{bmatrix}_{n\times n} \begin{bmatrix} sd_{AB}^1 \\ sd_{AB}^2 \\ sd_{AB}^3 \\ \vdots \\ sd_{AB}^n \end{bmatrix}_{n\times 1} = \begin{bmatrix} dd_{AB}^{12} \\ dd_{AB}^{13} \\ \vdots \\ dd_{AB}^{1n} \\ \sum w_{AB}^i sd_{AB}^i \end{bmatrix}_{n\times 1} \tag{4.1.7}$$

式（4.1.7）附加的约束条件为单差相位残差的加权总和为零，w_{AB}^{j} 为加权系数，$\sum w_{AB}^{j} = 1$，$\sum\limits_{i=1}^{n} w_{AB}^{i}\,\mathrm{sd}_{AB}^{i} = 0$，对式（4.1.7）求逆可得单差相位残差向量。

由于卫星射线在低高度角时受模型误差和多路径误差的影响比高高度角时严重，在高精度 GNSS 数据处理中，为了减小低高度角观测误差对解算结果的影响，通常在双差模型中采用高度角余弦函数法对不同高度角的观测值进行加权处理。因此，在双差相位残差转化到非差相位残差过程中也采用高度角余弦函数法确定加权系数 w_{AB}^{i}。

2）单差相位残差转化为非差相位残差

若共有 m 个测站，每个测站各观测 n 颗卫星，则单差相位残差矩阵形式为

$$\mathbf{M2}_{n\times(m-1)} \cdot \mathbf{dv}_{n\times m} = \mathbf{sd}_{n\times(m-1)} \tag{4.1.8}$$

由式（4.1.8）可知，系数矩阵 $\mathbf{M2}_{n\times(m-1)}$ 秩亏，导致无法得到非差相位残差 $\mathbf{dv}_{n\times m}$。需附加约束条件才能得到非差相位残差，假设一颗卫星到 m 个测站的单差相位残差之和为 0，则有

$$\sum_{i=1}^{n} w_{A}^{i}\,\mathrm{dv}_{A}^{j} = 0 \tag{4.1.9}$$

式中，w_{A}^{i} 表示加权系数，且 $\sum\limits_{i=1}^{n} w_{A}^{i} = 1$；$\mathrm{dv}_{A}^{j}$ 表示测站 A 对于卫星 j 的非差相位残差。计算公式如下：

$$\begin{bmatrix} I & -I & 0 & \cdots & 0 \\ I & 0 & -I & \cdots & 0 \\ \vdots & \vdots & \vdots & & \vdots \\ I & 0 & 0 & \cdots & -I \\ w_{A}^{1} & w_{A}^{2} & w_{A}^{3} & \cdots & w_{A}^{n\times m} \end{bmatrix}_{n\times m} \cdot \begin{bmatrix} \mathbf{dv}_{A}^{1} \\ \mathbf{dv}_{A}^{2} \\ \mathbf{dv}_{A}^{3} \\ \vdots \\ \mathbf{dv}_{A}^{m} \end{bmatrix}_{(n\times m)\times 1} = \begin{bmatrix} \mathbf{sd}_{AB}^{1} \\ \mathbf{sd}_{AB}^{2} \\ \vdots \\ \mathbf{sd}_{AB}^{m} \\ \sum w_{A}^{i}\mathbf{dv}_{A}^{i} \end{bmatrix}_{(n\times m)\times 1} \tag{4.1.10}$$

式中，I 表示单位矩阵；w_{A}^{i} 表示加权系数矩阵；$\mathbf{sd}_{AB}^{i}$ 表示第 n 个测站的非差相位残差矩阵；$\sum\limits_{i=1}^{n} w_{A}^{i} = I$，$\sum\limits_{i=1}^{n} w_{A}^{i}\mathbf{dv}_{A}^{j} = 0$。

4.1.3　常用映射函数

映射函数实质上是构建了任意方向 STD 与 ZTD 间的函数关系。一般情况下

认为大气是球对称的，因此其仅仅是高度角的函数（章迪，2017）。基于连分式的映射函数主要包括如下几种。

1）Ifadis 映射函数

Ifadis（1986）采用了一种三阶连分式形式来表示对流层映射函数：

$$m_i(\text{ele}) = \dfrac{1 + \dfrac{a_i}{1 + \dfrac{b_i}{1 + c_i}}}{\sin(\text{ele}) + \dfrac{a_i}{\sin(\text{ele}) + \dfrac{b_i}{\sin(\text{ele}) + c_i}}}, (i = h, nh) \qquad (4.1.11)$$

式中，

$$\left.\begin{aligned}
a_h &= 0.001237 + 0.1316 \times 10^{-6}(p-1000) + 0.8057 \times 10^{-5}\sqrt{e_0} \\
&\quad + 0.1378 \times 10^{-5}(T-15) \\
b_h &= 0.003333 + 0.1946 \times 10^{-6}(p-1000) + 0.1747 \times 10^{-4}\sqrt{e_0} \\
&\quad + 0.1040 \times 10^{-6}(T-15) \\
c_h &= c_{nh}0.078 \\
a_{nh} &= 0.0005236 + 0.2471 \times 10^{-6}(p-1000) + 0.1328 \times 10^{-4}\sqrt{e_0} \\
&\quad + 0.1724 \times 10^{-6}(T-15) \\
b_{nh} &= 0.001705 + 0.7384 \times 10^{-6}(p-1000) + 0.2147 \times 10^{-4}\sqrt{e_0} \\
&\quad + 0.3767 \times 10^{-6}(T-15)
\end{aligned}\right\} \qquad (4.1.12)$$

式中，$i = h$ 表示流体静力学分量；$i = nh$ 为非流体静力学分量；这些系数采用全球分布的探空气球站数据拟合得到，适用于高度角 2° 以上。

2）Neill 映射函数

Neill 映射函数（NMF）是如今最为常用的映射函数之一，Niell（1996）在 Ifadis 映射函数的基础上增加了高程改正量，且系数不直接依赖测站的气象数据，具体如下：

$$m_i(\text{ele}) = \dfrac{1 + \dfrac{a_i}{1 + \dfrac{b_i}{1 + c_i}}}{\sin(\text{ele}) + \dfrac{a_i}{\sin(\text{ele}) + \dfrac{b_i}{\sin(\text{ele}) + c_i}}} + v_i \quad (i = h, nh) \qquad (4.1.13)$$

式中，
$$v_{\mathrm{h}} = \left[\frac{1}{\sin(\mathrm{ele})} - \frac{1 + \dfrac{a\_ht}{1 + \dfrac{b\_ht}{1 + c\_ht}}}{\sin(\mathrm{ele}) + \dfrac{a\_ht}{\sin(\mathrm{ele}) + \dfrac{b\_ht}{\sin(\mathrm{ele}) + c\_ht}}} \right] \cdot h_{\mathrm{s\_km}}$$ 为映射函数高程改

正，a_ht=0.0000253，b_ht=0.00549，c_ht=0.00114，$h_{\mathrm{s\_km}}$ 为测站正高；v_{h}=0 时，即非流体静力学映射函数 $m_{\mathrm{nh}}(\mathrm{ele})$ 无须考虑此影响。

$m_{\mathrm{h}}(\mathrm{ele})$ 中的系数，采用测站纬度（lat.）和年积日（doy）的余弦函数表达：

$$x_{\mathrm{h}}(\mathrm{lat.},\mathrm{doy}) = x_0(\mathrm{lat.}) + A_x(\mathrm{lat.}) \cdot \cos\left[\frac{2\pi}{365.25}(\mathrm{doy} - 28) \right] \tag{4.1.14}$$

式中，x_{h} 为 a_{h}、b_{h}、c_{h}；x_0 为 x_{h} 均值；A_x 为变化的幅值。x_0 和 A_x 根据美国标准大气拟合得到，最后以查找表 4.1.1、表 4.1.2 的方式按纬度分段给出。$m_{\mathrm{nh}}(\mathrm{ele})$ 中的函数系数，则直接通过表 4.1.3 查到分段纬度上的值后再经过内插得到。

表 4.1.1　流体静力学 NMF 系数表 a

lat. / (°)	均值 x_0		
	a_{h}	b_{h}	c_{h}
15	0.0012769934	0.0029153695	0.062610505
30	0.0012683230	0.0029152299	0.062837393
45	0.0012465397	0.0029288445	0.063721774
60	0.0012196049	0.0029022565	0.063824265
75	0.0012045996	0.0029024912	0.064258455

表 4.1.2　流体静力学 NMF 系数表 b

lat. / (°)	幅值 A_x		
	a_{h}	b_{h}	c_{h}
15	0	0	0
30	0.000012709626	0.000021414979	0.000090128400
45	0.000026523662	0.000030160779	0.000043497037
60	0.000034000452	0.000072562722	0.000847953480
75	0.000041202191	0.000117233750	0.001703720600

表 4.1.3   非流体静力学 NMF 系数表

lat. / (°)	a_{nh}	b_{nh}	c_{nh}
15	0.00058021897	0.0014275268	0.043472961
30	0.00056794847	0.0015138625	0.046729510
45	0.00058118019	0.0014572728	0.043908931
60	0.00059727542	0.0015007428	0.044626982
75	0.00061641693	0.0017599082	0.054736038

值得注意的是，Niell 将映射函数的系数作为时间序列，并根据其变化规律拟合为余弦函数的思想，对于映射函数模型的发展起到了重要的推动作用。

3）VMF1 映射函数

在欧洲中尺度天气预报中心提供的数值气象模型数据基础上，Boehm 和 Schuh（2004）利用快速射线追踪算法，拟合了 NMF 各个网格点上映射函数的系数 a_h 和 a_{nh}，而系数 b 和 c 则采用了 IMF（h 分量）和 NMF 在 45°纬度（nh 分量）的经验值：b_h=0.002905，c_h=0.0634+0.0014cos2(lat.)，b_w=0.00146，c_w=0.04391；其流体静力学映射函数已经考虑了路径弯曲，此映射函数被命名为 VMF。

VMF1 是 VMF 的升级版，Boehm 等（2006b）利用 ECMWF 提供的 ERA-40 中 2001 年一年的数据（包含 23 个气压层），对流体静力学映射函数的系数 b_h 和 c_h 进行了重新拟合，得到 b_h=0.0029；系数 c_h 如式（4.1.15）所示。VMF1 相关中相关系数 c_h 如表 4.1.4 所示。

$$c_h = c_0 + [1 - \cos(\text{lat.})] \cdot \left(\left\{ \cos \left[\frac{2\pi}{365.25} (\text{doy} - 28) + \psi \right] + 1 \right\} \cdot \frac{c_{11}}{2} + c_{10} \right) \quad (4.1.15)$$

表 4.1.4   VMF1 中 c_h 的表达式系数取值表

c_0	c_{10}		c_{11}		ψ	
	北半球	南半球	北半球	南半球	北半球	南半球
0.062	0.001	0.002	0.005	0.007	0	π

注：Boehm 等（2006a）。

根据得出 a 系数的不同方式，可将 VMF 函数分为两个版本：一种是以网格文件形式给出的 VMF-Grid，空间分辨率为 2.5°×2°，时间分辨率为 6h，使用时需要对海平面上的 a 值加高程改正；一种是 VMF-Site，供 IGS（国际 GNSS 服务）、IVS［国际甚长基线干涉测量（VLBI）服务］、IDS［国际卫星多普勒测量（DORIS）服务］测站直接使用。在时效性方面，a 的数据来源在 2001 年以前的是 ERA-40，2001 年后为欧洲中尺度天气预报中心的实测数据，因此大约有 30h 的延迟。

4）GMF 映射函数

Boehm 等（2006a）对 VMF1 中的 a_h、a_{nh} 系数的全球网格利用 9 次 9 阶球谐函数代替，b 和 c 直接采用 VMF1 的结果，基于 ERA-40 中 4 年（1999～2002 年）

空间分辨率为 15°×15°的月平均剖面数据，在初始高度角为 3.3°方向进行射线追踪，从而获得了各网格点的 a 值，并将之归算到海平面上。a 的表达式如下：

$$\left.\begin{aligned} a &= a_0 + A \cdot \cos\left[\frac{2\pi}{365.25}(\text{doy}-28)\right] \\ a_0 &= \sum_{n=0}^{9}\sum_{m=0}^{n} P_{nm}[\sin(\text{lat.})][\overline{A}_{nm}\cos(m\lambda) + \overline{B}_{nm}\sin(m\lambda)] \end{aligned}\right\} \qquad (4.1.16)$$

4.2　层析观测方程构建

4.2.1　层析网格划分

层析网格划分是 GNSS 水汽层析的必要前提，网格划分越合理，越能得到更精确合理的层析解。当研究区域为小区域时，可忽略地球曲率的影响；当研究区域较大时，还需考虑地球曲率的影响。层析网格划分一般没有统一的规则，应根据不同区域的实际情况进行层析网格划分。在水平方向上，层析区域可采用等间距或不等间距划分；在垂直方向上，可根据经验选取层析区域的垂直边界，通常取 15km、12km、10km 或者 8km（Perler et al.，2011；Flores et al.，2000；Troller et al.，2006），然后在垂直方向上对网格进行等间距或不等间距划分。

层析网格划分对水汽层析结果的影响不容忽略。由于层析网格划分没有统一的规则，需要根据研究区域的条件等确定适合的层析网格划分方法，图 4.2.1 给出了层析网格划分示意图。

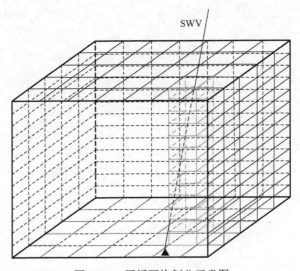

图 4.2.1　层析网格划分示意图

4.2.2　层析模型观测方程系数矩阵构建

根据是否顾及地球曲率的影响，层析模型观测方程系数矩阵的计算方法分为两种。

1.　顾及地球曲率的观测方程系数矩阵构建

假设地球是一个正球体，图 4.2.2 是测站接收的一条 GNSS 信号射线与地心 O 构成的地球剖面图。R 是测站，R' 是测站在地球表面的垂直投影，R_{earth} 为地球的曲率半径，A、B 是信号射线路径上的点，h、h'、h_r 分别表示点 A、点 B 以及测站到地球表面的垂直高度，ele 为信号射线的卫星高度角，则 RB 的长度 S_{plain} 为 $\dfrac{h-h_r}{\sin(\text{ele})}$，而 RA 的长度 S_{curve} 需要通过解三角形得到，在三角形 OAR 中，OR=R_{earth}+h_r，OA=R_{earth}+h，$\angle$ORA=ele+$\pi/2$。

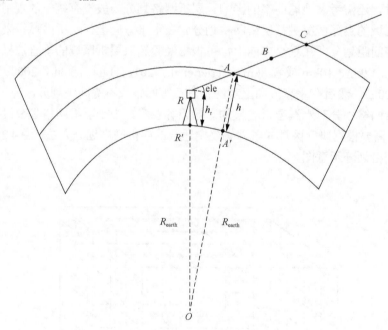

图 4.2.2　过地心及 GNSS 信号射线的地球剖面图

由余弦定理可得

$$S_{curve}^2 + OR^2 - 2OR \times S_{curve} \cos\angle ORA = OA^2 \tag{4.2.1}$$

可推导出：

$$S_{curve} = -(R_{earth} + h_r) \cdot \sin(\text{ele}) + \sqrt{(R_{earth} + h)^2 - (R_{earth} + h_r)^2 \cdot \cos^2(\text{ele})} \tag{4.2.2}$$

因此，

$$\Delta S = S_{\mathrm{curve}} - S_{\mathrm{plain}}$$

$$= -(R_{\mathrm{earth}} + h_{\mathrm{r}}) \cdot \sin(\mathrm{ele}) + \sqrt{(R_{\mathrm{earth}} + h)^2 - (R_{\mathrm{earth}} + h_{\mathrm{r}})^2 \cdot \cos^2(\mathrm{ele})} - \frac{h - h_{\mathrm{r}}}{\sin(\mathrm{ele})}$$

$$(4.2.3)$$

层析区域在垂直方向上按高度分层，而对于同一高度层及测站，测站的高度、地球半径不变。因此，由式（4.2.3）可知，在站心地平坐标系与顾及地球曲率的情况下，GNSS 信号射线从测站到同一高度层的斜路径长度是有差异的，这个差异随高度角的变化而变化。在同一高度下，两者的差异 ΔS 随高度角的降低而增大。由此可知，顾及地球曲率对低高度角的观测值有更大的影响。

层析模型中观测方程系数矩阵的计算步骤如下：

1）求等分点坐标

假设一条卫星高度角为 ele、方位角为 azi 的 GNSS 信号射线与两层析面交于 a、b 两点，则根据式（4.2.2），两层之间的线段长度 S_{ab} 为

$$S_{ab} = \sqrt{(R_{\mathrm{earth}} + h)^2 - (R_{\mathrm{earth}} + h_b)^2 \cdot \cos^2(\mathrm{ele})}$$
$$- \sqrt{(R_{\mathrm{earth}} + h)^2 - (R_{\mathrm{earth}} + h_a)^2 \cdot \cos^2(\mathrm{ele})} \qquad (4.2.4)$$

将线段 ab 进行 n 等分，等分点记作 $a = x_0 < x_1 < \cdots x_n = b$，$t = \dfrac{b - a}{n}$，则

$$x_j = a + jt \quad (j = 0, 1, 2, \cdots, n) \qquad (4.2.5)$$

可求得该线段上各等分点至测站的距离，设其中一个等分点 q 对应的斜距为 l_q，则该点的站心极坐标为[ele，azi，l_q]。设测站的空间直角坐标为[x_c，y_c，z_c]，通过坐标转换可以将点的站心极坐标转换为地心空间直角坐标[x_q，y_q，z_q]，具体公式如下：

$$\left.\begin{array}{l} \begin{bmatrix} x_q \\ y_q \\ z_q \end{bmatrix} = \boldsymbol{R}^{-1} \cdot \begin{bmatrix} l_q \cdot \cos(\mathrm{ele}) \cdot \cos(\mathrm{azi}) \\ l_q \cdot \cos(\mathrm{ele}) \cdot \sin(\mathrm{azi}) \\ l_q \cdot \sin(\mathrm{ele}) \end{bmatrix} + \begin{bmatrix} x_c \\ y_c \\ z_c \end{bmatrix} \\[6ex] \boldsymbol{R} = \begin{bmatrix} -\sin(\mathrm{lat.}_c) \cdot \cos(\mathrm{lon.}_c) & -\sin(\mathrm{lon.}_c) & \cos(\mathrm{lat.}_c) \cdot \cos(\mathrm{lon.}_c) \\ -\sin(\mathrm{lat.}_c) \cdot \sin(\mathrm{lon.}_c) & \cos(\mathrm{lon.}_c) & \cos(\mathrm{lat.}_c) \cdot \sin(\mathrm{lon.}_c) \\ \cos(\mathrm{lat.}_c) & 0 & \sin(\mathrm{lat.}_c) \end{bmatrix} \end{array}\right\} \quad (4.2.6)$$

式中，$\boldsymbol{R}$ 为旋转矩阵；lat.$_c$、lon.$_c$ 分别为测站的纬度与经度。由于层析模型网格

是按照经纬度及高度划分的，因此还需进一步将点的空间直角坐标转换为大地坐标（lat., lon., H），具体公式如下：

$$\left.\begin{array}{l} \text{lon.} = \arctan \dfrac{y_q}{x_q} \\[3mm] \tan\left(\text{lat.}\right) = \dfrac{z_q + Ne^2 \sin\left(\text{lat.}\right)}{\left(x_q{}^2 + y_q{}^2\right)^{\frac{1}{2}}} \\[3mm] H = \dfrac{z_q}{\sin\left(\text{lat.}\right)} - N \cdot \left(1 - e^2\right) \\[3mm] e^2 = \left(a^2 - b^2\right)/a^2 \\[3mm] N = a/\left[1 - e^2 \sin^2\left(\text{lat.}\right)\right]^{\frac{1}{2}} \end{array}\right\} \qquad (4.2.7)$$

式中，N 为卯酉圈半径；e 为地球的第一偏心率。可以看出，大地纬度（lat.）是自身的函数，不能直接计算，需要结合计算卯酉圈半径 N 和纬度（lat.）的公式（式 4.2.7）迭代运算得到。

通过上述步骤，便可获得各等分点的坐标。

2）插值出等分点的水汽密度

大气水汽分布在水平和垂直方向上有着不同的特性，因此内插时应分别在水平方向与垂直方向上进行。

假设一等分点为 p_2，以 p_2 点为例，首先将等分点 p_2 沿垂直方向投影到各分层上，得到投影点 $p_2^1, p_2^2, p_2^3, p_2^4, \cdots, p_2^k$，$k$ 为层数，每个投影点都会落在一个矩形水平面网格内。投影点 $p_2^1, p_2^2, p_2^3, p_2^4, \cdots, p_2^k$ 的水汽密度可由所在水平网格面 4 个顶点的水汽密度插值得到：

$$\begin{aligned} H_A\left(p_2^k\right) &= \left[\,0 \cdots I_{\text{hori}}\left(k, l\right) \quad I_{\text{hori}}\left(k, l+1\right) \cdots\,\right] \boldsymbol{X} \\ &= \boldsymbol{I}_{\text{hori}2}^{k} \boldsymbol{X} \end{aligned} \qquad (4.2.8)$$

式中，$I_{\text{hori}}\left(k, l\right)$ 表示第 k 层第 l 个网格顶点对应的水平内插系数；$\boldsymbol{I}_{\text{hori}2}^{k}$ 为第 k 层投影点 p_2^k 的水平内插系数向量；$\boldsymbol{X} = \left[\,x_{1,1} \ x_{1,2} \ x_{1,3} \ \cdots\,\right]^{\mathrm{T}}$ 为三维水汽场状态向量，$x_{1,2}$ 表示第一层第二个网格顶点处的水汽密度；$H_A\left(p_2^k\right)$ 为投影点 p_2^k 处的水汽密度。

得到垂直方向上所有投影点的水汽密度值后，在垂直方向上进行内插，可得到等分点 p_2 的水汽密度，具体表达式如下：

$$
\boldsymbol{H}_A(p_2) = \begin{bmatrix} I_{\text{vert}}(1) & I_{\text{vert}}(2) & \cdots & I_{\text{vert}}(k) & \cdots \end{bmatrix} \begin{bmatrix} H_A(p_2^1) \\ H_A(p_2^2) \\ \vdots \\ H_A(p_2^k) \\ \vdots \end{bmatrix}
$$

$$
= \boldsymbol{I}_{\text{vert},2} \begin{bmatrix} I_{\text{hori}2}^1 \\ I_{\text{hori}2}^2 \\ \vdots \\ I_{\text{hori}2}^k \\ \vdots \end{bmatrix} \boldsymbol{X} \tag{4.2.9}
$$

式中，$\boldsymbol{I}_{\text{vert},2}$ 表示 p_2 点的垂直内插系数矩阵；$I_{\text{vert}}(k)$ 表示第 k 层对应的垂直内插系数；$H_A(p_2)$ 表示等分点 p_2 的水汽密度值。

3）观测方程系数矩阵的生成

通过上述步骤即可计算各网格的插值系数，进而生成观测方程的系数矩阵 $\boldsymbol{B}$：

$$
\boldsymbol{B} = \begin{bmatrix} I_{1,1} & I_{1,2} & \cdots & I_{1,n} \\ I_{2,1} & I_{2,2} & \cdots & I_{2,n} \\ \vdots & \vdots & & \vdots \\ I_{m,1} & I_{m,2} & \cdots & I_{m,n} \end{bmatrix} \tag{4.2.10}
$$

式中，$I_{m,n}$ 表示第 m 个斜路径观测值 SWV_m 对应的第 n 个网格点水汽参数的内插系数。

2. 不顾及地球曲率的观测方程系数矩阵构建

1）建立局部空间直角坐标系

由于小区域内划分的网格在 Z 方向的垂直空间分辨率一般为 500～1000m，可以忽略垂线偏差造成的影响，本书对椭球上的法线与垂线不加以严格区分。本算法是基于空间向量的，因此实现该算法的第一步是构建空间直角坐标系。以研究区域的起点为圆心，东方向为 X 方向，北方向为 Y 方向，大地高方向为 Z 方向，建立局部空间直角坐标系。在此基础上，计算出测站点 Q 的空间直角坐标，以及每个网格节点的空间直角坐标。

$$\left.\begin{array}{l} X_Q = (\text{sta\_b} - \text{b\_p}) \times 111.7 \\ Y_Q = (\text{sta\_l} - \text{l\_p}) \times 111.7 \\ Z_Q = \text{sta\_h} \end{array}\right\} \qquad (4.2.11)$$

式中，（sta_b，sta_l，sta_h）为测站的大地坐标；（b_p，l_p，0）为原点的大地坐标。

2）计算信号射线与网格的交点及在每个网格内的截距

研究区域内所有与 X 轴垂直的平面称为 X 型面，所有与 Y 轴垂直的平面称为 Y 型面，与 Z 轴垂直的平面称为 Z 型面，研究区域被离散化成若干 X、Y 和 Z 型面。信号射线穿过研究区域，与每一个型面有且只能有一个交点，因此计算信号射线与网格交点实际上就是求信号射线与所有 X、Y、Z 型面的交点即可。假设测站坐标 M_0（x_0，y_0，z_0），射线方向向量 S（m，n，p），则信号射线与 X 型面的交点（x_{xi}，y_{xi}，z_{xi}）可表示为

$$\begin{bmatrix} x_{xi} \\ y_{xi} \\ z_{xi} \end{bmatrix} = \begin{bmatrix} 1 & 0 & 0 \\ n & -m & 0 \\ 0 & p & -n \end{bmatrix}^{-1} \cdot \begin{bmatrix} i \\ n \cdot x_0 - m \cdot y_0 \\ p \cdot y_0 - n \cdot z_0 \end{bmatrix} \qquad (4.2.12)$$

同理，可以求出信号射线与 Y、Z 型面的所有交点。

信号射线与 Y 型面的交点（x_{yi}，y_{yi}，z_{yi}）可表示为

$$\begin{bmatrix} x_{yi} \\ y_{yi} \\ z_{yi} \end{bmatrix} = \begin{bmatrix} 0 & 1 & 0 \\ n & -m & 0 \\ 0 & p & -n \end{bmatrix}^{-1} \cdot \begin{bmatrix} i \\ n \cdot x_0 - m \cdot y_0 \\ p \cdot y_0 - n \cdot z_0 \end{bmatrix} \qquad (4.2.13)$$

信号射线与 Z 型面的交点（x_{zi}，y_{zi}，z_{zi}）可表示为

$$\begin{bmatrix} x_{zi} \\ y_{zi} \\ z_{zi} \end{bmatrix} = \begin{bmatrix} 0 & 0 & 1 \\ n & -m & 0 \\ 0 & p & -n \end{bmatrix}^{-1} \cdot \begin{bmatrix} i \\ n \cdot x_0 - m \cdot y_0 \\ p \cdot y_0 - n \cdot z_0 \end{bmatrix} \qquad (4.2.14)$$

则任一条 GNSS 信号射线在网格（i，j，k）内的截距可表示为

$$d_{(i,j,k)} = \sqrt{(x_q - x_{q-1})^2 + (y_q - y_{q-1})^2 + (z_q - z_{q-1})^2} \qquad (4.2.15)$$

式中，（x_q，y_q，z_q）、（x_{q-1}，y_{q-1}，z_{q-1}）表示该射线与网格（i，j，k）相交的两个交点的坐标。

3）判断 GNSS 信号是否从研究区域顶部穿出

根据层析原理，在建立观测方程时要求 SWV 完整穿过整个层析区域。因此，在计算信号射线在每个网格内的距离时首先要对信号是否从层析区域顶部穿过进行判断。

假设某一条射线与层析区域内网格的交点为 (x_i, y_i, z_i) $(i=1,2,\cdots,n)$，n 为交点的个数。

$$\left. \begin{array}{l} \text{if}\quad (x_i < 0 \parallel x_i > \mathrm{bx}) \parallel (y_i < 0 \parallel y_i > \mathrm{by}) \parallel (z_i < 0 \parallel z_i > \mathrm{bz}), \mathrm{accept}(x_i, y_i, z_i) \\ \text{if}\quad (0 \leqslant x_i \leqslant \mathrm{bx}) \&\&(0 \leqslant y_i \leqslant \mathrm{by}) \&\&(0 \leqslant z_i \leqslant \mathrm{bz}), \mathrm{reject}(x_i, y_i, z_i) \end{array} \right\} \quad (4.2.16)$$

式中，bx 为层析区域 X 方向边界值；by 为层析区域 Y 方向边界值；bz 为层析区域 Z 方向边界值。

将被接受的交点的坐标 (x_i, y_i, z_i) 按 z_i 的顺序排列，判断最大的 z_i 值是否等于层析区域的高度，等于表示射线从层析区域顶部穿出，不等于则表示射线未从层析区域顶部穿出，将未从层析区域顶部穿出的射线删除。最终未被删除的信号射线即为构建矩阵方程所需要的射线。

$$\left. \begin{array}{l} \text{if}\ \max(z_i) = \mathrm{bz}, \mathrm{answer} = 1 \\ \text{if}\ \max(z_i) \neq \mathrm{bz}, \mathrm{answer} = 0 \end{array} \right\} \quad (4.2.17)$$

式中，bz 为层析区域的高度，若 answer=1，则将该射线用于层析模型观测方程的构建。重复上述步骤，即可筛选出所有从研究区域顶部穿出的信号射线与网格面的交点坐标。

4）确定信号射线穿过的网格编号并生成系数矩阵

筛选出所有从研究区域顶部穿出的射线与网格面的交点坐标后，将所有交点按顺序排列。依次计算起始点与第 1 个、第 2 个至第 n 个交点的中点，然后根据中点的坐标判断第二步求出的截距所在网格的位置，生成信号射线穿过的网格的编号，根据网格的编号及相应的截距生成系数矩阵。

4.2.3　观测方程建立

目前，常用的观测方程构建方法主要包括两种。

一种是 Flores 等（2000）提出的基于分块法对研究区域水汽参数化，即将研究区域的对流层大气在水平和垂直方向划分为若干体积相同的体素，并假设单元网格内的水汽密度均匀不变，基于此假设可用水汽密度值与斜路径长度的乘积表示单元格内的斜路径水汽含量，图 4.2.3 给出了层析观测方程构建原理图。该方法在进行射线追踪和走时计算时比较方便，将大量地基 GNSS SWV 观测值与三维水汽场联系起来，使得反演三维水汽分布成为可能，但在模型中人为引入像素体边界，造成模型参数的不连续，且具有数值异常的区域只能表示成块状。此外，在实际情况下，单元格内的水汽密度并不是均匀不变的，假设任一单元网格内有两条斜路径，它们的入射点、方位角、高度角必有不同，那么它们的水汽含量也就不会相等，与单元网格内的水汽密度均匀不变的假设矛盾，这显然会导致模型化的 SWV 与实际 SWV 之间存在误差。

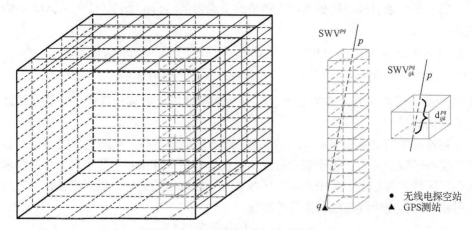

图 4.2.3　层析观测方程构建原理图

另一种是 Perler 等（2011）提出的基于节点法进行区域水汽参数化，该方法将研究区域内所选节点上的信息作为待求变量，其他任意位置的值由相邻八个节点上的值内插得出。较分块法而言，该方法反演的水汽信息是连续变化的，消除了人为指定边界的影响。

但无论利用何种方法，地基 GNSS 卫星信号穿过对流层时 SWV 的积分形式均可表示为

$$SWV = 10^{-6} \int_l \rho_v \mathrm{d}l \qquad (4.2.18)$$

式中，ρ_v 表示水汽密度；l 表示信号由卫星传播到接收机的路径。根据地基 GNSS 对流层原理，将层析区域离散化成若干个独立的三维单元网格，并将每个网格中心点的水汽密度看作待估参数，假定任意一时间段（如 0.5h）网格内的水汽密度分布均匀且为一常数，则卫星信号路径上的水汽含量可以离散化成如下形式：

$$SWV = \sum_{ijk} (a_{ijk} \cdot x_{ijk}) \qquad (4.2.19)$$

式中，不考虑地球曲率时，a_{ijk} 表示射线在（i, j, k）网格内的截距；考虑地球曲率时，a_{ijk} 表示（i, j, k）网格的内插系数；x_{ijk} 表示（i, j, k）网格内的待估水汽密度值。

将研究区域内所有射线表示成式（4.2.19）的形式，即得到层析模型的观测方程：

$$y = B \cdot x \qquad (4.2.20)$$

式中，y 为从研究区域顶部穿出的射线上的延迟信息组成的列向量；B 为观测方程的系数矩阵；x 为未知参数水汽密度组成的列矩阵。不考虑地球曲率时，B 由信号射线穿过的网格的编号和截距生成；考虑地球曲率时，B 由内插系数生成。

4.3　层析约束信息构建

由于层析区域上空 GNSS 卫星信号的分布不均及站点数目不足等，层析区域很多网格没有射线穿过，层析观测方程的系数矩阵病态，对层析模型求解时会出现不适定问题。格点间水汽在水平、垂直方向及边界上存在一定的函数关系。因此，通过对网格内的水汽在水平、垂直方向及边界网格进行约束，增加观测信息，克服层析方程求解时的不适定问题，得到唯一解。对流层层析常用的约束信息主要包括水平约束、垂直约束、先验约束和边界约束。

4.3.1　水平约束

1）基于高斯加权函数的水平约束方程构建方法

依据大气水汽密度在水平方向上具有连续性，且距离越近相关性越强的特点，建立起某待求网格参数与其等高网格参数之间的数学关系，具体形式如下：

$$x_i = w_{1,i}x_1 + \cdots + w_{i-1,i}x_{i-1} + w_{i+1,i}x_{i+1} + \cdots + w_{k,i}x_k + \cdots + w_{n,i}x_n \quad (k=1,2,\cdots,n) \qquad (4.3.1)$$

式中，x_i 表示水汽密度；$w_{k,j}$ 表示权重系数，$k \neq i$；n 为总网格数。由于水汽密度有随高度增加而递减的特征，所以为避免其他高度的网格扰乱水平约束，设置与待求网格参数位于不同高度的网格参数权重系数为 0；与待求参量处于同一高度的网格则利用高斯加权函数的方法确定权重系数的值，权重与网格间的距离大小有关。具体表示如下：

$$w_{i,j,k}^{i1,j1,k1} = \begin{cases} 1, (i = i1 \text{ 且 } j = j1) \\ -\dfrac{\exp(-\dfrac{d_{i1,j1,k1}^2}{2\sigma^2})}{\displaystyle\sum_i \sum_j \exp(-\dfrac{d_{i1,j1,k1}^2}{2\sigma^2})}, (i \neq i1 \text{ 或 } j \neq j1) \\ 0, (k \neq k1) \end{cases} \qquad (4.3.2)$$

式中，(i, j, k) 为待求网格的位置；$(i1, j1, k1)$ 为其他网格的位置；$d_{i1,j1,k1}$ 为其他网格到所计算网格的距离；σ 为平滑因子。

2）基于水平平滑约束的约束方程构建方法

依据距离越近的水汽密度相关性越强的特性，可以采用均值滤波器进行平滑处理。根据水平面上不同网格的位置关系，如图 4.3.1 所示，对于中间区域的网格，其与周围网格的关系利用二维平面的八个网格的二阶拉普拉斯算子给出：

$$H_0 = \begin{vmatrix} -1 & -1 & -1 \\ -1 & 8 & -1 \\ -1 & -1 & -1 \end{vmatrix} \tag{4.3.3}$$

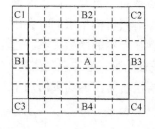 

示例A　　　　　示例B1　　　　　示例C1

图 4.3.1　单层水平约束方程建立示意图

对位于边界顶点的网格，左上角 H_1、右上角 H_2、左下角 H_3、右下角 H_4 算子分别如下：

$$H_1 = \begin{vmatrix} 3 & -1 \\ -1 & -1 \end{vmatrix}, \quad H_2 = \begin{vmatrix} -1 & 3 \\ -1 & -1 \end{vmatrix}, \quad H_3 = \begin{vmatrix} -1 & -1 \\ 3 & -1 \end{vmatrix}, \quad H_4 = \begin{vmatrix} -1 & -1 \\ -1 & 3 \end{vmatrix} \tag{4.3.4}$$

对于边界边线的网格来说，前边线 H_5、后边线 H_6、左边线 H_7、右边线 H_8 算子分别如下：

$$H_5 = \begin{vmatrix} -1 & -1 & -1 \\ -1 & 5 & -1 \end{vmatrix}, \quad H_6 = \begin{vmatrix} -1 & 5 & -1 \\ -1 & -1 & -1 \end{vmatrix}$$

$$H_7 = \begin{vmatrix} -1 & -1 & -1 \\ -1 & 5 & -1 \end{vmatrix}^{\mathrm{T}}, \quad H_8 = \begin{vmatrix} -1 & 5 & -1 \\ -1 & -1 & -1 \end{vmatrix}^{\mathrm{T}} \tag{4.3.5}$$

因此，通过上述两种方法均可得到层析区域中不同网格之间的水平约束矩阵：

$$\boldsymbol{H} \cdot \boldsymbol{x} = 0 \tag{4.3.6}$$

式中，$\boldsymbol{H}$ 表示水平约束方程的系数矩阵；$\boldsymbol{x}$ 表示水汽密度矩阵。

4.3.2　垂直约束

除构建顾及同一高度各网格水汽关系的水平约束外，还需建立网格间的垂直约束关系。依据水汽密度随高度增加呈指数递减的特性，可利用指数函数建立网

格间的函数关系，如图 4.3.2 所示。假定垂直方向上的折射率廓线符合指数变化规律，则高度 h 处的折射率可表示为

$$x_h = x_0 \cdot e^{-z/H_{标}}$$
(4.3.7)

式中，x_h 表示高度 h 处的水汽密度参数；x_0 表示地表面的水汽密度参数；$H_{标}$ 表示水汽标高，其值通常取 1～2km；z 表示高差。

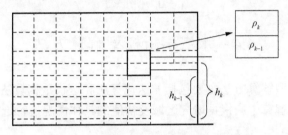

图 4.3.2　单层垂直约束方程建立示意图

由式（4.3.7）可建立相邻两层网格之间水汽密度参数的函数关系如下：

$$x_i / x_{i-1} = e^{(h_{i-1}-h_i)/H_{标}}$$
(4.3.8)

式中，x_{i-1}、x_i 分别表示第 $i-1$ 层和第 i 层的水汽密度；h_{i-1}、h_i 分别表示第 $i-1$ 层和第 i 层的高度，由此可进一步推出垂直约束方程的系数为

$$v_i = e^{(h_{i-1}-h_i)/H_{标}} - 1$$
(4.3.9)

式中，水汽标高可根据多年的无线电探空资料或再分析资料通过拟合方法获取。由此，可得到垂直约束方程的矩阵：

$$V \cdot x = 0$$
(4.3.10)

式中，V 表示垂直约束方程的系数矩阵。

4.3.3　先验约束和边界约束

无线电探空资料、数值预报模型等可提供湿折射率或水汽密度的先验信息。因此，可以把水汽初值和层析上边界的水汽密度强制约束为某些经验值，进而构建相应的先验约束或边界约束方程。

先验约束和边界约束可统一表达为如下形式：

$$I \cdot x = C$$
(4.3.11)

式中，I 为单位阵；C 为先验约束信息或由无线电探空仪数据等得到的层析区域上边界的水汽密度值。

最终，顾及层析观测方程、水平约束、垂直约束、先验约束和边界约束后的层析观测模型可表示为

$$\begin{bmatrix} A \\ H \\ V \\ I \end{bmatrix} \cdot x = \begin{bmatrix} y \\ 0 \\ 0 \\ C \end{bmatrix} \tag{4.3.12}$$

4.4　水汽层析模型解算方法

水汽层析模型解算方法主要包括非迭代算法和迭代重构算法，两种方法各有利弊，层析模型解算中应根据研究区域及初值的具体情况进行选择。

4.4.1　非迭代算法

非迭代算法主要包括 SVD（Golub et al.，1971）、广义奇异值分解法（generalized singular value decomposition，GSVD）（Tikhonov，1963）和 Kalman 滤波算法（Kalman，1960）等。

1. 奇异值分解法

通过 SVD 对 GNSS 对流层层析模型进行解算。将层析模型系数矩阵 $B = \begin{bmatrix} A \\ H \\ V \\ I \end{bmatrix}$

分解为

$$B = U\Lambda V^{\mathrm{T}} \tag{4.4.1}$$

式中，$B \in R^{m \times n}$；$U \in R^{m \times m}$；$V \in R^{n \times n}$；$\Lambda = \begin{bmatrix} \Sigma & 0 \\ 0 & 0 \end{bmatrix}$。$\Sigma = \mathrm{diag}(\sigma_1, \sigma_2, \cdots, \sigma_r)$，$\sigma_1 \geqslant \sigma_2 \geqslant \cdots \geqslant \sigma_r$，$\sigma_i$ $(i=1,2,\cdots,r)$为矩阵 $A^{\mathrm{T}}A$ 的特征值的平方根，r 为矩阵 B 的秩 $(r \leqslant \min(m,n))$，U 是由矩阵 AA^{T} 的特征向量组成的正交矩阵，V 是由矩阵 $A^{\mathrm{T}}A$ 的特征向量组成的正交矩阵。如果矩阵 B 的广义逆定义为

$$B^{-1} = V\Lambda^{-1}U^{\mathrm{T}} \tag{4.4.2}$$

那么，线性方程组 $Bx=L$ 的解，即层析区域内的折射率可表示为

$$x = B^{-1}L = V\Lambda^{-1}U^{\mathrm{T}}L \tag{4.4.3}$$

2. Kalman 滤波算法

Kalman 滤波算法是一种自回归处理算法,该算法利用状态方程和观测方程描述系统的动态过程,充分利用系统的变量初始值、系统噪声等信息,通过对预测值和测量值的不断迭代,计算目标的最优估计值,进而得到状态向量的最佳拟合值,图 4.4.1 给出了层析水汽空间分布的 Kalman 滤波整体流程图。

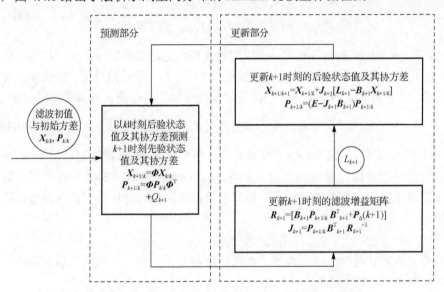

图 4.4.1　层析水汽空间分布的 Kalman 滤波整体流程图

利用 Kalman 滤波算法进行层析解算,首先基于状态向量随时间变化的特征对其进行预测,然后利用水汽层析的观测值对向量进行状态更新。由于水汽在较短时间内不会发生很大变化,因此将各个时刻的大气水汽场视为一个离散的动态线性系统,则状态方程可表示为如下形式:

$$X_{k+1} = \Phi X_k + w_k \qquad (4.4.4)$$

式中,X_{k+1} 和 X_k 分别为 $k+1$ 时刻和 k 时刻的状态向量;Φ 为两个时刻间的状态转移矩阵,这里取单位阵;w_k 为状态噪声。

k 时刻系统的观测方程式(4.3.12)进一步简化为

$$L_k = B_k X_k + v_k \qquad (4.4.5)$$

根据状态转移方程由 k 时刻的后验状态值及其协方差预测 $k+1$ 时刻的先验状态值及其协方差为

$$\left. \begin{array}{l} X_{k+1/k} = \Phi X_{k/k} \\ P_{k+1/k} = \Phi P_{k/k} \Phi^{\mathrm{T}} + Q_{k+1} \end{array} \right\} \qquad (4.4.6)$$

式中，$P_{k/k}$ 为 k 时刻的后验估计协方差阵；$X_{k/k}$ 为 k 时刻的后验状态估计值；$P_{k+1/k}$ 为 $k+1$ 时刻的先验估计协方差阵，是滤波过程的中间产物；$X_{k+1/k}$ 为 $k+1$ 时刻的先验状态值，是滤波过程的中间产物；Q_{k+1} 为 $k+1$ 时刻的系统噪声矩阵。式（4.4.6）又称一步预测公式。接下来需要通过观测方程对下一步预测的三维水汽场进行修正与更新：

$$\left.\begin{aligned} X_{k+1/k+1} &= X_{k+1/k} + J_{k+1}\left(L_{k+1} - B_{k+1}X_{k+1/k}\right) \\ P_{k+1/k+1} &= \left(E - J_{k+1}B_{k+1}\right)P_{k+1/k} \end{aligned}\right\} \tag{4.4.7}$$

式中，$X_{k+1/k+1}$ 表示 $k+1$ 时刻的后验状态估计值，是滤波的结果之一；$P_{k+1/k+1}$ 表示 $k+1$ 时刻的后验估计协方差，是滤波的结果之一；L_{k+1} 表示测量值，是滤波过程的输入值；J_{k+1} 为滤波增益矩阵，是滤波过程的中间计算结果，具体表示形式如下：

$$J_{k+1} = P_{k+1/k}B_{k+1}^{\mathrm{T}}\left[B_{k+1}P_{k+1/k}B_{k+1}^{\mathrm{T}} + P_{\Delta}(k+1)\right]^{-1} \tag{4.4.8}$$

从式（4.4.4）～式（4.4.8）可以看出，在利用 Kalman 滤波进行层析解算时，最关键的问题是确定系统噪声的方差阵 Q_k。Gradinarsky（2002）在空间相关函数及无线电探空仪数据的基础上，给出了该矩阵的确定方法，下面对其进行简要介绍。

1）同一高度上两个点的空间相关函数

若 r 和 $r+R$ 是位于同一高度、水平相距为 R 的两个点，则大气折射率的空间相关函数 $D_X(r, R)$ 可定义为

$$\begin{aligned} D_X(r, R) &= E\left\{\left[x(r+R) - x(r)\right]^2\right\} \\ &= E\left[x^2(r+R)\right] + E\left[x^2(r)\right] - 2E\left[x(r+R)x(r)\right] \end{aligned} \tag{4.4.9}$$

对于大气折射率来说，一般认为 $E[x(r+R)]=E[x(r)]$，则式（4.4.9）可写为如下形式：

$$\begin{aligned} D_X(r, R) &= 2E\left[x^2(r)\right] - 2E\left[x(r+R)x(r)\right] \\ &= 2\sigma_x^2 - 2\mathrm{Cov}\left[x(r+R), x(r)\right] \end{aligned} \tag{4.4.10}$$

当两个点相距无穷远时，则认为两个点的大气折射率间不存在相关性，即 $\mathrm{Cov}[x(r+R), x(r)]=0$，此时：

$$D_X(r, \infty) = 2\sigma_x^2 - 2\mathrm{Cov}\left[x(r+\infty), x(r)\right] = 2\sigma_x^2 \tag{4.4.11}$$

因此，从式（4.4.10）和式（4.4.11）可以得出：

$$\mathrm{Cov}\left[x(r+R), x(r)\right] = \frac{D_x(r, \infty) - D_x(r, R)}{2} \tag{4.4.12}$$

假设 $D_x(r,R)$ 所确定的空间相关函数仅取决于两点之间的距离 R，则该相关函数可表示为距离 R 的函数，即

$$D_x(R) = \frac{R^{2/3}}{1 + (R/L)^{2/3}} C^2 = C_R C_C \tag{4.4.13}$$

式中，$C_R = \dfrac{R^{2/3}}{1 + (R/L)^{2/3}}$；$C_C = C^2$；$C$ 和 L 为经验系数，$L = 3 \times 10^6$ m，C 的大小与网格所在的高度有关。

2）不同高度上两个点的空间相关函数

在 Treuhaft 等（1987）给出的处于同一高度上的两个点空间相关函数的基础上，Gradinarsky（2002）给出了高度分别为 h_1 和 h_2、水平距离为 R 的两个点的空间相关函数 $D_x(h_1, h_2, R)$：

$$
\left.
\begin{aligned}
D_x(h_1, h_2, R) &= E\left\{ \left[x(h_1) - x(h_2, R) \right]^2 \right\} \\
&= E\left[x^2(h_1) \right] + E\left[x^2(h_1, R) \right] - 2E\left[x(h_1) x(h_2, R) \right] \\
&= \left(m_{h_1} - m_{h_2} \right)^2 + \sigma_{h_1}^2 + \sigma_{h_2}^2 - 2\mathrm{Cov}\left[x(h_1), x(h_2, R) \right] \\
&= \left(m_{h_1} - m_{h_2} \right)^2 + C_R C_C \\
C_R &= \frac{\left[R^2 + (h_1 - h_2)^2 C_0 \right]^{1/3}}{1 + \left[\dfrac{R^2 + (h_1 - h_2)^2 C_0}{L^2} \right]^{1/3}} \\
C_{C_1} &= C^2 \mathrm{e}^{-\frac{h_1 + h_2}{h_{sc}}} \\
C_{C_2} &= \frac{C^2}{2} \left[\mathrm{e}^{\frac{2h_1}{h_{sc}}} + \mathrm{e}^{\frac{2h_2}{h_{sc}}} \right]
\end{aligned}
\right\}
\tag{4.4.14}
$$

式中，h_{sc} 为层析网格模型的总高度；L 和 C 均取自经验系数。

3）系统噪声方差阵 $\boldsymbol{Q}_k$ 的确定

将同一时刻的两个点的距离定义为 R_f。对于相邻时刻的两个点，假设存在着与两个点的水平向量垂直、速度为 V_w 的水平运动，令相邻时刻两点的距离为 r_f，则：

$$
\left.
\begin{aligned}
R_f^2 &= R^2 + \left[C_0 \cdot (h_i - h_j) \right]^2 \\
r_f^2 &= R_f^2 + (V_w \cdot T)^2
\end{aligned}
\right\}
\tag{4.4.15}
$$

式中，h_i 和 h_j 分别为两个点所在的高度；C_0 为权系数，一般取 $C_0=100$；V_w 为点的运动速度；T 为两相邻观测间的时间间隔。

基于式（4.4.13）及式（4.4.15），可以将两相邻时刻网格 i 与网格 j 的湿折射率的协方差定义为

$$
\begin{aligned}
Q_{ij} &= E\left\{\left[x_i(k+1)-x_i(k)\right]\left[x_j(k+1)-x_j(k)\right]\right\} \\
&= 0.5\times E\left\{\left[x_i(k+1)-x_j(k)\right]^2-\left[x_i(k+1)-x_j(k+1)\right]^2\right. \\
&\quad\left.+\left[x_i(k)-x_j(k+1)\right]^2-\left[x_i(k)-x_j(k)\right]^2\right\} \\
&= 0.5\times\left[D_x(r_f)-D_x(R_f)+D_x(r_f)-D_x(R_f)\right] \\
&= D_x(r_f)-D_x(R_f)
\end{aligned}
\tag{4.4.16}
$$

因此，网格 i 与网格 j 的湿折射率的协方差 Q_{ij} 可表示为

$$
Q_{ij}(h_i,h_j,R)=\left[\frac{r_f^{2/3}}{1+(r_f/L)^{2/3}}-\frac{R_f^{2/3}}{1+(R_f/L)^{2/3}}\right]\cdot C_C
\tag{4.4.17}
$$

式中，h_{sc} 为层析网格模型的总高度，C_C 则需要根据当地的水汽特性进行选取。

4.4.2　迭代重构算法

迭代重构算法是通过对给定的初始参数进行修正，直至满足迭代终止条件为止的过程。主要包括 ART（Gordon et al.，1970）、联合迭代重构算法（simultaneous algebraic reconstruction technique，SIRT）（Gordon et al.，1970）和 MART（Dines and Lytle，1979）等。

利用迭代重构算法进行三维水汽重建时，影响层析模型解算精度的因素有三个：初值、松弛因子和迭代终止条件。初值的精度越高，迭代的次数越少，达到稳定终止条件的时间越短，层析精度越高。松弛因子起到调节修正程度的作用，若松弛因子过大，则每次迭代时改正较多，收敛速度快，但结果容易发散；若松弛因子过小，则会导致收敛速度慢，降低解算效率。合理选取松弛因子显得至关重要。此外，合理的迭代终止条件也是获得理想反演结果的重要条件，迭代结果有可能在到某一次迭代后变得更差，或者出现波动。因此，需确定一个最佳迭代终止条件，确保在达到最优结果时迭代终止。

基于当前迭代结果与初始值之差逐步趋于稳定并且达到某一特定值时，该值可以作为迭代终止的条件并将迭代结果代入 GNSS 对流层层析模型，反求常数项部分，则 $|\text{SWV}_0-\text{AX}^k|=\min$ 为迭代终止条件的原则，可选取解算精度（平均偏差和中误差）变化量作为迭代终止的条件。每次迭代都能求出本次迭代结果的精度，在迭代收敛的情况下，迭代结果的精度与迭代次数成正比，随着迭代次数的增加，

精度提高到某一阈值时迭代结束。首先给定一个水汽密度初值 x_0，然后输入一个初始观测值 SWV_0，计算反向投影值 AX^k 与初始观测值 SWV_0 之间的差值，并依据差值对水汽密度初值进行修正。随着迭代次数的增加，水汽密度迭代值收敛到一个稳定状态并且当前迭代结果 SWV_k 与初始的迭代结果 SWV_0 偏差小于某个临界值，这一程序就可以终止。可取临界值为 1×10^{-6}，以平均偏差和均方根误差作为判断迭代结束的条件。

1. 代数重构算法

ART 是针对逐条射线进行的，先输入一个观测值 Y_i，逐网格计算每条射线的反向投影值与观测值之间的差值，然后依据差值对初始值进行修正，直至 x 值收敛。具体公式如下：

$$x^{k+1} = x^k + \lambda \frac{Y_i - \langle A^i, x^k \rangle}{\langle A^i, A^i \rangle} A^i, \ i = 1, 2, 3, \cdots, m \qquad (4.4.18)$$

式中，x^k、x^{k+1} 分别表示第 k、$k+1$ 次迭代后各网格的水汽密度值；Y_i 表示第 i 个观测值；A^i 表示系数阵 A 的第 i 行；λ 表示松弛因子；$\langle A^i, x^k \rangle$ 表示第 i 个观测值的反向投影。

2. 联合迭代重构算法

SIRT 是 ART 中的一种，该算法在图像重构过程中不再像 ART 逐个网格参数依次进行改正，而是在某一轮迭代中，所有网格参数的函数值均用上一次迭代的改正数进行整体修正，因而提高了计算效率和反演结果的精度，迭代公式如下：

$$x_j^{k+1} = x_j^k + \sum_i \lambda a_{i,j} \frac{Y_i - \langle A^i, x^k \rangle}{\langle A^i, A^i \rangle} \qquad (4.4.19)$$

式中，$a_{i,j}$ 表示观测方程系数矩阵 A 第 i 行第 j 列的元素；x_j^k、x_j^{k+1} 表示第 j 个网格点在第 k 和 $k+1$ 次迭代后的水汽密度值。

3. 乘法代数重构算法

MART 采用指数迭代，加快了迭代的速度，其优点是可以保证反演结果为正值，具体公式如下：

$$X_j^{k+1} = X_j^k \cdot \left(\frac{Y_i}{\langle A^i, X^k \rangle} \right)^{\frac{\lambda \cdot A_j^i}{\sqrt{\langle A^i, A^i \rangle}}} \qquad (4.4.20)$$

式中，A_j^i 表示第 j 条 GNSS 信号射线斜路上第 i 个网格内的截距。

本章对 GNSS 三维水汽层析基本原理进行详细介绍。首先,介绍了地基 GNSS SWV/SWD 的恢复方法,包括双差相位残差转换为非差相位残差、常用映射函数等。其次,对层析观测方程构建方法进行详细介绍,包括层析网格划分、层析模型观测方程系数矩阵构建等。再次,介绍层析约束信息构建方法,包括水平约束、垂直约束、先验约束和边界约束等;最后,对水汽层析模型解算方法进行详述,包括非迭代算法和迭代重构算法。

参 考 文 献

宋淑丽, 朱文耀, 丁金才, 等, 2004. 上海 GPS 综合应用网对可降水汽量的实时监测及其改进数值预报初始场的试验[J]. 地球物理学报, 47(4): 631-638.

章迪, 2017. GNSS 对流层天顶延迟模型及映射函数研究[D]. 武汉: 武汉大学, 2017.

ALBER C, WARE R, ROCKEN C, et al., 2000. Obtaining single path phase delays from GPS double differences[J]. Geophysical Research Letters, 27(17): 2661-2664.

BENDER M, STOSIUS R, ZUS F, et al., 2011. GNSS water vapour tomography-expected improvements by combining GPS, GLONASS and Galileo observations[J]. Advances in Space Research, 47(5): 886-897.

BI Y, MAO J, LI C, 2006. Preliminary results of 4-D water vapor tomography in the troposphere using GPS[J]. Advances in Atmospheric Sciences, 23: 551-560.

BOEHM J, NIELL A, TREGONING P, et al., 2006a. Global Mapping Function (GMF): A new empirical mapping function based on numerical weather model data[J]. Geophysical Research Letters, 33: L07304.

BOEHM J, SCHUH H, 2004. Vienna mapping functions in VLBI analyses[J]. Geophysical Research Letters, 31(1): 131-144.

BOEHM J, WERL B, SCHUH H, 2006b. Troposphere mapping functions for GPS and very long baseline interferometry from European Centre for Medium-Range Weather Forecasts operational analysis data[J]. Journal of Geophysical Research: Solid Earth, 111(B2): 406.

CHAMPOLLION C, MASSON F, BOUIN M N, et al., 2005. GPS water vapour tomography: Preliminary results from the ESCOMPTE field experiment[J]. Atmospheric Research, 74(1-4): 253-274.

DINES K A, LYTLE R J, 1979. Computerized geophysical tomography[J]. Proceedings of the IEEE, 67(7): 1065-1073.

FLORES A, RUFFINI G, RIUS A, 2000. 4D tropospheric tomography using GPS slant wet delays[C]//GERMANY. Annales Geophysicae. Berlin: Springer-Verlag.

GOLUB G H, REINSCH C, 1971. Singular value decomposition and least squares solutions[J]. Linear Algebra, 2: 134-151.

GORDON R, BENDER R, HERMAN G T, 1970. Algebraic reconstruction techniques (ART) for three-dimensional electron microscopy and X-ray photography[J]. Journal of Theoretical Biology, 29(3): 471-481.

GRADINARSKY L P, 2002. Sensing atmospheric water vapor using radio waves[D]. Gothenburg: Chalmers University of Technology.

HIRAHARA K, 2000. Local GPS tropospheric tomography[J]. Earth, Planets and Space, 52(11): 935-939.

IFADIS I, 1986. The atmospheric delay to radio waves: Modeling the elevation dependence on a global scale[J]. Technical Report, 381: 1-11.

JIANG P, YE S R, LIU Y Y, et al., 2014. Near real-time water vapor tomography using ground-based GPS and meteorological data: Long-term experiment in Hong Kong[C]. Annales Geophysicae. Göttingen: Copernicus Publications.

KALMAN R E, 1960. A new approach to linear filtering and prediction problems[J]. Journal of Basic Engineering. 82(1): 35-45.

NIELL A E, 1996. Global mapping functions for the atmosphere delay at radio wavelengths[J]. Journal of Geophysical Research: Solid Earth, 101(B2): 3227-3246.

PERLER D, GEIGER A, HURTER F, 2011. 4D GPS water vapor tomography: New parameterized approaches[J]. Journal of Geodesy, 85: 539-550.

TIKHONOV A N, 1963. On the solution of incorrectly put problems and the regularisation method[C]. Outlines Joint Sympos. Novosibirsk: Partial Differential Equations.

TREUHAFT R N, LANYI G E, 1987. The effect of the dynamic wet troposphere on radio interferometric measurements[J]. Radio Science, 22(2): 251-265.

TROLLER M, GEIGER A, BROCKMANN E, et al., 2006. Determination of the spatial and temporal variation of tropospheric water vapour using CGPS networks[J]. Geophysical Journal International, 167(2): 509-520.

XIA P, CAI C, LIU Z, 2013. GNSS troposphere tomography based on two-step reconstructions using GPS observations and COSMIC profiles[C]. Annales Geophysicae. Göttingen: Copernicus Publications.

第5章 GNSS高精度高分辨率PWV
反演关键技术

GNSS气象学经过30多年的发展，在联合GNSS观测数据和实测气象参数的站点PWV反演方面已有成熟的理论与方法，获取站点PWV的精度在1~3mm。由于多数GNSS测站并未配备气象传感器，难以直接利用现有理论进行水汽反演，因此，无实测气象参数的PWV反演仍待进一步研究。此外，实测数据存在异常或缺失现象，导致反演的PWV长时序不完整，无法较好地应用到气候异常探测等领域，而现有线性插值或周期模型填补方法未能顾及水汽时空变化规律，填补结果并不是很理想。随着高密度GNSS观测网的布设，为进一步获取高精度、高时空分辨率的水汽产品提供可能，但相关水汽融合理论与方法并不成熟，在面状水汽融合反演方面仍存在较多问题。因此，本章在水汽获取维度上，以"点"到"面"，到"时"，再到"时空"的思路，首先介绍基于非实测气象参数的PWV反演方法，解决站点高时间分辨率PWV数据集生成方法；其次，对PWV混合模型的水汽融合方法进行详细介绍，解决高空间分辨率PWV反演问题；再次，针对现有PWV长时序填补方法精度较低的现状，介绍一种顾及时空加权的PWV时序填补方法，解决水汽长时序缺失的填补难题；最后，提出基于水汽显性表达的高精度、高时空分辨率双步PWV融合模型，解决连续、完整、高时空分辨率水汽获取难题。

5.1 站点高时间分辨率PWV数据集生成方法

5.1.1 站点PWV反演现状及缺陷

传统站点PWV反演技术包括无线电探空仪、太阳光度计和微波辐射计等，各种站点探测方法均有各自优势。例如，无线电探空仪获取的数据时间长、观测精度高，常作为评估其他技术反演PWV的参考标准（Zhu et al.，2021）；太阳光度计因其功耗低、自动化观测和维护成本低等优点，成为常用的水汽获取设备之一（Garrido et al.，2021）；此外，微波辐射计获取的PWV数据具有高时间分辨率的特征（Manandhar et al.，2016）。然而，传统水汽探测方法由于仪器本身或者探测方法的局限性，整体上存在时间分辨率较低、易受天气影响、成本高等缺点（Campanelli et al.，2010）。

随着 GNSS 技术的发展及 GNSS 气象学的提出，利用 GNSS 技术探测大气水汽成为获取 PWV 的重要途径之一（Bevis et al.，1992）。为了验证 GNSS 技术探测大气水汽的精度，相关学者在事后和实时 GNSS PWV 精度评估方面开展了相关研究。在事后 GNSS PWV 精度评估方面，以无线电探空仪数据获取 PWV 为参考标准，验证了 GNSS PWV 的精度为 1～3mm（曹寿凯等，2021；刘焱雄和陈永奇，1999）；在实时 GNSS PWV 精度评估方面，证实了利用 GNSS 实时数据获取 PWV 的精度小于 3mm（Yuan et al.，2014）。因此，上述研究证实了 GNSS 探测的 PWV 具有高精度的优势。此外，GNSS 水汽探测技术还具有连续运行、高时空分辨率和不受天气影响等优势。

在基于 GNSS 技术探测大气水汽的过程中需要实测气象参数的辅助，现有多数 GNSS 测站并未配备相应的气象传感器，导致无法基于实测气象参数获取高精度的 PWV 产品。以 IGS 测站为例，通过对 2005～2016 年全球 IGS 测站配备气象站的情况进行统计，发现仅有 27.87%的 IGS 测站配备了气象传感器，无法获取多数无实测气象站上的高精度 PWV。因此，为了克服无实测气象参数的影响获得高精度的 PWV 数据，满足中尺度天气预测及监测的应用场景需求，本节提出一种基于非气象参数的 PWV 反演方法，并生成高时间分辨率的 PWV 数据集。

5.1.2　PWV 反演影响因素定量评估及 PWV 确定

根据 PWV 的计算公式可知，PWV 精度受到 ZTD、ZHD、转换系数等因子的影响，因此本小节基于误差传播定律，通过 ZTD、ZHD 和转换系数的不确定度进一步推算 PWV 的不确定度。

1）转换系数的不确定度

转换系数 Π 是 ZWD 转换为 PWV 过程中的关键参数，为无量纲的比例因子，也是 Tm 的函数，其计算表达式如下所示：

$$\Pi = \frac{\rho_w R_w (N_2' + N_3/\mathrm{Tm})}{10^6} \tag{5.1.1}$$

式中，Tm 表示大气加权平均温度；ρ_w 表示水的密度；R_w、N_2' 和 N_3 都为常量，取值分别为 461J·kg^{-1}·K^{-1}、16.48K·hPa^{-1} 和$(3.776\pm0.014)\times10^5$K^2·hPa^{-1}。转化系数 Π 的不确定度可基于误差传播定律进一步推算获得（Ning et al.，2016）：

$$\sigma_\Pi = \frac{\rho_w R_w \sqrt{(\sigma_{N_3}/\mathrm{Tm})^2 + (N_3 \cdot \sigma_{\mathrm{Tm}}/\mathrm{Tm}^2)^2 + \sigma_{N_2'}^2}}{10^6} \tag{5.1.2}$$

式中，σ_Π 表示 Π 的不确定度；σ_{Tm} 表示 Tm 的不确定度。其中，σ_{N_3} 和 $\sigma_{N_2'}$ 取值分别为 0.012K^2·hPa^{-1} 和 2.2K·hPa^{-1}。ρ_w 的不确定度通常取值为 0.002kg/m^{-3}，R_w 的

不确定度取值为 $0.008\text{J}\cdot\text{kg}^{-1}\cdot\text{K}^{-1}$。$\rho_w$ 和 R_w 对转换系数 $\varPi$ 的不确定度影响不大，因此 $\varPi$ 的不确定度主要取决 Tm、N_3 和 N_2' 的不确定度。

2）ZHD 的不确定度

ZHD 在对流层中变化相对稳定，常基于 Saastamoinen 模型（Saastamoinen, 1972）计算，具体表达式如下：

$$\text{ZHD} = \frac{0.002277P}{1 - 0.00266\cos(2\varphi) - 0.00028H} \tag{5.1.3}$$

式中，P 表示地表气压；H 表示大地高。P 是计算 ZHD 的主要因子，ZHD 的不确定度主要由地面气压 P 和常量 c 的不确定度贡献，因此基于误差传播定律推算可得到 ZHD 的不确定度：

$$\left.\begin{array}{l} \sigma_{\text{ZHD}} = \sqrt{(\dfrac{2.2767\sigma_P}{g(\lambda,H)})^2 + (\dfrac{P\sigma_c}{g(\lambda,H)})^2} \\[3mm] g(\lambda,H) = (1 - 2.66\times10^{-3}\cos(2\varphi) - 2.8\times10^{-7}H) \end{array}\right\} \tag{5.1.4}$$

式中，σ_P 表示 P 的不确定度；常量 c 的不确定度通常取值为 0.0024（Elgered et al., 1991；Saastamoinen, 1972）；σ_{ZHD} 表示 ZHD 的不确定度。

3）PWV 的不确定度

PWV 代表大气水汽的测量值，其计算公式如下：

$$\text{PWV} = (\text{ZTD} - \text{ZHD})\cdot\varPi \tag{5.1.5}$$

根据误差传播定律的计算公式，通过公式（5.1.2）、式（5.1.4）和 ZTD 的不确定度，可推算 PWV 的不确定度，具体公式如下：

$$\sigma_{\text{PWV}} = \sqrt{(\text{PWV}\frac{\sigma_\varPi}{\varPi})^2 + (\frac{\sigma_{\text{ZTD}}}{\varPi})^2 + (\frac{2.2767\sigma_P}{g(\lambda,H)\varPi})^2 + (\frac{P\cdot\sigma_c}{g(\lambda,H)\varPi})^2} \tag{5.1.6}$$

式中，σ_{PWV} 表示 PWV 的不确定度。

因此，根据上述公式可知，PWV 不确定度主要受温度、ZTD、地表气压和公式中经验常数不确定度的影响。在无实测气象参数情况下，可根据再分析资料或相关经验模型获取相应的地表温度和气压数据，如果能够有效控制各类不确定度影响，即可计算出无实测气象参数下的 PWV 值。

5.1.3　案例分析

1. 实验区域和数据介绍

本节选取 ECMWF 第五代再分析资料（ERA5）提供的 P 和 T，CMONOC 提供的 ZTD，无线电探空仪提供的 P、T 和 PWV 及 AERONET PWV 数据进行实验，具体数据集统计信息如表 5.1.1 所示。由于选取区域（28°~41°N，99°~115°E）较大且各子区域各具特色，因此根据地理位置和不同地区的自然和人文地理特征，将选区划分为四个区域，即北方、南方、西北和青藏。图 5.1.1 给出了 GNSS 站、无线电探空站和 AERONET 站在选区区域的地理分布。

表 5.1.1　实验选取各类数据集统计信息

数据	空间分辨率	时间分辨率	年份
ERA5-P、T	0.25°×0.25°	1h	2005~2017
CMONOC-ZTD	站点	1h	2011~2017
无线电探空仪-P、T、PWV	站点	12h	1957~2016
AERONET-PWV	站点	1h	2001~2017

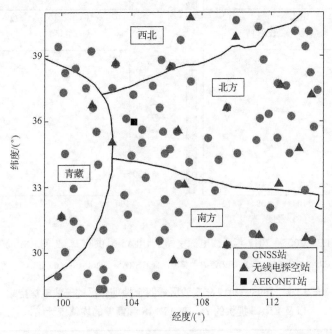

图 5.1.1　实验区域 GNSS 站、无线电探空站和 AERONET 站的地理分布

2. 理论结果分析

1）ERA5 提供温度和气压精度分析

将 2005~2017 年由 ERA5 数据集提供的 P 和 T 插值到实验区域无线电探空站点上，分别利用无线电探空站的 P 和 T 对 ERA5 的 P 和 T 进行精度验证。图 5.1.2 给出 2005~2017 年实验区域无线电探空站上 ERA5 提供的 P、T 的 RMS 和偏差。由图可以发现，在实验区域北方和南方的 ERA5 提供的 P、T 精度较高，而西北

和青藏地区的精度较低。表 5.1.2 给出实验区域四大地理分区无线电探空站的均值统计结果及 ERA5 提供的 P 和 T 的 RMS 和偏差，发现实验区域 ERA5 提供的 P 和 T RMS/偏差分别为 2.71hPa/-1.11hPa 和 1.88K/-0.51K，验证了 ERA5 提供的 P 和 T 在实验区域具有较高的精度。

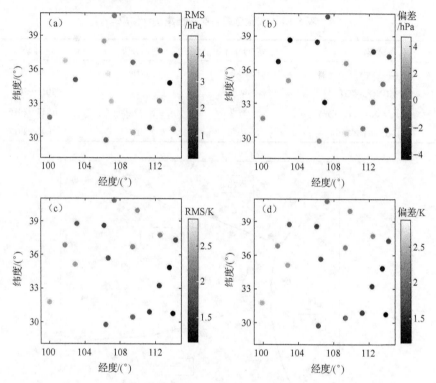

图 5.1.2   2005~2017 年无线电探空站上 ERA5 提供的 P、T 的 RMS 和偏差

（a）ERA5-P 的 RMS；（b）ERA5-P 的偏差；（c）ERA5-T 的 RMS；（d）ERA5-T 的偏差

表 5.1.2   2005~2017 年实验区域四个地理分区的无线电探空站
以及 ERA5 提供的 P、T 的 RMS 和偏差的均值统计结果

区域	总站点	P/hPa			T/K		
		站点利用率/%	RMS	偏差	站点利用率/%	RMS	偏差
北方	20	100	2.16	-0.54	100	1.74	-0.30
南方	34	88	2.45	-0.70	100	1.66	-0.59
西北	24	100	2.66	-2.12	100	2.20	-0.87
青藏	9	100	2.90	-1.24	100	2.40	0.10
实验区域	87	95	2.71	-1.11	100	1.88	-0.51

2）CMONOC ZTD 精度分析

为了验证在 GAMIT/GLOBK（10.4 版）软件基础上获得的 GNSS ZTD 与其他软件处理获得的 ZTD 一致性，本节使用 PPP 技术估计的 ZTD 参数对其进行验证。图 5.1.3 给出 2011~2017 年使用 GAMIT/GLOBK 和 PANDA 软件得出的 GNSS ZTD 差值的 STD 和偏差结果分布。表 5.1.3 给出了实验区域四大地理分区的 STD 和偏差的统计结果，以及无线电探空站点的利用率。从图 5.1.3 中可以看出，实验区域 ZTD 的 STD 和偏差相当小，统计结果发现其值分别为 4.60mm 和-0.40mm。由表 5.1.3 统计结果可知，南方地区的 ZTD 误差偏大，其中 STD 为 5.50mm，主要原因是南方地区大气水汽含量较大。西北地区大气水汽含量低，其 STD 约为 3.69mm。

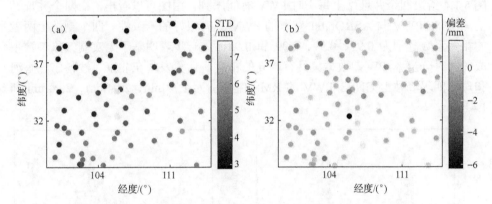

图 5.1.3　2011~2017 年 GAMIT/GLOBK 和 PANDA 软件计算得出的
GNSS ZTD 差值的 STD 和偏差分布

（a）STD；（b）偏差

表 5.1.3　2011~2017 年实验区域四个地理分区无线电探空站 STD 和偏差的统计结果

区域	站点利用率/%	STD/mm	偏差/mm
北方	100	4.37	-0.24
青藏	97	4.50	-0.80
南方	96	5.50	-0.42
西北	100	3.69	-0.32
实验区域	98	4.60	-0.40

3）基于 ERA5 P 和 T 计算 PWV 的理论误差

上述实验证实，所选 P、ZTD 和 T 的整体精度分别为 2.71hPa、4.60mm 和 1.88K，因此可以基于误差传播定律进一步推算 PWV 的理论误差。表 5.1.4 给出了实验区域四个地理分区 PWV 理论误差的均值统计结果，发现实验区域 PWV 的理论误差均值为 1.85mm，最大值出现在青藏地区，为 1.97mm，而北方地区最小，为 1.29mm。

表 5.1.4　实验区域基于误差传播定律计算 PWV 的理论误差均值　（单位：mm）

区域	北方	南方	西北	青藏	实验区域
PWV 理论误差均值	1.29	1.35	1.54	1.97	1.85

3. 实际结果分析

1）小时分辨率 PWV 数据集与 AERONET PWV 对比

本节比较了 AERONET 和 GNSS 在四个并址站上的 PWV 长时序变化情况。图 5.1.4 给出四个并址站上每小时 PWV 时间序列。由图可以看出，在四个并址站上，GNSS PWV 与 AERONET 获取的 PWV 具有很好的一致性。四个测站上两者的相关系数分别为 0.97、0.99、0.99 和 0.93，进一步表明基于无实测气象参数生成的小时分辨率 PWV 数据集具有较高的精度。计算发现在北京、沙科尔、香河和珠穆朗玛峰站上 GNSS PWV 的 RMS 值分别为 1.13mm、2.04mm、2.04mm 和 1.41mm。

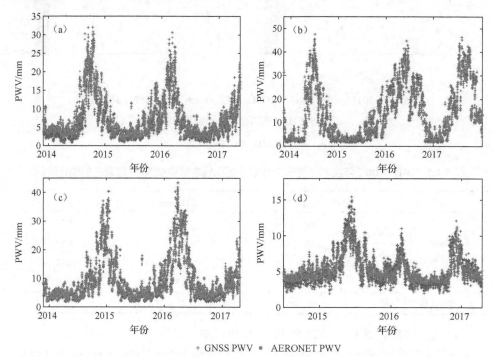

+ GNSS PWV • AERONET PWV

图 5.1.4　2014～2017 年四个 AERONET 和 GNSS 并址站上小时分辨率 PWV 长时序对比图

（a）北京；（b）沙科尔；（c）香河；（d）珠穆朗玛峰

2）GNSS 小时分辨率 PWV 数据集与无线电探空仪 PWV 对比

为了进一步评估利用提出方法获取实验区域 CMONOC 站上每小时 PWV 数据集的准确性，本部分选取了 2011～2017 年实验区域 52 个 GNSS 和无线电探空并址站对比。图 5.1.5 给出了 2011～2017 年 HLAR 站（49.3°N，119.7°E）GNSS 和无线电探空仪上 PWV 的长时序变化情况。由图可知，GNSS 和无线电探空仪的 PWV 之间存在良好的一致性。图 5.1.6 给出 2011～2017 年 52 个站点处的 GNSS 和无线电探空仪 PWV 差值的 RMS 和偏差分布。统计结果表明，GNSS 获取 PWV 的平均 RMS 为 2.25mm，平均偏差为 1.57mm。表 5.1.5 给出实验区域四大地理分区 GNSS 反演 PWV 的具体 RMS 和偏差。除青藏地区外，其余三个地区 RMS 均小于 3mm，进一步说明提出的基于 ERA5 数据获得的 1h 分辨率的 PWV 具有较高的精度。

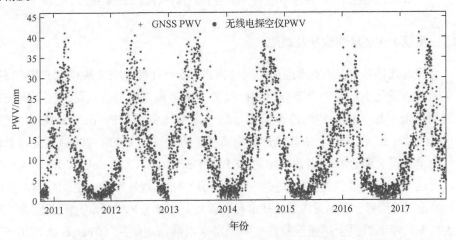

图 5.1.5　2011～2017 年 HLAR 站上（49.3°N，119.7°E）GNSS 和
无线电探空仪反演 PWV 长时序对比图

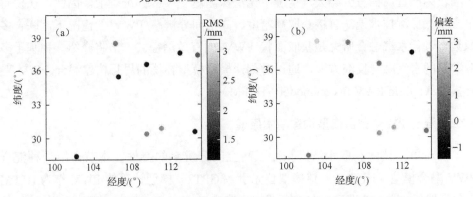

图 5.1.6　2011～2017 年 GNSS 和无线电探空仪 PWV 差值的 RMS 和偏差分布

（a）RMS；（b）偏差

表 5.1.5　2011~2017 年实验区域四大地理分区 GNSS 反演 PWV 的 RMS 和偏差统计结果

区域	总站点	站点利用率/%	RMS/mm	偏差/mm
北方	13	100	1.53	0.61
青藏	7	71	3.09	3.44
南方	18	94	2.35	2.43
西北	14	100	2.52	0.73
实验区域	52	94	2.25	1.57

5.2　基于 PWV 混合模型的水汽融合反演方法

5.2.1　面状 PWV 反演现状及缺陷

空间连续性是 PWV 数据应用的重要需求。对于只有 GNSS 站点的 PWV 数据来讲，难以满足水汽空间分布分析和研究的需求，最直接的方式是通过不同的水汽空间插值方法，如最佳线性无偏估计联合高度比例模型的 BLUE+HSM 方法（Emardson et al.，1998）、依赖地形的湍流模型方法（Li et al.，2006）、变局部均值的简单克里金联合水汽指数规律的 SKLM+Onn 方法（Xu et al.，2011）等。然而，上述水汽空间插值方法的精度严重依赖于 GNSS 测站密度、空间分布及实验区域的地形等因素。对地卫星遥感技术真正意义上实现了 PWV 从"点"到"面"的重大转变，能够提供全球覆盖的高空间分辨率水汽探测结果（Chen et al.，2016），然而，卫星遥感方法获取的大气水汽精度相对较差，时间分辨率较低，且受天气影响较为严重，在有云等天气情况下无法探测出 PWV 的准确值。因此，在现有单一水汽探测技术无法直接获取高精度、高空间分辨率 PWV 的情况下，联合多源数据进行水汽融合研究是获取面状 PWV 的有效途径。本节将介绍一种基于多源数据的水汽融合反演方法，通过时刻建模和模型补偿的思想构建混合 PWV 融合模型（hybrid PWV fusion model，HPFM）。

5.2.2　混合 PWV 融合模型构建基本原理

针对单一技术获取水汽高精度或高空间分辨率的特性，本节介绍一种混合 PWV 融合模型（HPFM）。该模型首先引入 GPT2w 模型计算的 PWV 作为 HPFM 初值；然后，联合球谐函数与多项式拟合确定 GNSS 和 GPT2w 模型间 PWV 偏差的表达式；此外，利用 Helmert 方差分量估计自适应确定多源水汽信息权比，量化多源数据（如 GNSS、ERA-Interim 等）对 HPFM 融合反演 PWV 的贡献；最终，反演得到高精度和高空间分辨率的 PWV 面状数据。HPFM 构建具体流程如图 5.2.1 所示，该模型构建具体步骤如下。

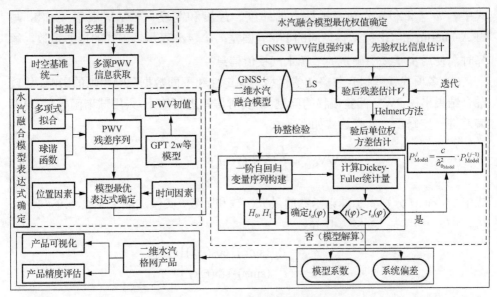

图 5.2.1　HPFM 构建具体流程图

（1）HPFM 融合模型表达式确定。模型的空间融合是针对 GPT2w 模型分离 PWV 线性趋势后的残差序列，能够在降低水汽量级的同时有效保留不同数据源的关键特征。

① 首先，基于 GPT2w 模型计算 GNSS 站点位置上的 PWV 初值。

$$PWV_{GPT2w} = \frac{ZWD_{GPT2w}}{10^{-6} \cdot \rho_w \cdot R_v \left[k_3/Tm + k_2' \right]} \tag{5.2.1}$$

式中，ρ_w 为液态水密度；R_v 为水蒸气比气体常量（461.51J·kg^{-1}·K^{-1}）；k_2' 和 k_3 分别为（17±10）K·hPa^{-1} 和（3.776±0.04）×10^{5}K^2·hPa^{-1}；Tm 为 GPT2w 模型输出的大气加权平均温度；ZWD_{GPT2w} 由式（5.2.2）计算：

$$ZWD_{GPT2w} = 10^{-6} \left(k_2' + \frac{k_3}{Tm} \right) \frac{R_d}{(\lambda_w + 1) g_m} e \tag{5.2.2}$$

式中，e、Tm、λ_w 分别表示 GPT2w 模型输出的水汽压、大气加权平均温度与水汽递减因子。

② 获取 GNSS/ERA-Interim PWV 与 GPT2w 模型计算 PWV 的残差值，并利

用多项式拟合方法建立位置因子和 PWV 残差的数学表达，其二阶方程的一般形式如下：

$$\mathrm{rPWV} = a_0 + a_1\varphi + a_2\lambda + a_3h + a_4\varphi\lambda + a_5\varphi h + a_6\lambda h + a_7\varphi^2 + a_8\lambda^2 + a_9h^2 \quad (5.2.3)$$

式中，φ、λ 和 h 分别表示站点的纬度、经度和高度；rPWV 表示 GNSS 与 ERA-Interim 和 GPT2w 模型间的 PWV 偏差；$a_0 \sim a_9$ 表示多项式的待估系数，解算时需使用步骤②中确定的多源水汽权值信息。

③ 多项式残差拟合忽略初值模型不确定性和不同数据源噪声项的影响，导致融合结果出现 PWV 偏差偏移的问题。需要对偏差进行修正，采用球谐函数对 PWV 偏差进一步修正，其表达式如下：

$$\mathrm{rPWV}_{\mathrm{SHF}} = \sum_{n=0}^{N} \sum_{m=0}^{M} (A_{nm} \cdot a_{nm} + B_{nm} \cdot b_{nm}) \quad (5.2.4)$$

式中，N 和 M 分别表示球谐函数的最大次数和阶数，实验选取了 9 次 9 阶。其中，a_{nm} 和 b_{nm} 可由式（5.2.5）计算：

$$\left. \begin{array}{l} a_{nm} = P_{nm}(\sin\varphi) \cdot \cos(m\lambda) \\ b_{nm} = P_{nm}(\sin\varphi) \cdot \sin(m\lambda) \end{array} \right\} \quad (5.2.5)$$

式中，φ 和 λ 分别表示站点或网格点的纬度和经度；$P_{nm}(t)$ 表示 Legendre 函数，其表达式如下：

$$P_{nm}(t) = \frac{1}{2^n} (1-t^2)^{\frac{m}{2}} \sum_{k=0}^{\frac{n-m}{2}} (-1)^k \frac{(2n-2k)}{k \cdot (n-k) \cdot (n-m-2k)} t^{n-m-k} \quad (5.2.6)$$

此外，模型采用数据高程面统一的方式降低区域的大高差限制，同时弥补球谐函数不包括高程因子的不足。经验的垂直修正公式如下：

$$\mathrm{PWV}_{h_1} = \mathrm{PWV}_{h_2} \cdot \exp\left[\frac{-(h_1 - h_2)}{2000}\right] \quad (5.2.7)$$

式中，PWV_{h_1} 和 PWV_{h_2} 分别是 h_1 和 h_2 高度的 PWV。

④ 通过上述步骤，HPFM 可表达成如下形式：

$$\mathrm{PWV}_{\mathrm{HPFM}} = \mathrm{PWV}_{\mathrm{GPT2w}} + \mathrm{dPWV}_{\mathrm{PF}}(\varphi, \lambda, h) + \mathrm{rPWV}_{\mathrm{SHF}}(\varphi, \lambda) + \varepsilon \quad (5.2.8)$$

式中，$\mathrm{dPWV}_{\mathrm{SHF}}(\varphi, \lambda)$ 和 $\mathrm{rPWV}_{\mathrm{PF}}(\varphi, \lambda, h)$ 分别表示 PWV 残差和偏差偏移量；ε 表示未建模的 PWV 误差。

（2）多源水汽信息权比确定。多源水汽信息权比确定是 PWV 融合研究的关键，本节将介绍利用 Helmert 方差分量估计方法确定多源水汽信息最优权值的整体步骤，具体过程如下：

① 初始化多源 PWV 数据的权重，假设 $\boldsymbol{P}_{\text{Model}}$ 为单位阵，根据式（5.2.9）计算多源数据的初始验后单位权方差 $\hat{\sigma}^2_{0_{\text{Model}}}$：

$$\hat{\sigma}^2_{0_{\text{Model}}} = \frac{\boldsymbol{V}^{\text{T}}_{\text{Model}} \cdot \boldsymbol{P}_{\text{Model}} \cdot \boldsymbol{V}_{\text{Model}}}{n_{\text{Model}} - \text{tr}(\boldsymbol{N}^{-1} \cdot \boldsymbol{N}_{\text{Model}})} \tag{5.2.9}$$

式中，$\boldsymbol{V}_{\text{Model}}$ 表示多源 PWV 数据的后验误差；n_{Model} 表示多源 PWV 数据的个数，其中 $\boldsymbol{N} = \boldsymbol{A}^{\text{T}} \boldsymbol{P} \boldsymbol{A}$。

② 利用 Helmert 方差分量估计确定多源数据的验后单位权方差，引入 Bartlett 方法判断各类验后单位权方差是否通过假设检验，公式如下：

$$\chi^2_{0_{\text{Model}}} = \frac{\sum\limits_{i=1}^{m}(n_i-1)\ln\dfrac{\sum\limits_{i=1}^{m}(n_i-1)\hat{\sigma}^2_{0_i}}{\hat{\sigma}^2_{0_i} \cdot \sum\limits_{i=1}^{m}(n_i-1)}}{1 + \dfrac{\sum\limits_{i=1}^{m}(n_i-1)^{-1} - \dfrac{1}{\sum\limits_{i=1}^{m}(n_i-1)}}{3(m-1)}} \tag{5.2.10}$$

式中，m 表示多源数据类型的个数，当计算的 $\chi^2_{0_{\text{Model}}}$ 小于自由度为 1 对应的临界值 $\chi^2_{0.01}$ 时，多源数据的验后单位权方差通过假设检验，否则继续执行下一步。

③ 更新多源 PWV 数据的权值：

$$P^j_{\text{Model}} = \frac{c}{\hat{\sigma}^2_{0_{\text{Model}}}} \cdot P^{(j-1)}_{\text{Model}} \tag{5.2.11}$$

式中，j 表示迭代次数；c 可表示任意常数，这里 $c = \hat{\sigma}^2_{0_{\text{GNSS}}}$。

④ 当各类水汽信息的单位权方差之差满足一定条件时，即可求得多源水汽信息的最终权值。

5.2.3　案例分析

1. 实验区域和数据介绍

选取实验区域（28°～41°N, 99°～115°E）2014 年的 GNSS、无线电探空仪和 ERA-Interim 数据进行基于混合模型的 PWV 融合反演实验，实验选用数据的详细信息见表 5.2.1。由于建立 HPFM 需要统一数据高程面，整个区域按照地形分为西北、北方、南方和青藏四个区域，每个区域的 GNSS 和无线电探空站点分布如图 5.2.2 所示。

表 5.2.1　实验选用 PWV 数据的详细信息统计表

数据	空间分辨率	时间分辨率/h	数据源
GNSS	测站	6	Zhang 等（2017）
无线电探空站点	测站	12	—
ERA-Interim	1°×1°	6	—

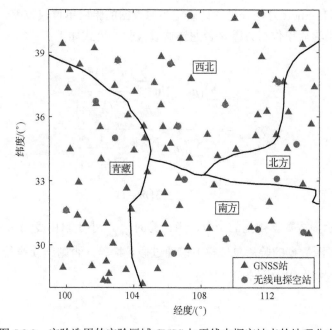

图 5.2.2　实验选用的实验区域 GNSS 与无线电探空站点的地理分布

2. 多源水汽信息权比确定对水汽融合模型影响及分析

通过分析各类数据源验后单位权方差和 Bartlett 统计量的变化确定模型最优权比。图 5.2.3 展示了 2014 年年积日 75 UTC 12:00 实验区域四个分区的验后单位权方差和 Bartlett 统计量随迭代次数的变化。由图可以看出，首次给定的多源 PWV 数据的验后单位权方差差异明显，经过 5 次权值更新后逐渐趋于一致。Bartlett 统计量的值在 3 次迭代后迅速减小，并且在第 5 次迭代后小于检验的临界值。当 HPFM 考虑各类数据源最优权比时，十折验证结果显示内外符合精度分别提升 6.45%和 12.00%。

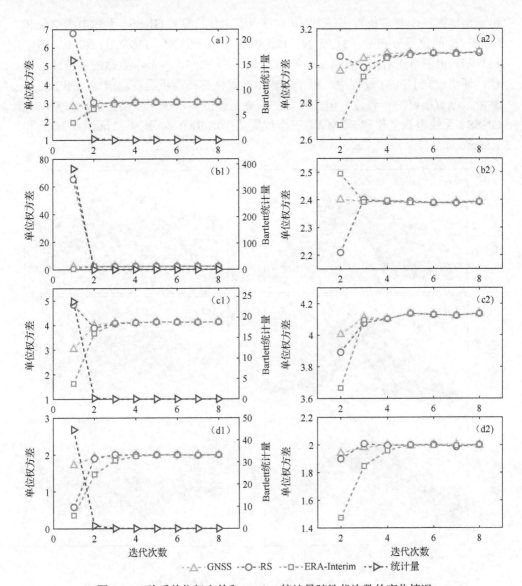

图 5.2.3　验后单位权方差和 Bartlett 统计量随迭代次数的变化情况

（a1）～（d1）分别表示南方、青藏、西北、北方四个区域的 1～8 次迭代中单位权方差和 Bartlett 统计量的变化图；
（a2）～（d2）分别表示南方、青藏、西北、北方四个区域的 2～8 次迭代中单位权方差的变化图

3. HPFM 时序精度分析

利用 HPFM 获取站点 PWV 时间序列，并与三种建模数据在 2014 年全年每天的 UTC 00:00 和 12:00 进行同步对比。GNSS、无线电探空仪和 ECMWF 网格点中 90% 的数据用于建立 HPFM，剩余 10% 的数据用于 HPFM 质量验证。图 5.2.4 给

出东南地区三个参考位置上的 PWV 时序及其对比，参考 GNSS、无线电探空仪和
ECMWF 的位置分别是（31.95°N，120.89°E）、（31.93°N，118.9°E）和（25°N，
113°E）。由图可以看出，GPT2w、GPT2w+PF 和 HPFM 与参考数据的差值逐渐平
稳，证明建立 HPFM 过程中，每一步输出准确性都在逐步提高。最终，HPFM 与
参考数据有很好的一致性，但在夏季的不确定性偏大。统计结果显示，HPFM 在
GNSS、无线电探空仪和 ECMWF 三个位置的平均 RMS 分别为 1.7mm、2.3mm 和
1.5mm。

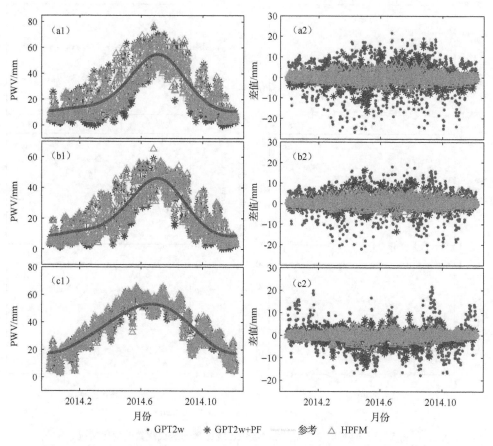

图 5.2.4　HPFM 与 GNSS、无线电探空仪和 ECMWF 的 PWV 时序及其差值对比

（a1）～（c1）分别为 HPFM 与 GNSS、无线电探空仪和 ECMWF 的 PWV 时序对比；
（a2）～（c2）分别为 HPFM 与 GNSS、无线电探空仪和 ECMWF 的 PWV 的差值对比
PF-多项式拟合

4. HPFM 空间精度分析

使用独立的、更高空间分辨率（0.5°×0.5°）的 ERA-Interim 网格 PWV 作为参

考，对 HPFM 的空间精度进行分析，图 5.2.5 给出了 2014 年四个季节上 HPFM 与
验证数据的面状 PWV 均值及其差值分布。由图可以看出，HPFM 反演的面状 PWV
与 ERA-Interim 空间分布一致，夏季水汽含量明显高于其他季节，且整体呈现西
北向东南递增的趋势。统计结果显示，HPFM 与验证数据最大差值小于 5mm，四
个季节的 PWV 平均差值分别为 0.048mm、0.131mm、0.081mm 和 0.024mm，表
明建立的 HPFM 具有良好的空间性能。

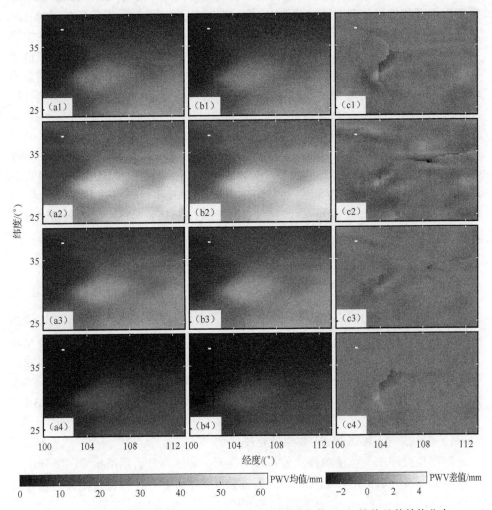

图 5.2.5 HPFM 与 ERA-Interim 在 2014 年四个季节上的 PWV 均值及其差值分布

（a1）～（a4）依次为 HPFM 在 2014 年春、夏、秋、冬季的 PWV 均值；（b1）～（b4）依次
为 ERA-Interim 在 2014 年春、夏、秋、冬季的 PWV 均值分布；（c1）～（c4）依次为 HPFM
与 ERA-Interim 在 2014 年春、夏、秋、冬季的 PWV 差值分布

5.3　顾及时空加权的 PWV 时序填补方法

5.3.1　水汽时序填补现状及缺陷

连续的水汽信息是数据应用的一个重要需求。由于利用实测 GNSS 和气象参数获取的 PWV 长时间序列不可避免地出现数据缺失和异常值(Wang et al.，2018)，需要采用可靠的再处理方法来获得完整的 PWV 长时间序列，以便服务于对长时序连续水汽有较强需求的气候应用等领域。目前，PWV 长时序的再处理方法主要包括模型插值和统计分析两类。线性插值（linear interpolation，LI）是模型插值填补的常用方法，但该方法只有在高时间分辨率的原始数据情况下才能得到满意的填充效果。利用非均匀 PWV 时序构建模型的奇异谱分析（SSAM）和模型替换（period model，PM）方法，仅能保证 PWV 长时序的周期和趋势变化，无法真实反映水汽在某一段时间的精细变化。因此，额外的水汽信息辅助成为 PWV 长时序填补的最佳方案。本节介绍了一种基于外部数据辅助和水汽时空加权（spatio-temporal weighted，STW）的 PWV 长时序填补方法。该方法能够凭借再分析数据集提供长时间跨度和完整空间覆盖数据，利用最新一代再分析数据集 ERA5 作为辅助数据，对顾及水汽时空加权特性对 PWV 长时序中缺失数据进行填补。在充分考虑两种数据源间的空间关联、数据差异和时间相关性等特性后，解决各种复杂缺失情况下的 PWV 长时序填补难题。

5.3.2　顾及时空加权的 PWV 时序填补基本原理

时空加权方法的核心是假设某一时段内不同水汽产品的水汽相对变化比值相等。在充分考虑辅助信息 ERA5 与 GNSS 站点位置上水汽的空间关联、数据差异和时间相关等特性下，能够有效解决现有 PWV 时序填补方法精度较差的问题。本节以 GNSS 和 ERA5 提供的公共时刻 t_m、t_n 和 ERA5 提供待填补时刻 t_p 的 PWV 为例，描述顾及时空加权（STW）的 PWV 长时序填补方法的整体流程（图 5.3.1），具体步骤如下。

1）GNSS 与 ERA5 PWV 数据预处理

数据预处理主要包括填补及公共时刻匹配、邻近再分析网格检索两部分。

（1）填补及公共时刻匹配：给定时间排序为 $\{t_m, t_p, t_n\}$，检索填补历元 t_p 与邻近公共历元 t_k（$k=m, n$）的所有相关 PWV。

$$\left.\begin{array}{l} \mathrm{PWV_{GNSS}}(t_k) = \left\{ \mathrm{PWV_{GNSS}}(t_m),\ \mathrm{PWV_{GNSS}}(t_n) \right\} \\ \mathrm{PWV_{ERA5}}_i(t_k) = \left\{ \mathrm{PWV_{ERA5}}_i(t_m),\ \mathrm{PWV_{ERA5}}_i(t_n) \right\}, i=1\sim4 \\ \mathrm{PWV_{ERA5}}(t_p) \end{array}\right\} \quad (5.3.1)$$

式中，$\mathrm{PWV}_{\mathrm{GNSS}}(t_m)$ 和 $\mathrm{PWV}_{\mathrm{GNSS}}(t_n)$ 为公共时刻的 GNSS PWV；$\mathrm{PWV}_{\mathrm{ERA5}_i}(t_m)$ 和 $\mathrm{PWV}_{\mathrm{ERA5}_i}(t_n)$ 为公共时刻的 ERA5 PWV；$\mathrm{PWV}_{\mathrm{ERA5}}(t_p)$ 为填补历元的 ERA5 PWV。

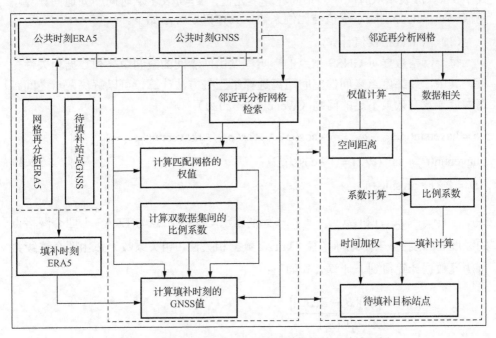

图 5.3.1　顾及时空加权的 PWV 长时序填补方法流程图

（2）邻近再分析网格检索：根据 GNSS 测站的位置信息（经度、纬度和高度分别为 φ_{GNSS}、l_{GNSS} 和 h_{GNSS}），确定 ERA5 的四个邻近网格数据 $\mathrm{PWV}_{\mathrm{ERA5}_i}(i=1\sim4)$，然后将其统一至填补站点高程。

$$\mathrm{PWV}_{h_{\mathrm{GNSS}}}=\mathrm{PWV}_{h_{\mathrm{ERA5}}}\cdot\exp\left[-(h_{\mathrm{GNSS}}-h_{\mathrm{ERA5}})/2000\right] \tag{5.3.2}$$

式中，$\mathrm{PWV}_{h_{\mathrm{GNSS}}}$ 和 $\mathrm{PWV}_{h_{\mathrm{ERA5}}}$ 分别表示 GNSS 和 ERA5 网格点高程上对应的 PWV 数据。

2）顾及时空加权的待填补时刻 PWV 估计

假定 GNSS 和 ERA5 两种方法获取 PWV 在短时间内水汽相对变化比值相同，偏差也相等。因此，缺失时刻的 GNSS PWV 可根据其邻近的四个 ERA5 网格点提供的 PWV 进行计算。根据式（5.3.3）可得到第 i 个网格数据计算的 GNSS 填补值：

$$\text{PWV}_{\text{GNSS}_i}^k(t_p) = \omega_i \times [v_i(t_k) \times \text{PWV}_{\text{ERA5}_i}(t_p) + \text{PWV}_{\text{ERA5}_i}(t_p)] \qquad (5.3.3)$$

式中，$k = m$ 表示从时间序列正向计算填充值；$k = n$ 表示从时间序列逆向计算填充值。ω_i 和 v_i 分别表示权值与比例系数，具体确定方法如下。

（1）网格数据权值计算。

每个网格数据对 GNSS 站点的影响程度由两者间的空间距离和数据相关性衡量。其中，经纬度点之间的空间距离选择半正矢方法计算，可以解决两点之间距离太近导致有效数不足的问题（Wei et al.，2020）：

$$\left.\begin{aligned}
h &= \text{haversin}(\varphi_{\text{GNSS}} - \varphi_{\text{ERA5}_i}) + \cos(\varphi_{\text{GNSS}})\cos(\varphi_{\text{ERA5}_i})\,\text{haversin}(l_{\text{GNSS}} - l_{\text{ERA5}_i}) \\
\text{haversin}(\theta) &= \sin^2(\theta/2) = (1 - \cos\theta)/2 \\
D_i &= 2 \times r \times \arcsin(\sqrt{h})
\end{aligned}\right\} \qquad (5.3.4)$$

式中，$(\varphi_{\text{GNSS}}, l_{\text{GNSS}})$ 和 $(\varphi_{\text{ERA5}_i}, l_{\text{ERA5}_i})$ 分别表示 GNSS 站点与 ERA5 上四个网格点的经度和纬度；r 表示地球半径（km）。数据相关性（相关系数）R_i 由四个连续共有历元数据计算得到，计算公式如下：

$$\left.\begin{aligned}
R_i &= \frac{E\{[A - E(A)][B_i - E(B_i)]\}}{\sqrt{V(A)} \cdot \sqrt{V(B_i)}} \\
A &= \{\text{PWV}_{\text{GNSS}}(t_m - 1), \text{PWV}_{\text{GNSS}}(t_m), \text{PWV}_{\text{GNSS}}(t_n), \text{PWV}_{\text{GNSS}}(t_n + 1)\} \\
B_i &= \{\text{PWV}_{\text{ERA5}_i}(t_m - 1), \text{PWV}_{\text{ERA5}_i}(t_m), \text{PWV}_{\text{ERA5}_i}(t_n), \text{PWV}_{\text{ERA5}_i}(t_n + 1)\}
\end{aligned}\right\} \qquad (5.3.5)$$

式中，$V(x)$ 表示方差。

联合空间距离和数据相关性的权值计算方法如下：

$$\omega_i = \frac{1/(1 - R_i) \times D_i}{\displaystyle\sum_{i=1}^{4}\left[\frac{1}{(1 - R_i) \times D_i}\right]} \qquad (5.3.6)$$

（2）双数据集的比例系数计算。

比例系数 v_i 表示不同数据源 PWV 的相对变化比值。根据假设，两种数据源 PWV 在邻近历元的比例系数恒定，其计算方法如下：

$$v_i(t_k) = \frac{\text{PWV}_{\text{GNSS}}(t_k) - \text{PWV}_{\text{ERA5}_i}(t_k)}{\text{PWV}_{\text{ERA5}_i}(t_k)} \qquad (5.3.7)$$

（3）时间加权的最终填补值计算。

对各个网格数据重复上述步骤，加权组合两个填补值 $\mathrm{PWV}_{\mathrm{GNSS}_i}^{m}(t_p)$ 和 $\mathrm{PWV}_{\mathrm{GNSS}_i}^{n}(t_p)$ 后得到 t_p 历元最终 PWV，公式如下：

$$\mathrm{PWV}_{\mathrm{GNSS}}(t_p)=\sum_{i=1}^{4}T_i^m\times\mathrm{PWV}_{\mathrm{GNSS}_i}^{m}(t_p)+T_i^n\times\mathrm{PWV}_{\mathrm{GNSS}_i}^{n}(t_p) \tag{5.3.8}$$

式中，T_i^m 和 T_i^n 表示根据公共时刻间的网格数据变化幅度计算的时间权重，即

$$T_i^k=\frac{1/\left|\mathrm{PWV}_{\mathrm{ERA5}_i}(t_k)-\mathrm{PWV}_{\mathrm{ERA5}_i}(t_p)\right|}{\sum_{k=m,n}\left(1/\left|\mathrm{PWV}_{\mathrm{ERA5}_i}(t_k)-\mathrm{PWV}_{\mathrm{ERA5}_i}(t_p)\right|\right)} \tag{5.3.9}$$

5.3.3　案例分析

1. 实验区域和数据介绍

通过对 CMONOC 提供的 249 个站点 1h 分辨率的 PWV 数据集进行分析，最终选取实验区域（24°～44°N，95°～120°E）2013～2016 年多个 GNSS 站点和对应 ERA5 数据为例对提出的方法进行验证，其中参与实验的 GNSS 数据平均缺失率仅为 1.3%，GNSS 站点地理分布如图 5.3.2 所示。选择常用的线性插值（LI）和周期模型（PM）填补方法与本节提出的 STW 方法进行对比。

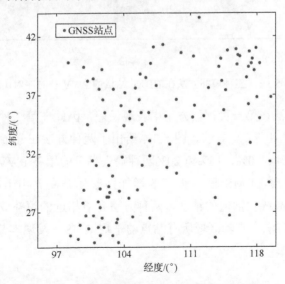

图 5.3.2　实验选用的 GNSS 站点的地理分布图

2. 数据缺失填补场景评估

由于水汽存在季节周期性，模拟实验的数据缺失需要在时间上尽量均匀分布，然后再考虑缺失和间隔的随机性。因此，本部分设计了日分辨率和小时分辨率两种评估方案，按每月随机隐藏 5%、10%、15% 和 20% 的数据进行实验。第一种是日分辨率评估方案，以最高数据缺失率 20% 的数据条件为例，利用三种方法（LI、PM 和 STW）对缺失数据进行填补。图 5.3.3 给出了三种填补方法在 HBXF 站点上 PWV 长时序的填补对比图。由图可以看出，PM 方法只能保留 PWV 序列的长期趋势，而本节介绍的 STW 方法计算的 PWV 较其他方法更接近实际值。统计结果显示，PM、LI 和 STW 方法的 RMS 分别是 2.87mm、1.98mm 和 1.68mm。

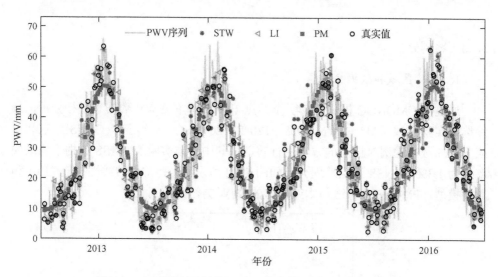

图 5.3.3　三种填补方法在 HBXF 站点的 PWV 长时序对比图

由于 PM 方法在第一种评估方案中表现最差，因此在第二种小时分辨率的评估方案仅对比 LI 和 STW 方法。图 5.3.4 给出了两种方法在分布均匀的 GNSS 测站（24 个）上 5%、10%、15% 和 20% 四种缺失率下的填补 PWV 时序的 RMS 分布。由图可以看出，RMS 随缺失率的增加而整体升高。由于高分辨率的时间信息可以极大提高线性插值的精度，两种方法有着相近的填补效果。但通过统计（表 5.3.1）两种方法在实验区域所有站点的平均 RMS，发现本节介绍的 STW 方法略优于 LI 方法。

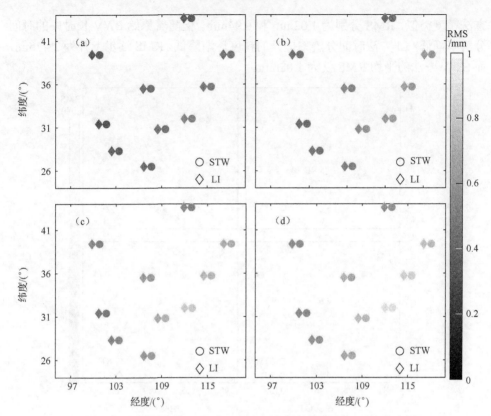

图 5.3.4　不同缺失率下 LI 与 STW 方法在实验区域的 RMS 分布图

(a)～(d)分别为缺失率 5%、10%、15%和 29%

表 5.3.1　不同缺失率条件下 LI 与 STW 方法在实验区域的平均 RMS 统计表

（单位：mm）

缺失率	5%	10%	15%	20%
LI	0.25	0.36	0.44	0.52
STW	0.20	0.30	0.40	0.49

3. 时间分辨率提升场景评估

原始 GNSS PWV 序列等间隔填补可以提升数据的时间分辨率。将 1h 的 PWV 实验数据抽稀为 3h、6h、12h 和 24h 四种原始时间分辨率后，利用 LI 和 STW 方法将其等间隔重采样为 1h 分辨率的 PWV 时序，设置提升尺度为 3h-1h、6h-1h、12h-1h 和 24h-1h。图 5.3.5 给出了 LI 与 STW 方法在不同提升尺度下填补 PWV 的站点 RMS 空间对比图。由图可以看出，LI 方法受时间分辨率提升尺度的影响严重，而 STW 在四种提升尺度下均具有稳定的精度。表 5.3.2 给出了两种方法在所有 GNSS 站点上的 RMS 统计结果，发现在 3h-1h 的时间分辨率提升实验中，两种方法精度类似，RMS 分别为 1.02mm 和 0.94mm。但随着原始 PWV 长时序的时间分辨率降低，LI 方法时间分辨率提升的精度逐渐降低，RMS 逐步上升为 2.47mm，而 STW 方法的平均 RMS 仅为 1.08mm。

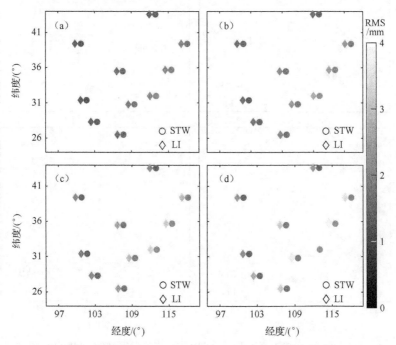

图 5.3.5　不同提升尺度下 LI 与 STW 方法在实验区域的 RMS 空间对比图

（a）3h-1h；（b）6h-1h；（c）12h-1h；（d）24h-1h

表 5.3.2　不同提升尺度下 LI 与 STW 方法在实验区域的平均 RMS 统计表（单位：mm）

提升尺度	3h-1h	6h-1h	12h-1h	24h-1h
LI	1.02	1.42	1.90	2.47
STW	0.94	1.05	1.07	1.08

5.4　双步 PWV 融合模型

5.4.1　高精度高时空分辨率水汽反演现状及缺陷

　　兼顾高精度和高时空分辨率的水汽产品是 PWV 应用的理想数据集。然而，现有单一水汽探测技术无法同时获取高精度、高时空分辨率的 PWV 数据集，多源水汽融合技术逐渐成为实现该目标的理想选择。在现有高精度、高时空分辨率水汽反演方面，相关研究根据水汽融合表达式分为显式和隐式两种反演方法，如已有的定阶克里金空间统计数据融合方法（Alshawaf et al., 2015）、城市级高斯过程融合模型（Yao et al., 2018）、大区域球冠谐和 Helmert 方差分量自适应定权融合方法（Zhang et al., 2019）、高山地区的增强型自适应反射率时空融合模型（Li et al., 2020）均属于显式水汽融合方法的范畴，但上述方法受到研究区域尺度、空间特征和融合数据源选取等多方面的限制，且没有解决兼顾时空分辨率的 PWV 反演难题。5.3 节介绍了一种显式的高精度高空间分辨率水汽融合方法，本节在前期基础上，进一步介绍一种可兼顾时空分辨率和精度的双步 PWV 融合（two-step PWV fusion，TPF）方法，以先"空间"后"时间"分步融合的思路，实现高精度高时空分辨率水汽融合反演。

5.4.2　TPF 方法基本原理

　　TPF 方法主要由两步组成，第一步是整体方法的精度保证，使用 5.3 节提出的 HPFM 方法融合 GPT2w、ERA-Interim 和 GNSS 的 PWV 数据，生成区域的 PWV 数据集，并将其作为第二步时空融合模型（spatial and temporal fusion model，STFM）方法的精细分辨率输入信息。此外，将利用 GNSS PWV 重采样后的高时间分辨率水汽信息作为粗分辨率的输入图像，TPF 方法的具体算法流程如图 5.4.1 所示。本节以输入参数 t_m 和 t_n 两个时刻的两组精细、粗分辨率数据以及待融合时刻 t_p 的粗分辨率数据为例，重点介绍 STFM 方法的具体步骤。

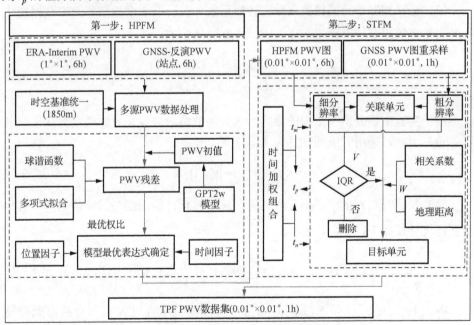

图 5.4.1　TPF 方法的具体算法流程图

IQR-四分位间距；W-权重；V-比例系数

（1）在 GPT2w 模型中分离 PWV 的线性趋势后，联合模型表达与自适应定权的方式进行空间域融合。该方法采用 5.2 节介绍的 HPFM，生成的 TPF PWV 数据集作为 STFM 的输入数据。

（2）考虑数据时空关联和数据差异，构建（1）中输出的 PWV 数据集和 GNSS PWV 提供的高时间分辨率水汽间的函数映射关系。

搜索邻近的相似单元：搜索与目标位置相似的单元，为融合后的目标单元的 PWV 数值提供需要的时空信息。本小节选用窗口半径（w）为 100km 的圆形窗口，在精细分辨率数据中确定目标网格的相似单元。

确定相似单元的权值：根据地理距离和数据相关性确定相似单元的权值，以此衡量相似单元对目标单元的影响程度。其中，第 i 个相似单元（x_i, y_i）与目标单元（$x_{w/2}, y_{w/2}$）间的地理距离 d_i 的计算方法如下：

$$d_i = \frac{\sqrt{\left(x_{w/2} - x_i\right)^2 + \left(y_{w/2} - y_i\right)^2}}{w/2} + 1 \tag{5.4.1}$$

归一化后的地理距离不受滑动窗口大小的影响，距离范围、数据相关性和空间权值 ω_i 计算方式同 5.2 节。

（3）计算相似单元的转换系数。转换系数 v_i 表示第 i 个相似单元的数据变化与对应位置的粗分辨率数据变化之比，计算方法如下：

$$v_i = \frac{F_{t_m}(x_i, y_i) - F_{t_n}(x_i, y_i)}{C_{t_m}(x_i, y_i) - C_{t_n}(x_i, y_i)} \tag{5.4.2}$$

由于实验中粗分辨率数据的原始形式为离散型，转换系数的确定无法依赖邻近单元。因此，采用 IQR 准则去除系数粗差。

$$v < 3 \times \left(\left|v_{25\%}\right| + \left|v_{75\%}\right|\right)/2 \tag{5.4.3}$$

（4）预测时刻 t_p 的中心单元值计算。预测时刻 t_p 的精细分辨率数据的中心单元值计算公式如下：

$$F_k(x_{w/2}, y_{w/2}, t_p) = F(x_{w/2}, y_{w/2}, t_k) + \sum_{i=1}^{N} \omega_i \times v_i \times [C(x_i, y_i, t_p) - C(x_i, y_i, t_k)] \tag{5.4.4}$$

将 $F_m(x_{w/2}, y_{w/2}, t_p)$ 和 $F_n(x_{w/2}, y_{w/2}, t_p)$ 两种预测结果经过加权组合后得到最终预测时刻 t_p 的中心单元值 $F(x_{w/2}, y_{w/2}, t_p)$。

5.4.3　案例分析

1. 实验区域和数据介绍

选取实验区域（21°~29°N，97°~106°E）2016 年的 GNSS、ERA-Interim 和 ERA5 数据验证本节介绍 TPF 方法的有效性，所选数据的详细信息见表 5.4.1。为减少边界效应和降低运算成本，TPF 方法中 HPFM 和 STFM 的研究区域逐步缩小，分别为图 5.4.2 中的实验和小矩形框区域（23.5°~25.5°N，99.5°~104.0°E）。实验区域的地理位置和所有数据点的分布如图 5.4.2 所示。

表 5.4.1　实验选用 PWV 数据的详细信息统计表

PWV 数据（数据点个数）	年份	空间分辨率	时间分辨率/h	数据范围
GNSS（27）	2016	站点	1	实验区域
ERA-Interim（37）	2016	1°×1°	6	实验区域
ERA5（171）	2016	0.25°×0.25°	1	23.5°~25.5°N 99.5°~104.0°E

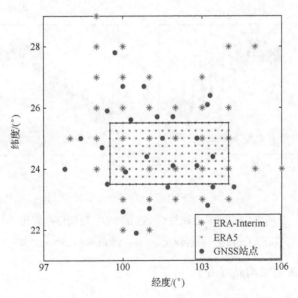

图 5.4.2　实验区域的地理位置和选用的数据分布图

2. TPF 方法的时序精度分析

TPF 方法获取的 PWV 由 STFM 融合 HPFM 获取的 PWV 和 GNSS PWV 得到，其中 GNSS PWV 是使用 22 个 GNSS 站点重采样的二维 PWV 图。位于小矩形区域内的剩余 5 个 GNSS 站（KMIN、YNCX、YNJD、YNLC 和 YNTH）用于比较。图 5.4.3 给出了 TPF 方法在四个 GNSS 站点（KMIN、YNCX、YNJD 和 YNLC）反演的 PWV 时序对比图，站点高度分别为 1986.2m、1785.3m、1244.6m 和 1559.5m。由图可以看出，TPF 方法生成的小时分辨率 PWV 与 GNSS 具有良好的一致性。以KMIN 站为例，TPF 方法和 GNSS 的 PWV 差值在夏季达到最大值，为 10.59mm，偏差为-1.31mm。冬季的 PWV 平均差值仅为 0.90mm，偏差为 0.10mm。2016 年整年 TPF 方法获取 PWV 的平均 RMS、MAE 和偏差分别为 2.01mm、1.59mm 和0.09mm。

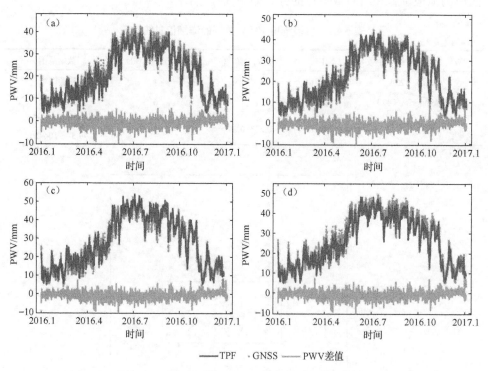

图 5.4.3　TPF 方法与 GNSS 的 PWV 时间序列对比

（a）KMIN 站；（b）YNCX 站；（c）YNJD 站；（d）YNLC 站

3. TPF 方法的空间精度分析

使用独立空间分辨率（0.25°×0.25°）的 ERA5 网格 PWV 作为参考，对本节提出的 TPF 方法的空间表现进行分析。图 5.4.4 给出了不同季节 TPF 方法获取 PWV与验证数据的面状 PWV 均值及其差值对比。由图可以看出，TPF 方法获取 PWV与 ERA5 在整个研究区的四季分布相似。PWV 均值遵循纬度分布模式，并显示出季节性周期，夏季的 PWV 高，冬季 PWV 偏低。同时，PWV 受到地形影响，在高海拔地区的 PWV 较低,而低海拔地区的 PWV 较高。统计结果显示,TPF 方法在四个季节的平均 RMS 和偏差分别是 1.75mm、1.70mm、1.63mm、1.22mm 和 -0.25mm、0.20mm、-0.13mm、-0.34mm。

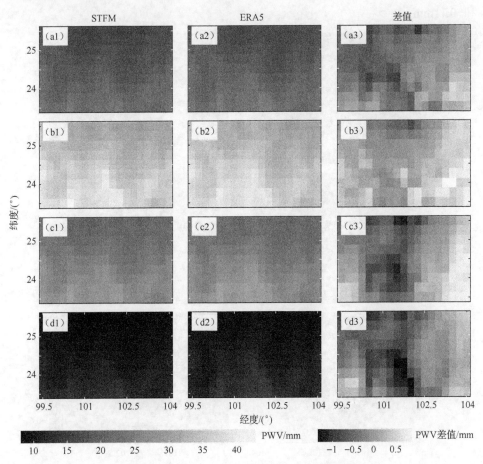

图 5.4.4　TPF-PWV 在四个季节的均值与差值分布

(a1) ～ (d1) 依次为 STFM-PWV 在春、夏、秋、冬季的均值;(a2) ～ (d2) 依次为 ERA5-PWV 在春、
夏、秋、冬季的均值;(a3) ～ (d3) 依次为 TPF-PWV 与 ERA5-PWV 在春、夏、秋、冬季的差值

4. 降水期间 TPF 方法性能分析

TPF 方法在不同天气条件下的性能评估主要针对区域降水情况,根据 ERA5 提供的小时降水量数据判断图 5.4.2 中框选区域的降水和非降水事件。数据显示该区域内过半时段发生降水,最大的降水比例超过 65%。此外,年降水量平均 1000mm,最大值超过 2000mm。图 5.4.5 给出了降水期和无降水期 TPF 方法与 ERA5 获取 PWV 的 RMS、MAE 和偏差的空间分布。由图可以看出,TPF 方法在降水期的

RMS 和 MAE 明显大于无降水期，偏差则在降水期更平稳。表 5.4.2 统计了 TPF 方法在降水期和无降水期的精度统计结果，发现 TPF 方法在降水期的平均 RMS、MAE 和偏差（1.64mm、1.27mm 和-0.22mm）均劣于无降水期（1.45mm、1.13mm 和-0.11mm）。

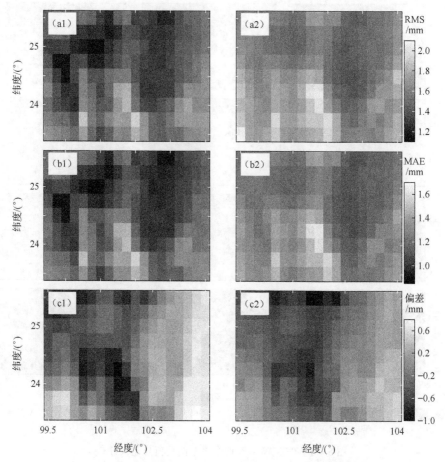

图 5.4.5　TPF 方法获取 PWV 的 RMS、MAE 和偏差的空间分布

（a1）RMS，无降水期；（a2）RMS，降水期；（b1）MAE，无降水期；
（b2）MAE，降水期；（c1）偏差，无降水期；（c2）偏差，降水期

表 5.4.2　TPF 方法在降水期和无降水期的精度统计表　（单位：mm）

精度指标	无降水期	降水期
RMS	1.45[1.13,1.95]	1.64[1.40,2.06]
MAE	1.13[0.87,1.58]	1.27[1.09,1.66]
偏差	-0.11[-0.97,0.79]	-0.22[-0.92,0.53]

注：表中数据为平均值［最小值，最大值］。

　　本章主要针对高精度、高时空分辨率的 PWV 数据融合关键技术进行详细介绍，按照站点高精度 PWV 反演、高空间分辨率 PWV 获取、PWV 长时序缺失信息填补、高时空分辨率 PWV 融合反演的思路，从"点"到"面"，再到"时"，最后到"时空"的方式进行详细介绍。具体如下：①针对站点高精度 PWV 反演方法，介绍了基于非气象参数小时分辨率的 PWV 获取方法；②针对高精度高空间分辨率水汽获取问题，介绍了联合多源数据的混合 PWV 融合模型；③针对 PWV 长时序中存在异常和缺失的现状，介绍了外部数据辅助的 PWV 长时序填补方法，实现高精度高时间分辨率水汽时序获取；④针对单一技术无法同步获取高精度高时空分辨率水汽信息的现状，介绍了基于显性表达式的水汽融合反演方法。本章内容对于获取连续、高精度、高分辨率的 PWV 数据集具有重要的指导和借鉴意义。

参 考 文 献

曹寿凯, 魏加华, 乔禛, 等, 2021. 地基 GPS 的大气可降水量反演精度验证[J]. 南水北调与水利科技, 19(3): 520-527.

刘焱雄, 陈永奇, 1999. 地基 GPS 技术遥感香港地区大气水汽含量[J]. 武汉测绘科技大学学报, (3): 245-248.

ALSHAWAF F, FERSCH B, HINZ S, et al., 2015. Water vapor mapping by fusing InSAR and GNSS remote sensing data and atmospheric simulations[J]. Hydrology and Earth System Sciences, 19(12): 4747-4764.

BEVIS M, BUSINGER S, HERRING T A, et al., 1992. GPS meteorology: Remote sensing of atmospheric water vapor using the global positioning system[J]. Journal of Geophysical Research: Atmospheres, 97(D14): 15787-15801.

CAMPANELLI M, LUPI A, NAKAJIMA T, et al., 2010. Summertime columnar content of atmospheric water vapor from ground-based Sun-sky radiometer measurements through a new in situ procedure[J]. Journal of Geophysical Research: Atmospheres, 115(D19): 1-14.

CHEN B, LIU Z, 2016. Global water vapor variability and trend from the latest 36 year (1979 to 2014) data of ECMWF and NCEP reanalyses, radiosonde, GPS, and microwave satellite[J]. Journal of Geophysical Research: Atmospheres, 121(19): 442-462.

ELGERED G, DAVIS J L, HERRING T A, et al., 1991. Geodesy by radio interferometry: Water vapor radiometry for estimation of the wet delay[J]. Journal of Geophysical Research: Solid Earth, 96(B4): 6541-6555.

EMARDSON T R, JOHANSSON J M, 1998. Spatial interpolation of the atmospheric water vapor content between sites in a ground-based GPS network[J]. Geophysical Research Letters, 25(17): 3347-3350.

GARRIDO C, TOLEDO F, DIAZ M, et al., 2021. Automated low-cost LED-based sun photometer for city scale distributed measurements[J]. Remote Sensing, 13(22): 4585.

LI X, LONG D, 2020. An improvement in accuracy and spatiotemporal continuity of the MODIS precipitable water vapor product based on a data fusion approach[J]. Remote Sensing of Environment, 248: 111966.

LI Z, FIELDING E J, CROSS P, et al., 2006. Interferometric synthetic aperture radar atmospheric correction: GPS topography-dependent turbulence model[J]. Journal of Geophysical Research: Solid Earth, 111(B2): 1-12.

MANANDHAR S, LEE Y H, DEV S, 2016. GPS derived PWV for rainfall monitoring[C]. Beijing: 2016 IEEE International Geoscience and Remote Sensing Symposium (IGARSS).

NING T, WICKERT J, DENG Z, et al., 2016. Homogenized time series of the atmospheric water vapor content obtained from the GNSS reprocessed data[J]. Journal of Climate, 29 (7): 2443- 2456.

SAASTAMOINEN J, 1972. Atmospheric correction for the troposphere and stratosphere in radio ranging satellites[J]. The Use of Artificial Satellites for Geodesy, 15: 247-251.

WANG X, ZHANG K, WU S, et al., 2018. The correlation between GNSS-derived precipitable water vapor and sea surface temperature and its responses to El Niño-Southern Oscillation[J]. Remote Sensing of Environment, 216: 1-12.

WEI J, LI Z, CRIBB M, et al., 2020. Improved 1 km resolution PM 2.5 estimates across China using enhanced space-time extremely randomized trees[J]. Atmospheric Chemistry and Physics, 20(6): 3273-3289.

XU W B, LI Z W, DING X L, et al., 2011. Interpolating atmospheric water vapor delay by incorporating terrain elevation information[J]. Journal of Geodesy, 85(9): 555-564.

YAO Y, XU X, HU Y, 2018. Establishment of a regional precipitable water vapor model based on the combination of GNSS and ECMWF data[J]. Atmospheric Measurement Techniques Discussions, 227: 1-21.

YUAN Y, ZHANG K, ROHM W, et al., 2014. Real-time retrieval of precipitable water vapor from GPS precise point positioning[J]. Journal of Geophysical Research: Atmospheres, 119(16): 10044-10057.

ZHANG B, YAO Y, XIN L, et al., 2019. Precipitable water vapor fusion: An approach based on spherical cap harmonic analysis and Helmert variance component estimation[J]. Journal of Geodesy, 93(12): 2605-2620.

ZHANG W, LOU Y, HAASE J S, et al., 2017. The use of ground-based GPS precipitable water measurements over China to assess radiosonde and ERA-Interim moisture trends and errors from 1999 to 2015[J]. Journal of Climate, 30(19): 7643-7667.

ZHU D, ZHANG K, YANG L, et al., 2021. Evaluation and calibration of MODIS near-infrared precipitable water vapor over China using GNSS observations and ERA-5 reanalysis dataset[J]. Remote Sensing, 13(14): 2761.

第6章 GNSS 辅助遥感卫星的
PWV 反演关键技术

在面状水汽信息获取方面，可利用多源数据融合方法或智能算法（机器学习、深度学习等），以 GNSS 数据为主导反演面状高质量水汽产品。此外，随着遥感卫星水汽探测技术的发展，尽管探测的水汽精度劣于 GNSS 水汽探测技术，但其具有高空间分辨率的优势。因此，除数据融合方式外，如何基于站点高精度的 PWV 信息辅助改善卫星遥感技术获取水汽产品，是一个较为重要的研究方向。然而，目前基于站点 GNSS 辅助遥感水汽探测技术的研究并不多见，本章通过对现有相关研究进行分析和总结，以站点 GNSS 水汽为基准，针对现有利用遥感卫星 L1 级通道数据反演水汽时采用经验模型系数的缺陷，介绍一种 GNSS 辅助风云三号（FY-3）卫星 L1 通道数据的 PWV 反演方法。此外，针对遥感卫星 L2 级水汽产品精度较低的现状，介绍一种基于 GNSS PWV 校正风云三号 L2 级水汽产品的方法，提高现有遥感卫星探测水汽产品的质量和可用性。

6.1 GNSS 辅助 MERSI/FY-3A L1 数据的
PWV 反演方法

6.1.1 遥感卫星水汽反演现状

天基遥感技术可以提供高空间分辨率和合理时间分辨率的全球范围水汽观测，是大尺度水汽观测的有效途径之一。根据不同波长水汽反演可分为近红外、热红外和微波等方法。其中，利用近红外通道数据反演的水汽可反映整个大气垂直剖面中水汽的整体性质，较其他波长反演的水汽具有更高的精度。因此，利用遥感卫星近红外通道数据反演水汽逐渐成为近年来的研究热点。相关研究利用 MODIS（He and Liu，2020）、MERSI（He and Liu，2021）等进行了 PWV 反演，其精度在 6～8mm。利用遥感技术的 PWV 反演过程中，大气透过率是一个重要的计算参数，其主要计算方法包括两通道和三通道（Gao et al.，2003），过去研究通常使用辐射传输模型模拟进行水汽计算（Kaufman et al.，1992），然后通过大气透过率代码计算查找表将近红外通道观察到的透过率转换为水汽含量。但上述方法存在大气透过率参数低估、水汽与大气透过率回归系数经验选取误差等缺陷。近年来，相关研究尝试将 GNSS PWV 引入遥感卫星的 PWV 反演中，通过改进水汽与大气透过率回归系数经验选取（He and Liu，2019）、大气透过率参数低估（He and Liu，2020）、透过率方差的错误计算（He and Liu，2021）等，进一步提高遥感卫星反演水汽的质量。现有方法未考虑季节与高程因素对近红外通道水汽反演的影响，导致 GNSS PWV 未能较好地应用到卫星水汽反演中。

　　本节针对现有遥感卫星水汽反演现状，提出一种 GNSS 辅助风云三号卫星 MERSI 近红外通道的 PWV 反演方法，该方法主要利用差分吸收法计算大气透过率，同时引入 GNSS PWV 数据结合大气透过率反演水汽，克服依赖经验查找表反演水汽精度较低的缺陷。

6.1.2　GNSS 辅助 MERSI/FY-3A L1 数据反演 PWV 基本原理

　　针对现有 FY-3 系列卫星 L1 数据反演水汽存在的缺陷，提出一种 GNSS 辅助 MERSI/FY-3A L1 数据的高精度 PWV 反演算法。首先，该算法的核心是引入 GNSS PWV 数据，精确估计 PWV 和大气透过率的模型回归系数；其次，顾及季节因素对大气水汽含量的影响，分季节构建更加精确的模型回归系数；最后，考虑地表高程与大气水汽具有强相关特性，引入 DEM 对反演的 PWV 进行偏差修正，得到更准确的反演结果。该算法主要包括两部分：第一部分为数据预处理，包括利用云掩模对 L1 数据去云处理和 GNSS PWV 与 MERSI/FY-3A L1 数据时空匹配。第二部分为 GNSS 辅助 MERSI/FY-3A L1 数据的 PWV 反演。图 6.1.1 给出了 GNSS 辅助 MERSI/FY-3A L1 数据的 PWV 反演流程。

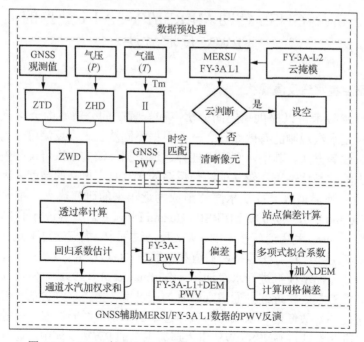

图 6.1.1　GNSS 辅助 MERSI/FY-3A L1 数据的 PWV 反演流程

GNSS 辅助 MERSI/FY-3A L1 数据水汽反演方法具体步骤如下。

1）风云数据去云处理

由于云具有高反射率和低亮温的特点（胡树贞等，2013），与清晰像元记录结果存在很大差异，因此首先利用风云卫星产品中 Cloud_Mask 属性对有云的 L1 数据去云处理。Cloud_Mask 属性是一个由 6 字节组成的整型数组，内容按 bit 存放，Cloud_Mask 存放的是第 0～7bit，通过 bit 二进制转换得到对应网格的云掩模数据。表 6.1.1 给出了 MERSI 云检测数组 bit 存放内容。

表 6.1.1　MERSI 云检测数组 bit 存放内容具体说明

bit	存储内容意义描述	结果说明
0	云检测标识	0=未经检测 1=已检测
1～2	可靠性标识	00=云 01=可能云 10=可能晴空 11=晴空
3	白天/夜间标识	0=夜间/1=白天
4	太阳耀斑标识	0=是/1=否
5	下垫面冰/雪标识	0=是/1=否
6～7	水陆标识	00=水体 01=海岸线 10=沙漠 11=陆地

2）GNSS PWV 数据预处理

GNSS PWV 数据预处理主要是与 MERSI/FY-3A L1 数据的时空匹配问题，由于 GNSS PWV 与 FY-3A 过境时间不完全同步，需按照一定的原则进行时空匹配。选取的时空匹配原则：时间差小于 30min，距离差小于 0.15°，便于消除单一像元不确定性引起的误差，同时保证录入空间匹配范围内清晰像元个数大于总像元个数的一半。

3）基于 MERSI/FY-3A L1 数据的大气透过率计算

近红外通道大气透过率计算方法主要包括两通道比值法和三通道比值法，前者适用于两个通道地物反射波谱相等且其地面反射率在近红外波段线性变化的情况（赵有兵等，2008），后者适用于复杂地表类型与混合光谱地表，其增加了一个大气窗口，有利于消除地表类型的影响（He and Liu，2021）。三通道比值法进行大气透过率计算具体公式如下：

$$T_i = \frac{\rho_i}{C_1 \rho_{16} + C_2 \rho_{20}} \qquad (6.1.1)$$

式中，T_i 为三通道比值透过率；ρ_i 为 MERSI 传感器三个水汽吸收通道（i=17、18、19）的地表反射率；ρ_{16} 与 ρ_{20} 为 MERSI 传感器两个窗口通道的地表反射率；C_1 与 C_2 分别为 0.8 与 0.2（He and Liu，2021）。

4）顾及 GNSS PWV 和季节约束的回归系数拟合

由于水汽存在较强的季节性（赵庆志等，2022），进一步考虑季节因素介绍一种顾及 GNSS PWV 和季节约束的回归系数拟合模型。

大气透过率与 PWV 的指数关系式如下（Kaufman et al.，1992）：

$$T_i = \exp(\alpha - \beta \sqrt{\mathrm{PWV}_i}) \qquad (6.1.2)$$

式中，T_i 为大气透过率；α 与 β 为函数拟合系数；PWV_i 为基于第 i 通道计算的 PWV。利用该指数关系和三通道的大气透过率数据可计算 α 和 β，将高精度的 GNSS PWV 作为回归系数模型并顾及季节因素对参数进行估计，具体公式如下：

$$\sqrt{\mathrm{PWV}_{\mathrm{Season}}^{\mathrm{GNSS}}} = b_1 + b_2 \cdot \ln(\rho_i / T) \qquad (6.1.3)$$

式中，$\mathrm{PWV}_{\mathrm{Season}}^{\mathrm{GNSS}}$ 为 GNSS 测站提供不同季节的 PWV；$T = 0.8 \times \rho_{16} + 0.2 \times \rho_{20}$；$b_1$、$b_2$ 为模型拟合系数。图 6.1.2 给出了 2013 年与 2014 年 GNSS PWV 与 MERSI/FY-3A L1 三通道大气透过率在四个季节的散点分布，由图可以看出不同季节三通道大气透过率模型不同，进一步证实顾及季节因素估计回归系数的重要性。

5）三通道水汽含量计算及水汽加权求和

利用估计的拟合系数计算区域各网点上不同通道的 PWV，具体公式如下：

$$\mathrm{PWV}_i = \left[\frac{\alpha - \ln(\rho_i / T)}{\beta} \right]^2 \qquad (6.1.4)$$

式中，PWV_i 为第 i 通道水汽含量；$\alpha = -b_1 / b_2$；$\beta = -1/b_2$。

MERSI 传感器的三个近红外吸收通道对水汽的敏感度不同。因此，需根据吸收通道中水汽引起的辐射衰减的大小确定其权重（He and Liu，2021），并通过多个通道水汽加权平均计算最终水汽含量。具体公式如下（Kaufman et al.，1992）：

$$\eta_i = \left| \frac{\mathrm{d}T_i}{\mathrm{d}\mathrm{PWV}_i} \right| = 0.5 \beta T_i / \sqrt{\mathrm{PWV}_i} \qquad (6.1.5)$$

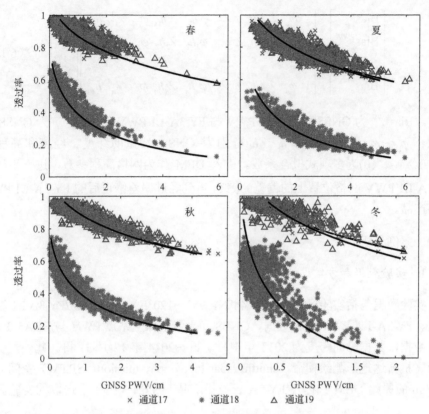

图 6.1.2　GNSS PWV 与 MERSI/FY-3A L1 三通道大气透过率的季节散点分布图

式中，η_i 为第 i 个通道的水汽权重，归一化后的权重为

$$f_i = \frac{\eta_i}{\eta_{17} + \eta_{18} + \eta_{19}} \tag{6.1.6}$$

式中，f_i 为归一化后第 i 个通道的水汽权重。因此，利用 MERSI/FY-3A L1 通道数据反演的最终 PWV 为

$$\text{PWV}_{\text{L1}} = f_{17}\text{PWV}_{17} + f_{18}\text{PWV}_{18} + f_{19}\text{PWV}_{19} \tag{6.1.7}$$

式中，PWV_{L1} 为 GNSS 辅助 MERSI/FY-3A L1 数据反演的水汽含量。

6）顾及 DEM 的 FY-3A-L1 PWV 偏差校正

由于水汽与高程存在密切关系，进一步引入 DEM 数据，以 GNSS PWV 为基准对 FY-3A-L1 PWV 进行偏差校正。首先计算 GNSS 站点对应 PWV 与 FY-3A-L1 PWV 的偏差，并构建站点位置上的多元二次多项式，拟合得到对应模型系数。

$$
\begin{bmatrix} \mathrm{Bias}_1^{\mathrm{PWV}} \\ \mathrm{Bias}_2^{\mathrm{PWV}} \\ \vdots \\ \mathrm{Bias}_n^{\mathrm{PWV}} \end{bmatrix} = \begin{bmatrix} 1 & \varphi_1 & \lambda_1 & h_1 & \varphi_1\lambda_1 & \varphi_1 h_1 & \lambda_1 h_1 & \varphi_1^2 & \lambda_1^2 & h_1^2 \\ 1 & \varphi_2 & \lambda_2 & h_2 & \varphi_2\lambda_2 & \varphi_2 h_2 & \lambda_2 h_2 & \varphi_2^2 & \lambda_2^2 & h_2^2 \\ \vdots & \vdots & \vdots & \vdots & \vdots & \vdots & \vdots & \vdots & \vdots & \vdots \\ 1 & \varphi_n & \lambda_n & h_n & \varphi_n\lambda_n & \varphi_n h_n & \lambda_n h_n & \varphi_n^2 & \lambda_n^2 & h_n^2 \end{bmatrix} \begin{bmatrix} a_1 \\ a_2 \\ \vdots \\ a_{10} \end{bmatrix}
\tag{6.1.8}
$$

式中，$\mathrm{Bias}_n^{\mathrm{PWV}}$ 为 GNSS 站点对应 PWV 与 FY-3A-L1 PWV 的偏差；n 为 GNSS 站点数；$\varphi_1 \sim \varphi_n$、$\lambda_1 \sim \lambda_n$ 和 $h_1 \sim h_n$ 分别为 GNSS 站点的纬度、经度和高程；$a_i\,(i=1,2,\cdots,10)$ 为多项式拟合系数。引入 DEM 作为网格高程参数，进一步计算 FY-3A-L1 PWV 网格位置上的偏差。最终，得到经过偏差修正后的 FY-3A-L1 PWV 网格产品。

6.1.3　案例分析

1. 实验数据和方案设计

实验数据包括实验区域（24°～44°N，95°～120°E）的 MERSI/FY-3A L1 波段数据、FY-3A-L2 PWV 网格数据、GNSS 和无线电探空站点 PWV 与 ERA5 PWV 网格数据，数据时间跨度为 2013 年 1 月 1 日～2014 年 12 月 31 日。此外，引入航天飞机雷达地形测绘使命（shuttle radar topography mission，SRTM）空间分辨率 90m 的原始 DEM 数据及 FY-3A 云掩模产品。图 6.1.3 给出了选取的实验区域

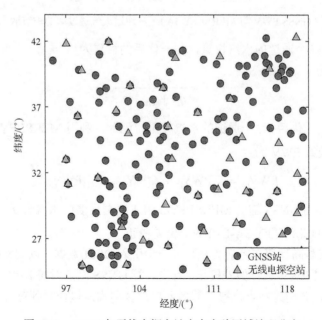

图 6.1.3　GNSS 与无线电探空站点在实验区域地理分布

GNSS 站和无线电探空站的地理分布。实验数据具体信息见表 6.1.2。本案例设计三种方案进行对比，其中，方案 1 为传统 FY-3A-L2 PWV 产品精度分析，方案 2 为本节提出的 GNSS 辅助 FY-3A-L1 水汽反演算法计算的 PWV 精度分析，方案 3 为在方案 2 的基础上引入 DEM 的偏差校正后的 PWV 精度分析。

表 6.1.2　实验选取数据的具体信息

数据类型	时间分辨率	空间分辨率
GNSS	1h	站点
无线电探空仪	12h	站点
MERSI/FY-3A L1	5min	1 km×1 km
FY-3A-L2 PWV	5min	1 km×1 km
ERA5	1 个月	0.25°×0.25°

2. 分季节建模优势分析

为了验证分季节建模对模型系数拟合的合理性，以 2013～2014 年无线电探空站点 PWV 为参考，分别对分季节和不分季节的 FY-3A-L1 PWV 进行反演实验，图 6.1.4 给出了两种情况下四个季节的泰勒图，选取平均标准偏差（SD）、相关系数（correlation coefficient，CC）和 RMS 进行评价。由图 6.1.4 可以看出分季节与不分季节建模反演水汽在春秋季节相差不大，但在夏冬季节分季节建模效果更好，这是因为相对于不分季节的方案，分季节的方案在春秋季节水汽吸收通道的透过率量级基本一致，而在夏冬季节两者的透过率量级相差较大，进一步说明分季节构建模型对提高水汽反演精度具有很大作用。

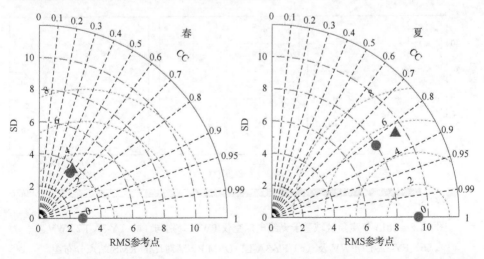

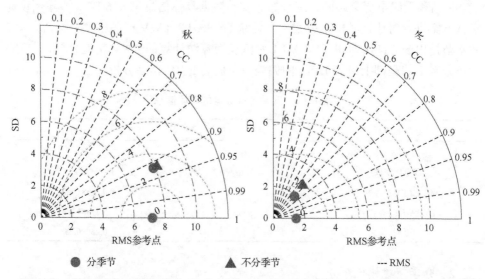

图 6.1.4　分季节拟合系数反演 PWV 与不分季节拟合系数反演 PWV 在四个季节的泰勒图

3. GNSS 辅助 FY-3A-L1 PWV 反演结果影响及分析

对三种方案在不同站点上的反演精度进行分析，图 6.1.5 给出了实验区域无线电探空站点上的 RMS 分布图。由图可以看出，FY-3A-L2 PWV 产品与无线电探空仪 PWV 之间的 RMS 整体偏大，FY-3A-L1 PWV 的精度次之，FY-3A-L1+DEM PWV 的精度最高，进一步证实进行 PWV 偏差修正的必要性。此外，三种水汽产品 RMS 的分布在实验区域南方和沿海地区较大，西北地区较小，这主要与水汽含量变化和测站高度密切相关（Tan et al.，2022）。

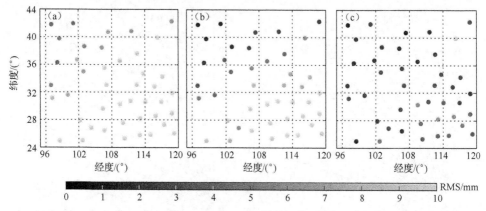

图 6.1.5　2013 年实验区域基于无线电探空仪 PWV 分别与（a）FY-3A-L2 PWV、
（b）FY-3A-L1 PWV 及（c）FY-3A-L1+DEM PWV 对比的 RMS 站点分布图

对 3 种方案反演水汽的面状精度进行分析，选取 2013 年 ERA5 四个季节的 PWV 均值作为参考，图 6.1.6 给出 FY-3A-L2 PWV、FY-3A-L1 PWV 和 FY-3A-L1+DEM PWV 在实验区域的四季面状分布情况，由图可以看出，与 ERA5 PWV 对比，FY-3A-L1+DEM PWV 的精度最高，FY-3A-L1 PWV 次之，FY-3A-L2 PWV 精度最差。

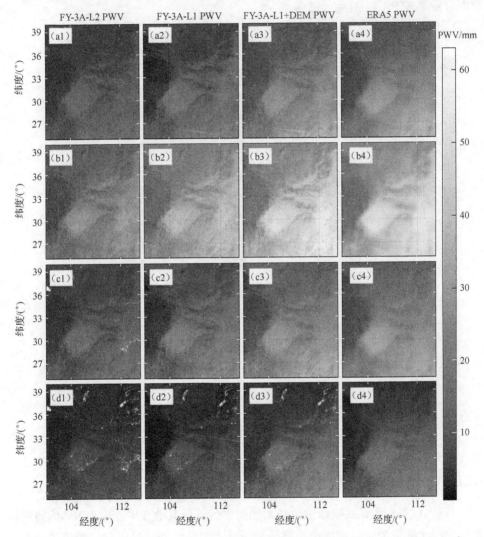

图 6.1.6　2013 年实验区域 FY-3A-L2 PWV、FY-3A-L1 PWV、FY-3A-L1+DEM PWV 与
ERA5 PWV 在四季的面状分布情况

（a1）～（a4）为春季；（b1）～（b4）为夏季；（c1）～（c4）为秋季；（d1）～（d4）为冬季

进一步对实验区域全年水汽分布情况进行分析,图 6.1.7 给出了 2013 年无线电探空仪 PWV、FY-3A-L2 PWV、FY-3A-L1+DEM PWV 以及 ERA5 PWV 的年均值分布图,由图可以看出,无线电探空仪 PWV、ERA5 PWV、FY-3A-L1+DEM PWV 在实验区域分布基本一致,而 FY-3A-L2 PWV 对水汽有很明显低估的情况,验证本节提出的方案 3 具有较高的精度。此外,可以发现基于 FY-3A 卫星反演 PWV 的空间分辨率较 ERA5 有明显改善。

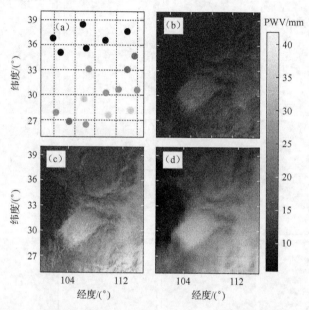

图 6.1.7　2013 年实验区域不同水汽产品 PWV 年均值分布图

(a) 无线电探空仪 PWV; (b) FY-3A-L2 PWV; (c) FY-3A+DEM PWV; (d) ERA5 PWV

6.2　基于 GNSS 约束的 MERSI/FY-3A L2 PWV 季节自适应校准方法

6.2.1　MERSI/FY-3A L2 PWV 研究现状

目前,GNSS 和无线电探空仪技术经常作为评价其他技术获取 PWV 的精度标准,该技术获取的水汽空间分辨率依赖于站点的分布和设站密度,难以进行大尺度的面状水汽反演。国产 FY-3A 可以提供长时间跨度(2011～2017 年)和高空间分辨率(1km)的全球 PWV 数据。受遥感技术和仪器质量的影响,获取的 PWV 精度低于 GNSS 或无线电探空仪。相关研究对 MODIS(He and Liu,2020)、MERSI

（He and Liu, 2019）等传感器得到的 L2 PWV 产品进行评估，其精度在 10～15mm。因此，在考虑联合 GNSS（精度优于 3mm）和 MERSI/FY-3A（高空间分辨率）的各自优势下，以 GNSS 获取的 PWV 作为真实水汽去校准 MERSI/FY-3A PWV，从而提升卫星水汽产品的质量，以促进国产 FY-3A 等系列卫星多年积累的全球水汽资料的再应用。

在充分考虑水汽含量的时间渐变性和季节性变化后，本节介绍一种基于 GNSS 约束的 MERSI/FY-3A PWV 季节自适应校准方法，旨在实现遥感水汽产品的精确和快速校准。本节以 PWV 空间分布较完整的旬产品为基础，建立校正模型并应用到日产品中。在降低建模计算数据量的同时快速更新校准模型，以适应 PWV 时空动态变化特性。

6.2.2　GNSS 校准 MERSI/FY-3A L2 PWV 产品基本原理

针对现有 FY-3A 卫星 L2 PWV 数据水汽精度低的缺陷，本节基于 MERSI/FY-3A 水汽旬产品，介绍一种利用 GNSS PWV 校准 MERSI/FY-3 L2 水汽产品的方法，并将该方法应用到 MERSI/FY-3A 日产品校准中。首先，将实验区域 MERSI/FY-3A 的水汽产品准确匹配到 GNSS 站点对应的时空位置上；其次，通过与 GNSS PWV 进行季节自适应回归，得到每个站点上的校准系数；再次，基于多项式拟合，构建基于 MERISI/FY-3A 水汽旬产品的 PWV 校准模型；最后，将该模型应用到 MERSI/FY-3A 水汽日产品的校准中，实现对 MERSI/FY-3A 高时间分辨率水汽产品的快速校准。该算法主要包括两部分：第一部分为数据预处理，包括利用云掩模对 L2 数据去云处理、GNSS/RS PWV 与 MERSI/FY-3A L2 数据时空匹配以及异常值去除。第二部分为 GNSS 约束的 MERSI/FY-3A PWV 校准流程，图 6.2.1 给出了基于 GNSS PWV 校准 MERSI/FY-3A L2 PWV 产品基本流程图，该方法具体步骤如下。

1）GNSS 与 MERSI/FY-3A PWV 数据匹配

首先在时空位置上实现 GNSS 和 MERSI/FY-3A PWV 的匹配，MERSI/FY-3A 段产品、旬产品在 GNSS 与无线电探空站点处的 PWV 分别由对应站点坐标中心位置周围的 10×10 和 3×3 邻域像素的均值得到（Gong et al., 2019）。

2）水汽旬产品自适应建模

实验发现 MERSI/FY-3A PWV 在实验区域具有明显的时间渐变性和季节周期特性。因此，本节介绍一种 GNSS 约束的 MERSI/FY-3A PWV 季节自适应校准方法。利用 GNSS PWV 分季节对 MERSI/FY-3A PWV 进行自适应校准，其数学表达如下：

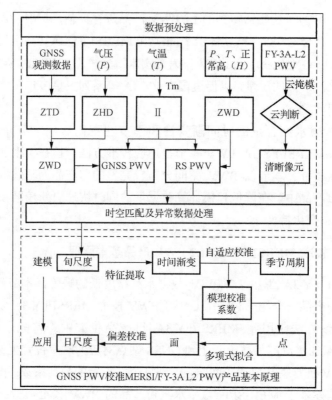

图 6.2.1　基于 GNSS PWV 校准 MERSI/FY-3A L2 PWV 产品基本流程图

$$\mathrm{PWV}_{\mathrm{cor}}^{\mathrm{t}}(i) = a + b \times \mathrm{PWV}_{\mathrm{ori}}^{\mathrm{t}}(j) + c \times \mathrm{PWV}_{\mathrm{ori}}^{\mathrm{t}}(i-1) \tag{6.2.1}$$

$$i = \begin{cases} 3,4,5 & j=1 \\ 6,7,8 & j=2 \\ 9,10,11 & j=3 \\ 12,1,2 & j=4 \end{cases} \tag{6.2.2}$$

式中，上标 t 表示旬产品；下标 cor 和 ori 分别表示校准前和校准后；a、b 和 c 表示校准系数；i 取值 1～12，表示校准时刻对应的月份；j 取值 1～4，表示校准时刻对应的季节分别为春、夏、秋、冬。

　　3）MERSI/FY-3A PWV 对应网格系数计算

　　为了将站点建模系数应用到整个网格区域，利用多项式拟合构建 MERSI/FY-3A 产品的全局校准模型，PWV 的时空变化与纬度、经度和高程密切相关，并且相关因素的二次项对其也有一定影响，因此本节构建同时顾及纬度、经度、高程及其二次项的函数拟合模型。以系数 a 为例：

$$a = m_0 + m_1\varphi + m_2\lambda + m_3h + m_4\varphi\lambda + m_5\varphi h + m_6\lambda h + m_7\varphi^2 + m_8\lambda^2 + m_9h^2 \tag{6.2.3}$$

式中，φ、λ 和 h 分别表示 GNSS 站点的纬度、经度和高程；$m_0 \sim m_9$ 为拟合系数，可由最小二乘法计算得到。

4）日产品的模型应用

旬产品的建模数据选择首先保证了水汽空间分布的完整性，与日产品相比极大地改善了计算效率，且不同尺度的校准模型可以根据添加后续发布的产品数据特征实现自我更新，实现快速适应最新 PWV 的时空动态变化特性。在将旬产品建模系数应用到 MERSI/FY-3A PWV 日产品校准中时，需加入一项水汽偏差改正，其数学表达式如下：

$$\mathrm{PWV}_{\mathrm{cor}}^{\mathrm{d}}(i) = a + b \times \mathrm{PWV}_{\mathrm{ori}}^{\mathrm{d}}(j) + c \times \mathrm{PWV}_{\mathrm{ori}}^{\mathrm{d}}(i-1) + d_{\mathrm{PWV}} \tag{6.2.4}$$

式中，上标 d 表示段产品；a、b 和 c 表示与旬产品相同的校准系数；d_{PWV} 表示以 GNSS 为参考时，MERSI/FY-3A 水汽段产品和旬产品时间不匹配导致的 PWV 偏差。

6.2.3　案例分析

1. 实验数据和方案设计

本节实验数据包括 MERSI/FY-3A PWV、GNSS PWV、无线电探空仪 PWV 和 ERA-Interim PWV，时间长度为 2011 年 1 月 1 日～2017 年 12 月 31 日。实验区域范围与 6.1.3 小节实验区域相同。选取数据的具体信息见表 6.2.1。本案例设计两种方案进行对比，其中方案 1 为 FY-3A-L2 PWV 旬产品建模及精度分析方案，方案 2 为 FY-3A-L2 PWV 日产品精度分析方案。

表 6.2.1　实验选取 GNSS 和 RS 数据的具体信息

数据类型		时间/（年.月.日）	时间分辨率	空间分辨率
GNSS		2011.1.1～2017.12.31	6 h	站点
无线电探空仪		2011.1.1～2017.12.31	12 h	站点
MERSI/FY-3A	段产品	2011.1.1～2017.12.31	5 min	0.01°×0.01°
	旬产品		10 d	0.05°×0.05°
ERA-Interim		2014.6.10～6.20	6 h	0.125°×0.125°

2. MERSI/FY-3A 水汽旬产品校准及模型评估

本部分选取 2011～2016 年 MERSI/FY-3A 水汽旬产品构建 PWV 季节自适应校准模型，并利用 2017 年的水汽旬产品数据进行外符合验证。以 GNSS PWV 为参考，图 6.2.2 和图 6.2.3 给出了不同季节 PWV 校准模型的内外符合精度，由图可知 MERSI/FY-3A 水汽旬产品在未校准前精度较差，且在夏季最为明显，冬季最不明显。通过本节介绍的方法校准后，2011～2017 年 MERSI/FY-3A 水汽旬产品的精度得到了很大的提升，且在实验东南区域改善效果最明显，其偏差在 0 附近波动。分别以 GNSS 和无线电探空仪 PWV 为参考，对校准前后不同季节的内外符合精度进行统计。发现校准后的 MERSI/FY-3A 水汽旬产品的 RMS/偏差由原来的 10.85mm/-9.17mm（内符合）和 11.98mm/10.51mm（外符合）分别降低到 3.42mm/0.20mm（内符合）和 3.72mm/-0.03mm（外符合）。上述结果证实本节提出的校准方法具有很好的内外符合精度。

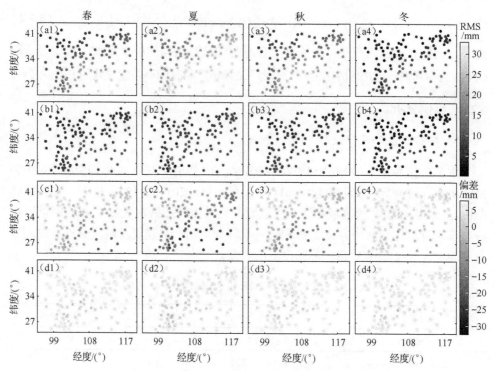

图 6.2.2　2011～2016 年 MERSI/FY-3A 水汽旬产品校准前后
GNSS 站点上的 RMS 和偏差分布

（a1）～（a4）依次为春、夏、秋、冬季校准前的 RMS；
（b1）～（b4）依次为春、夏、秋、冬季校准后的 RMS；
（c1）～（c4）依次为春、夏、秋、冬季校准前的偏差；
（d1）～（d4）依次为春、夏、秋、冬季校准后的偏差

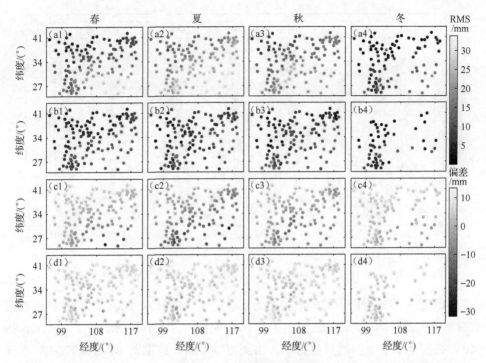

图 6.2.3　2017 年 MERSI/FY-3A 水汽旬产品校准前后 GNSS 站点上的 RMS 和偏差分布

（a1）～（a4）依次为春、夏、秋、冬季校准前的 RMS；

（b1）～（b4）依次为春、夏、秋、冬季校准后的 RMS；

（c1）～（c4）依次为春、夏、秋、冬季校准前的偏差；

（d1）～（d4）依次为春、夏、秋、冬季校准后的偏差

3. MERSI/FY-3A PWV 校准模型的适用性分析

为了验证本节的 PWV 季节自适应校准模型对 MERSI/FY-3A 水汽日产品的适用性，利用旬产品构建的校准模型对 2011～2017 年的日产品进行校准。本节先给出一个 GNSS 和无线电探空并址站（45.933°N，126.567°E）上 MERSI/FY-3A 水汽日产品校准前后的长时序对比图（图 6.2.4）。由图可以看出，校准前 MERSI/FY-3A 产品明显低估水汽含量。经过本节提出方法校准后，其水汽含量精度得到很大改善，与 GNSS 和无线电探空仪的 PWV 时序均具有很好的一致性。统计发现，以无线电探空仪为参考时，校准前后 MERSI/FY-3A 水汽日产品的 RMS/偏差分别为 8.87mm/-5.88mm 和 4.22mm/0.78mm。

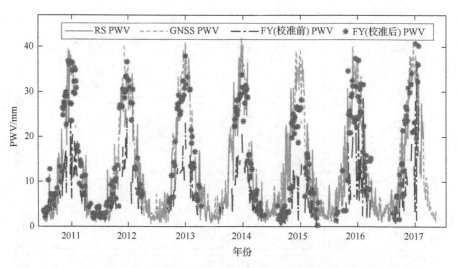

图 6.2.4 2011～2017 年 GNSS 与无线电探空并址站的 PWV 长时序对比

为了进一步分析提出的校准模型对实验区域 MERSI/FY-3A 水汽日产品在四个季节上的改善精度,图 6.2.5 给出了 2014 年的 MERSI/FY-3A 水汽日产品与 GNSS PWV 在四个季节上的散点分布图。由图可以看出,校准前 MERSI/FY-3A 水汽日产品在估计水汽时存在明显的低估,利用本节介绍方法校准后,MERSI/FY-3A 水汽日产品精度得到了较好的改善,且夏季校准效果最佳,冬季较差。此外,校准后的 MERSI/FY-3A 水汽产品与 GNSS PWV 在四个季节均具有较好的一致性。表 6.2.2 给出了 2011～2017 年利用校准模型校准前后 MERSI/FY-3A 水汽日产品与 GNSS 和无线电探空仪 PWV 的对比情况。由表可以看出,校准后 MERSI/FY-3A 水汽日产品的精度得到很大改善,GNSS 和无线电探空仪 RMS 的平均改善率分别为 59.82% 和 57.43%。

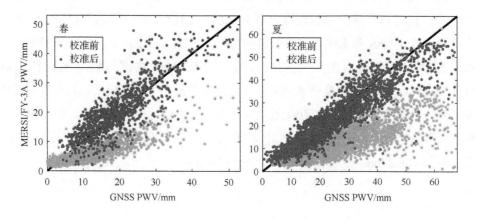

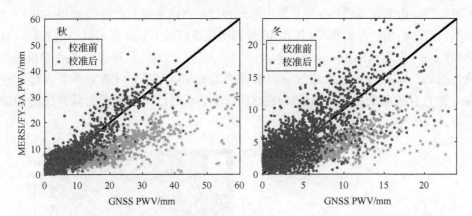

图 6.2.5　2014 年 GNSS 与校准前后 MERSI/FY-3A 水汽日产品不同季节的散点分布图

表 6.2.2　2011~2017 年 MERSI/FY-3A 水汽日产品校准前后精度统计表（单位：mm）

数据 类型	指标	春	夏	秋	冬	均值
GNSS	RMS	7.51	16.05	8.43	3.10	11.00
	RMS*	4.44	4.63	4.37	2.73	4.42
	偏差	−5.81	−14.86	−6.75	−1.58	−8.44
	偏差*	−0.06	−0.13	−0.03	−0.06	−0.04
无线电探 空仪	RMS	7.66	13.84	8.50	3.44	10.76
	RMS*	4.36	5.38	4.28	2.89	4.58
	偏差	−6.13	−12.93	−6.94	−2.24	−7.77
	偏差*	0.71	0.99	0.49	0.06	0.64

注：*表示校准后的精度。

4. MERSI/FY-3A 水汽产品面状对比

为了验证本节的校准模型针对两种方案在整个实验区域的改善效果，选取水汽含量波动较大月份（2014 年 6 月 11~20 日）的数据进行验证。图 6.2.6 给出了 2014 年 6 月 11~20 日 GNSS、ERA-Interim、MERSI/FY-3A 在实验区域的空间分布图。由图可以看出，MERSI/FY-3A 日产品和旬产品对实验区域水汽估计明显偏低。经校准后，两种方案的水汽空间分布与 GNSS 和 ERA-Interim 均具有很好的一致性。此外，相对于 ERA-Interim 的 PWV 空间分布，两种方案校准的水汽产品具有更高的空间分辨率（1km×1km 和 5km×5km），能够更为精细地反映水汽空间变化。以 GNSS 数据为参考，统计了 MERSI/FY-3A 水汽产品在校准前后的精度，见表 6.2.3。由表可以得出，本节提出的两种校准方法能够有效改善 MERSI/FY-3A 水汽日产品和旬产品的精度，其 RMS 分别由校准前的 18mm 左右减小到 4mm 内，偏差绝对值由原来的 16mm 左右减小到 1mm 内。此外，两种水汽产品的相关系数也得到一定的改善。上述结果表明提出的 GNSS 约束的 PWV 季节自适应校准方法具有较高的精度，且在 MERSI/FY-3A 水汽日产品校准上具有很好的适用性。

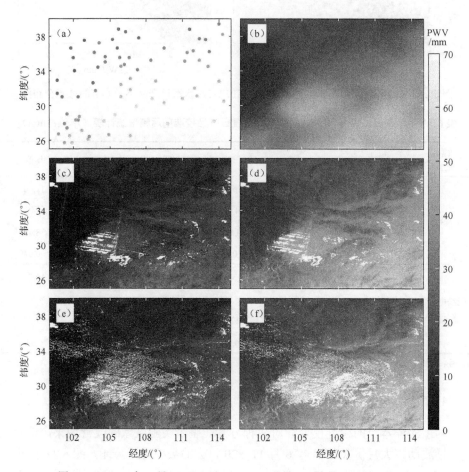

图 6.2.6　2014 年 6 月 11～20 日 GNSS、ERA-Interim 和 MERSI/FY-3A
水汽产品校准前后的空间对比图

（a）GNSS 水汽产品；（b）ERA-Interim 水汽产品；
（c）和（d）分别为 MERSI/FY-3A 旬产品校准前后的空间对比图；
（e）和（f）分别为 MERSI/FY-3A 日产品校准前后的空间对比图

表 6.2.3 2014 年 6 月 10～20 日 GNSS、ERA-Interim 和 MERSI/FY-3A
水汽产品校准前后的精度统计结果 （单位：mm）

数据类型		RMS	偏差	R^2
MERSI/FY-3A（校准前） 与 GNSS	旬产品	18.19	−15.92	0.91
	日产品	18.04	−15.70	0.91
MERSI/FY-3A（校准后） 与 GNSS	旬产品	3.57	0.14	0.97
	日产品	3.34	0.50	0.97
ERA-Interim 与 GNSS		2.34	0.78	0.98

本章主要对 GNSS 辅助遥感卫星技术的高空间高精度 PWV 反演方法进行详细介绍，主要包括：①针对现有数值模式提供背景场精度不高的现状，将 GNSS 反演的高精度水汽信息作为背景场约束同化到数值模式中，提高数值同化和预报产品的精度和可靠性；②针对 GNSS 水汽辅助 FY-3A-L1 数据反演 PWV 未顾及高程和季节因素影响，发展 GNSS 辅助 MERSI/ FY-3A L1 数据的 PWV 反演方法，同时顾及水汽高程和季节因素的影响，反演得到高精度的 MERSI/FY-3A 水汽产品；③充分利用 GNSS 高精度和 FY-3A-L2 水汽产品高空间分辨率的优势，介绍一种 GNSS 约束的 MERSI/FY-3A PWV 季节自适应校准方法，有效对 MERSI/FY-3A 水汽产品进行季节校正，得到高精度高分辨率的 FY 系列旬产品和日产品数据。本章内容对于利用 GNSS PWV 辅助相关水汽探测技术获取高精度高空间分辨率水汽产品研究具有重要参考价值和借鉴意义。

参 考 文 献

胡树贞, 马舒庆, 陶法, 等, 2013. 基于红外实时阈值的全天空云量观测[J]. 应用气象学报, 24(2): 179-188.

赵有兵, 顾利亚, 黄丁发, 等, 2008. 利用 MODIS 影像反演大气水汽含量的方法研究[J]. 测绘科学, (5): 51-53, 45.

赵庆志, 杜正, 姚顽强, 等, 2022. GNSS 约束的 MERSI/FY-3A PWV 校准方法[J]. 测绘学报, 51(2): 159-168.

GAO B C, KAUFMAN Y J, 2003. Water vapor retrievals using moderate resolution imaging spectroradiometer (MODIS) near-infrared channels[J]. Journal of Geophysical Research: Atmospheres, 108(D13): 4389.

GONG S Q, HAGAN D F T, ZHANG C J, 2019. Analysis on precipitable water vapor over the Tibetan Plateau using FengYun-3A medium resolution spectral imager products[J]. Journal of Sensors, 2019: 1-12.

HE J, LIU Z, 2019. Comparison of satellite-derived precipitable water vapor through near-infrared remote sensing channels[J]. IEEE Transactions on Geoscience and Remote Sensing, 57(12): 10252-10262.

HE J, LIU Z, 2020. Water vapor retrieval from MODIS NIR channels using ground-based GPS data[J]. IEEE Transactions on Geoscience and Remote Sensing, 58(5): 3726-3737.

HE J, LIU Z, 2021. Water vapor retrieval from MERSI NIR channels of Fengyun-3B satellite using ground-based GPS data[J]. Remote Sensing of Environment, 258: 112384.

KAUFMAN Y J, GAO B C, 1992. Remote sensing of water vapor in the near IR from EOS/MODIS[J]. IEEE Transactions on Geoscience and Remote Sensing, 30(5): 871-884.

TAN J, CHEN B, WANG W, et al., 2022. Evaluating precipitable water vapor products from Fengyun-4A meteorological satellite using radiosonde, GNSS, and ERA5 Data[J]. IEEE Transactions on Geoscience and Remote Sensing, 60: 1-12.

第 7 章　水汽层析模型最优设计矩阵构建关键技术

GNSS 水汽层析模型中，设计矩阵的结构和稳定性对水汽反演结果具有重要影响。GNSS 卫星信号在层析区域呈现特有的"倒穹型"分布，层析区域底层和边界多数网格没有卫星信号穿过，设计矩阵中零元素较多且层析设计矩阵秩亏，导致层析模型解算时方程严重病态。此外，多数网格没有 GNSS 卫星信号穿过，会增强层析结果的不确定性，尤其是仅依靠水平约束、垂直约束等反演得到的零元素网格水汽密度信息。

层析模型设计矩阵主要受层析区域水平分辨率、垂直分辨率和层析区域高度的影响。在层析区域水平网格分辨率的选取上，应尽量满足更多的网格有射线穿过，使层析法方程在求逆时更加稳定，层析结果更加逼近真值。如果水平分辨率过小，则层析结果不能反映小尺度水汽含量的空间变化情况；反之，则会导致很多网格没有信号穿过，层析法方程求逆时不稳定。在层析区域，垂直分辨率的选取对层析结果有很大影响，若网格厚度太小，则信号射线噪声和其他误差会影响层析结果的精度（毕研盟，2006）；若网格厚度过大，则层析结果不能精细反映底层水汽的分布情况。此外，层析区域高度选择对设计矩阵也有重要影响，层析区域选择过高，会增加没有射线穿过网格的个数，且高层网格水汽密度均接近于 0，不利于水汽层析模型的解算；层析区域选择过低，高层中部分水汽信息不能参与水汽反演，导致层析网格内水汽密度值估计偏大。因此，构建合理的层析模型设计矩阵，即对层析区域合理划分、垂直区域合理选择和水汽函数模型精确构建等，对于得到稳定、可靠性强的层析模型设计矩阵具有重要作用。针对层析模型设计矩阵的构建，本章介绍一种非均匀对称水平网格划分和层析区域最优高度确定原则，并介绍一种水平参数化的层析模型观测方程构建方法。通过上述方法，优化层析模型的设计矩阵，为获取稳定、可靠的水汽层析结果奠定基础。

7.1　基于非均匀对称水平网格划分的水汽层析模型构建方法

7.1.1　层析区域确定及现状

1. 层析网格划分

过去的研究中，为了便于构建 GNSS 水汽层析模型，层析区域内的网格划分在水平方向上均采用等间距划分，但该方法导致不同网格所包含的实际观测信息存在较大差异。图 7.1.1 给出了我国香港区域利用 2013 年 5 月 1 日 UTC 00:00 12 个测站的 GPS 实测信号得到的层析区域内有射线穿过网格的三维分布图，颜色深浅表示网格内射线穿过的多少，颜色越深表示网格内穿过的射线条数越多。由图 7.1.1 可以看出，在研究区域中心位置射线穿过条数较多，而在层析区域边缘位置射线穿过较少，且多数位于边缘区域的网格并没有射线穿过。因此，直接在水平方向上等间距对层析网格划分无法顾及 GNSS 实测卫星信号的影响，导致层析结果精度偏低。

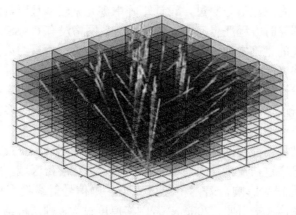

图 7.1.1　2013 年 5 月 1 日 UTC 00:00 12 个测站的 GPS 实测信号得到的
层析区域内有射线穿过网格的三维分布图

2. 层析区域高度确定

大气中的水汽绝大部分都位于对流层，水汽密度的分布没有统一的表达式，但它在垂直方向上随着高度的升高迅速减小，并且在顶层趋近于零。不同区域的水汽密度在不同高度上分布不同。对于不同层析区域，大气水汽在不同高度上分布相差可能会很大，若选择的层析区域过高或过低，会造成层析模型过度参数化或重构水汽场值偏大（Chen and Liu, 2014）。因此，应根据不同层析区域的实际情况确定层析区域水平网格划分及最大垂直高度，这是获取高精度水汽层析结果的必要前提。

7.1.2　非均匀对称水平网格划分基本原理

通过分析卫星信号在层析区域的实际分布，本小节介绍一种普适性的层析区域非均匀对称水平网格划分方法，该方法的核心是对于穿过射线较为密集的区域进行精细划分，而对于射线较为稀疏的区域则采用相对较粗的水平分辨率，确保有更多的网格被射线穿过，使得反演结果更加逼近真值。图 7.1.2 给出非均匀对称水平网格划分基本原理图。

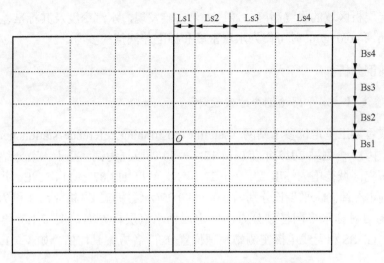

图 7.1.2　非均匀对称水平网格划分基本原理图

非均匀对称水平网格划分的具体步骤如下：

（1）确定层析区域的经纬度范围，分别计算等间距划分情况下在经纬度方向上的层析步长 Bsi 和 Lsi。

（2）假定 O 点位于层析区域的中心，在经纬度方向上采用对称递增的划分方式对层析区域进行划分，如图 7.1.2 所示。

（3）根据层析区域的平均步长 Bsi 和 Lsi，确定非均匀水平网格划分下在经纬度方向上的水平步长，满足如下条件：Ls1 ≤ Ls2 ≤ Ls3 ≤ Ls4 和 Bs1 ≤ Bs2 ≤ Bs3 ≤ Bs4。

需要说明的是，该方法不能明确确定经纬度方向上层析的具体递增步长，但可根据平均步长和实际层析要求给出经纬度方向上递增步长的范围。

7.1.3　层析区域最优高度确定原理

针对过去经验选取层析区域高度不合理的缺陷，本节介绍了一种依据水汽实际分布确定层析区域最优高度的方法。该方法具体步骤如下：

（1）利用多年无线电探空仪数据或再分析资料等确定层析区域内不同高度上的水汽密度，下面给出利用无线电探空仪数据计算不同高度上水汽密度公式：

$$\rho_{\text{w}}^{h} = 10^{5} \times e_{\text{w}}^{h} / \left(461.5 \times T^{h}\right) \tag{7.1.1}$$

式中，ρ_{w}^{h} 为高度 h 上的水汽密度；e_{w}^{h} 为高度 h 上的水汽压；T 为温度。

（2）对该区域不同高度上的多年水汽密度值加权平均，并计算不同高度上的标准差（STD）。

（3）根据不同高度上的水汽密度和标准差确定均小于某一阈值所对应的高

度，确定层析区域的最终高度。通过大量实验发现，水汽密度及其标准差分别小于 0.2g/m^3 和 0.05g/m^3 时可作为水汽密度和标准差阈值的参考。

7.1.4 案例分析

1. 香港区域水平网格划分方案设计

选取香港卫星定位参考站网（satellite positioning reference station network，SatRef）中 12 个测站 2013 年年积日 124～150 的数据为例，基于本节介绍方法首先确定研究区域范围为纬度 22.19°～22.54°N，经度 113.87°～114.35°E，并根据层析需求确定经纬向水平步长分别为 0.06°和 0.05°，经纬向的网格数为 8 和 7，然后，基于非均匀对称水平网格划分方法确定四种水汽层析方案，图 7.1.3 给出香港 SatRef 中 GNSS 和无线电探空测站地理位置分布，各方案具体信息如表 7.1.1 所示。

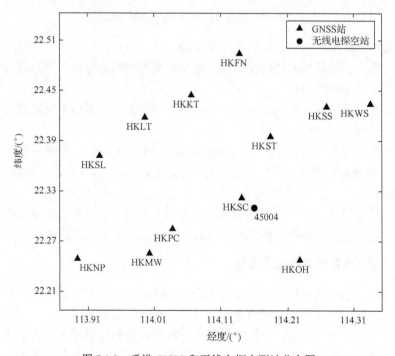

图 7.1.3　香港 GNSS 和无线电探空测站分布图

表 7.1.1　香港区域层析水平网格划分方案具体信息

方案	水平方向	网格长度/(°)
A	经向	0.06、0.06、0.06、0.06、0.06、0.06、0.06、0.06
	纬向	0.05、0.05、0.05、0.05、0.05、0.05、0.05

续表

方案	水平方向	网格长度/(°)
B	经向	0.08、0.07、0.05、0.04、0.04、0.05、0.07、0.08
	纬向	0.07、0.05、0.04、0.03、0.04、0.05、0.07
C	经向	0.08、0.07、0.05、0.04、0.04、0.05、0.07、0.08
	纬向	0.06、0.06、0.04、0.03、0.04、0.06、0.06
D	经向	0.07、0.07、0.06、0.04、0.04、0.06、0.07、0.07
	纬向	0.07、0.05、0.04、0.03、0.04、0.05、0.07
E	经向	0.07、0.07、0.06、0.04、0.04、0.06、0.07、0.07
	纬向	0.06、0.06、0.04、0.03、0.04、0.06、0.06

2. 香港层析区域高度确定及分析

利用 41 年（1974~2014 年）的无线电探空仪数据计算得到香港区域不同高度上的平均水汽密度及不同高度上的标准差，如图 7.1.4 所示。由图可以看出，在高度大于 8km 时，平均水汽密度值小于 $0.2g/m^3$，标准差小于 $0.05g/m^3$。因此，几乎所有的水汽都集中在 8km 以下，选择 8km 作为层析区域的高度边界是合理的。

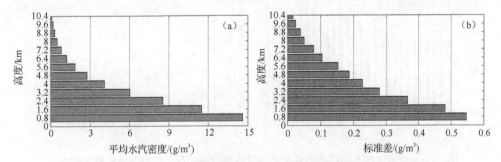

图 7.1.4　无线电探空站 41 年的平均水汽密度随高度变化及不同高度上的标准差

（a）平均水汽密度随高度变化；（b）不同高度上的标准差

图 7.1.5 给出了年积日（day of year, doy）为 124 协调世界时（coordinated universal time，UTC）12:00 历元不同层析方案高度边界下射线穿过层析区域的三维分布情况。由图可以看出，当层析高度由 8km 增至 10.4km 后，部分原来从层析区域顶部穿出的射线从层析区域侧面穿出，如图 7.1.5（b）中虚线射线所示。因此，若将 10.4km 作为层析高度边界建立层析观测方程，不仅降低了观测数据的利用率，还会额外引入许多未知参数，且这些未知参数的值都近似为 0。此外，对年积日为 124~150 的每半小时一次的数据进行统计，得到每天射线利用率的平均情况及有射线穿过的平均网格数，见图 7.1.6。发现将高度边界由 10.4km 降低到 8km 时，卫星射线的平均利用率增加了 18.81%，有射线穿过的网格数平均增

加了 7.43%。上述结果进一步证明了合理确定层析区域的高度对提高观测数据的
利用率和增加有射线穿过的网格数非常重要。

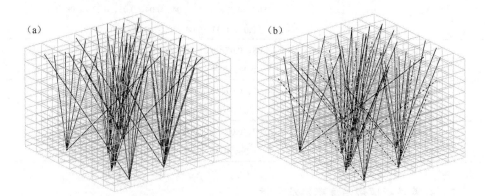

图 7.1.5　实测 GPS 射线穿过不同高度边界层析区域的三维分布图

（a）高度为 10.4km；（b）高度为 8km

实线射线代表在层析区域顶部穿出，虚线射线代表在层析区域侧面穿出；时间为 2013 年年积日 124，UTC 12:00

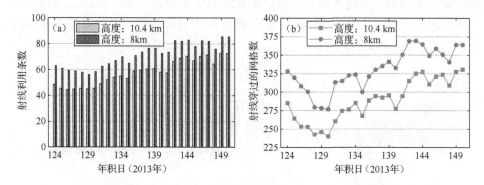

图 7.1.6　层析区域不同高度边界选取对射线利用情况及射线穿过的网格数统计图

（a）射线利用情况；（b）射线穿过的网格数

时间：2013 年年积日 124～150

3. 非均匀对称水平网格划分对层析结果影响及分析

首先，对 2013 年年积日 121～151 的实测数据按均匀和非均匀对称水平网格
划分方案分别进行统计，具体统计结果如图 7.1.7 所示，图 7.1.7（a）为统计共 31d
卫星信号穿过网格数的情况，图 7.1.7（b）为年积日 130 每小时一次的卫星信号
穿过网格数的情况。由图可以看出，在相同射线穿过的情况下，采用本节介绍的
非均匀对称水平网格划分方法时，射线穿过的网格数由原来的 58.40% 提高到了
67.46%，平均提高了 9.06 个百分点。

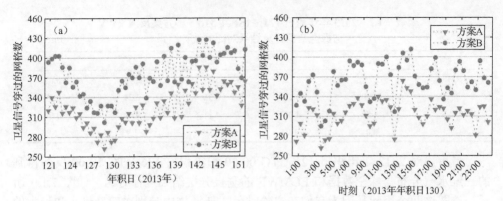

图 7.1.7　不同水平网格（网格总数：560）划分方案下卫星信号穿过网格数对比图

（a）统计共 31d 卫星信号穿过网格数的情况；（b）年积日 130 每小时一次的卫星信号穿过网格数的情况

其次，对 2013 年年积日 121~151 的数据进行分析。首先计算出无线电探空仪所在位置上的 PWV，并分别与无线电探空仪数据（简称"探空数据"）和 ECMWF 内插结果进行对比。图 7.1.8 给出了方案 A 和 B 每天在 UTC 00:00 和 12:00 计算的 PWV 与探空数据的对比结果。由图可以看出，采用非均匀对称水平网格划分方法（方案 A）反演 PWV 与无线电探空仪数据计算的 PWV 有更好的一致性。表 7.1.2 给出了五种方案与探空数据和 ECMWF 对比 31d 的统计结果，发现采用非均匀对称水平网格划分方法（方案 B~E）得到 PWV 的 RMS、STD、MAE 和偏差均优于均匀传统的均匀水平网格划分方法（方案 A）。与传统方法对比，方案 B~E 的 RMS 平均降低了 10.5%。

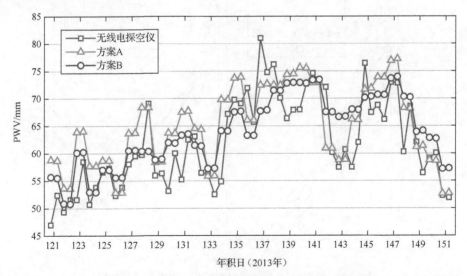

图 7.1.8　2013 年年积日 121~151 共 31d 不同方案反演 PWV 与探空数据计算结果对比图

每个年积日对应 00:00 和 12:00 两组数据，图 7.2.3、图 8.3.3、图 8.4.4 同

表 7.1.2　　2013 年年积日 121～151 共 31d 5 种方案反演 PWV
与探空数据计算结果对比的统计结果　　　（单位：mm）

方案	A	B	C	D	E
RMS	5.71	5.12	5.19	5.06	5.07
STD	7.14	6.33	6.36	6.34	6.39
MAE	4.48	4.09	4.11	4.00	3.99
偏差	-3.04	-1.93	-1.89	-1.93	-1.86

最后，对 2013 年年积日 121 UTC 00:00 和年积日 136 UTC 12:00 反演得到的三维水汽分布与探空数据和 ECMWF 的垂直分层结果进行对比，如图 7.1.9 所示。选取这两个历元是因为它们在实验时段 31d 数据中分别对应着最小和最大的 PWV。然后统计了 31d 每天两个历元（UTC 00:00 和 12:00）不同方案的层析结果。利用反演的水汽场计算无线电探空仪所在位置的水汽密度估值，并分别与无线电探空仪计算结果对比。表 7.1.3 给出了 31d 不同方案与探空数据、ECMWF 网格数据的统计结果。由图 7.1.9 可以看出，方案 A 和方案 B 反演水汽得到的三维水汽垂直分布与探空数据计算结果均有很好的一致性，通过计算，两个时刻方案 B（RMS 为 1.42g/m³ 和 0.86g/m³）反演的水汽结果均优于方案 A（RMS 为 2.01g/m³ 和 1.55g/m³）。由表 7.1.3 中 31d 的统计结果可以看出，方案 B～E 得到的水汽层析结果优于方案 A，进一步证明本节介绍的非均匀对称水平网格划分思想（方案 B～E）反演得到的水汽场结果在 RMS、STD、MAE 和偏差方面均优于传统网格划分方法（方案 A）。

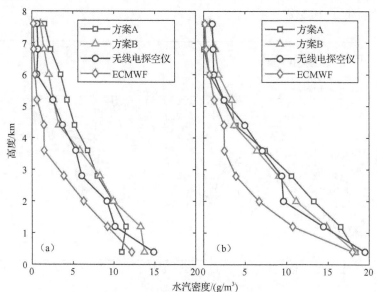

图 7.1.9　方案 A、B 反演水汽廓线与无线电探空仪数据、
ECMWF 网格数据计算结果对比图

（a）2013 年年积日 121 UTC 00:00；（b）2013 年年积日 136 UTC 12:00

表 7.1.3　2013 年年积日 121～151 不同方案反演水汽与无线电探空仪
和 ECMWF 数据计算结果对比的统计结果　　　（单位：g/m³）

数据对比	RMS	STD	MAE	偏差
无线电探空仪-方案 A	1.80	2.01	1.36	-0.06
无线电探空仪-方案 B	1.48	1.57	1.12	-0.02
无线电探空仪-方案 C	1.47	1.57	1.12	-0.02
无线电探空仪-方案 D	1.48	1.58	1.13	-0.02
无线电探空仪-方案 E	1.48	1.58	1.13	-0.02

7.2　基于水平参数化的水汽层析模型构建方法

7.2.1　水汽层析模型观测方程构建现状及缺陷

构建传统水汽层析模型观测方程时，通常采用 Flores 等或 Perler 等提出的网格化或节点化方法，即人为将层析区域在水平方向上划分为若干个网格，并假定每个体素内的水汽密度在某一时间（0.5h）内为一定值，通过信号穿过每个网格的截距与该网格内水汽密度相乘并在卫星信号路径上进行积分，建立 GNSS 水汽层析模型的观测方程（Perler et al.，2011；Flores et al.，2000）。然而，上述方法破坏了水汽在水平方向上的时空连续特性，并人为地将水平网格划分，大大增加了待估参数的个数。因此，本节顾及水汽在水平方向上的时空连续特性，介绍了一种水平参数化的水汽层析模型观测方程构建方法。

7.2.2　基于水平参数化的水汽层析模型观测方程构建基本原理

在水平参数化方法的水汽层析模型观测方程构建中，保持层析区域在水平方向上水汽的时空连续性，即未对区域进行水平网格划分，只在垂直方向上对研究区域划分。此外，在层析区域每一层上引入一个水平参数化函数来描述水汽的时空变化，并利用中心位置的水汽密度代替该层的水汽密度。其中，水平参数化函数表达式是根据不同层的实际水汽密度与拟合值之间差值的 RMS 最小确定的。图 7.2.1 给出了基于水平参数化方法构建水汽层析模型观测方程的原理图。

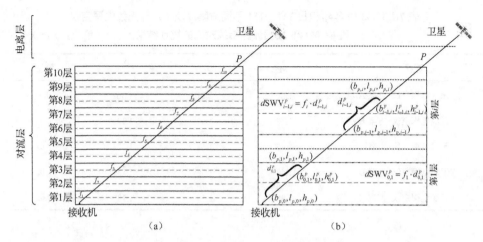

图 7.2.1　基于水平参数化方法构建水汽层析模型观测方程的原理图

d-截距

水平参数化方法构建水汽层析模型观测方程的具体构建步骤如下。

（1）确定每一层中心位置水汽密度的水平参数化函数表达式，具体如下：

$$\rho = f(b,l) = a_0 + a_1 \cdot b + a_2 \cdot l + a_3 \cdot bl + a_4 \cdot b^2 + a_5 \cdot l^2 + a_6 \cdot b^2 l + a_7 \cdot bl^2 \quad (7.2.1)$$

式中，b 和 l 分别表示不同位置对应的经纬度；$a_0 \sim a_7$ 表示水汽密度函数的待估系数。

（2）确定 GNSS 卫星信号穿过每一层的截距，具体如下：

$$d_{i-1,i}^p = \begin{cases} \sqrt{(b_{p,i} - b_{p,0})^2 + (l_{p,i} - l_{p,0})^2 + (h_{p,i} - h_{p,0})^2}, & i=1 \\ \sqrt{(b_{p,i} - b_{p,i-1})^2 + (l_{p,i} - l_{p,i-1})^2 + (h_{p,i} - h_{p,i-1})^2}, & i \neq 1 \end{cases} \quad (7.2.2)$$

式中，$(b_{p,i}, l_{p,i}, h_{p,i})$ 和 $(b_{p,i-1}, l_{p,i-1}, h_{p,i-1})$ 表示卫星信号和第 i 层上下面的交点坐标；$(b_{p,0}, l_{p,0}, h_{p,0})$ 表示接收机位置坐标；i 表示层析区域第 i 层；P 表示卫星信号。

（3）对不同层上的水汽密度进行积分，得到某条卫星信号上的 SWV。

$$\mathrm{SWV}_{(i-1,i)}^p = \rho_i \cdot d_i^p = f(b_i, l_i) \cdot d_i^p \quad (7.2.3)$$

（4）通过对不同层上的水汽含量进行累加，得到 SWV 的完整表达式：

$$\mathrm{SWV} = \mathrm{SWV}_{(0,1)} + \mathrm{SWV}_{(1,2)} + \cdots \mathrm{SWV}_{(i-1,i)} + \cdots + \mathrm{SWV}_{(n-2,n-1)} + \mathrm{SWV}_{(n-1,n)}$$

$$= 10^{-6} \left(\int_{h,0}^{h,1} \rho_{0,1} \mathrm{d}s + \int_{h,1}^{h,2} \rho_{1,2} \mathrm{d}s + \cdots + \int_{h,i-1}^{h,i} \rho_{i-1,i} \mathrm{d}s + \cdots + \int_{h,n-2}^{h,n-1} \rho_{n-2,n-1} \mathrm{d}s + \int_{h,n-1}^{h,n} \rho_{n-1,n} \mathrm{d}s \right)$$

$$(7.2.4)$$

以 10 层为例，上述方程进一步写为

$$
\begin{aligned}
\text{SWV} &= \text{SWV}_{(0,1)} + \text{SWV}_{(1,2)} + \cdots + \text{SWV}_{(4,5)} + \cdots + \text{SWV}_{(8,9)} + \text{SWV}_{(9,10)} \\
&= f_1 \cdot d_{0,1} + f_2 \cdot d_{1,2} + \cdots + f_5 \cdot d_{4,5} + \cdots + f_9 \cdot d_{8,9} + f_{10} \cdot d_{9,10} \\
&= 10^{-6}(a_{00} + a_{01} \cdot b_{0,1} + a_{02} \cdot l_{0,1} + a_{03} \cdot b_{0,1}l_{0,1} + a_{04} \cdot b_{0,1}^2 + a_{05} \cdot l_{0,1}^2 + a_{06} \cdot b_{0,1}^2 l_{0,1} + a_{07} \cdot b_{0,1}l_{0,1}^2) \cdot d_{0,1}^p \\
&\quad + 10^{-6}(a_{10} + a_{11} \cdot b_{1,2} + a_{12} \cdot l_{1,2} + a_{13} \cdot b_{1,2}l_{1,2} + a_{14} \cdot b_{1,2}^2 + a_{15} \cdot l_{1,2}^2 + a_{16} \cdot b_{1,2}^2 l_{1,2} + a_{17} \cdot b_{1,2}l_{1,2}^2) \cdot d_{1,2}^p + \cdots \\
&\quad + 10^{-6}(a_{40} + a_{41} \cdot b_{4,5} + a_{42} \cdot l_{4,5} + a_{43} \cdot b_{4,5}l_{4,5} + a_{44} \cdot b_{4,5}^2 + a_{45} \cdot l_{4,5}^2 + a_{46} \cdot b_{4,5}^2 l_{4,5} + a_{47} \cdot b_{4,5}l_{4,5}^2) \cdot d_{4,5}^p + \cdots \\
&\quad + 10^{-6}(a_{80} + a_{81} \cdot b_{8,9} + a_{82} \cdot l_{8,9} + a_{83} \cdot b_{8,9}l_{8,9} + a_{84} \cdot b_{8,9}^2 + a_{85} \cdot l_{8,9}^2 + a_{86} \cdot b_{8,9}^2 l_{8,9} + a_{87} \cdot b_{8,9}l_{8,9}^2) \cdot d_{8,9}^p \\
&\quad + 10^{-6}(a_{90} + a_{91} \cdot b_{9,10} + a_{92} \cdot l_{9,10} + a_{93} \cdot b_{9,10}l_{9,10} + a_{94} \cdot b_{9,10}^2 + a_{95} \cdot l_{9,10}^2 + a_{96} \cdot b_{9,10}^2 l_{9,10} + a_{97} \cdot b_{9,10}l_{9,10}^2) \cdot d_{9,10}^p
\end{aligned}
$$

$$(7.2.5)$$

式中，$a_{00} \sim a_{97}$ 表示水汽密度函数的待估系数。

（5）构建不同层之间的垂直约束方程，最终构建基于水平参数化方法的水汽层析模型。

$$
\begin{bmatrix} \boldsymbol{L}_{\mathrm{B}} \\ \boldsymbol{\rho}_{\mathrm{P}} \end{bmatrix} = \begin{bmatrix} \boldsymbol{B}_{m1 \times n} \\ \boldsymbol{P}_{m2 \times n} \end{bmatrix} \cdot \boldsymbol{a}_{n \times 1} + \begin{bmatrix} \boldsymbol{\varDelta}_{m1 \times n} \\ \boldsymbol{\varDelta}_{m2 \times n} \end{bmatrix}
$$

$$(7.2.6)$$

式中，$m1$ 和 $m2$ 表示观测方程和先验方程个数；n 表示水平参数化函数的待估参数个数；a 表示待估参数的列矩阵；B 和 P 分别为观测方程和约束方程的系数矩阵；$\boldsymbol{L}_{\mathrm{B}}$ 和 $\boldsymbol{\rho}_{\mathrm{P}}$ 分别为观测方程中 SWV 的列向量和利用无线电探空仪数据计算的不同高度上的平均水汽密度先验值；$\varDelta$ 为层析模型的噪声矩阵。

7.2.3 案例分析

选取香港区域 SatRef 中 2013 年年积日 121～151（共 31d）12 个 GNSS 测站数据进行实验（与 7.1.4 小节实验区域相同），并设计两种方案进行对比，其中方案 1 为传统水汽层析方案，方案 2 为本节介绍的方案。

1. 不同高度角下穿过每层的卫星射线分布

图 7.2.2 给出了 2013 年年积日 121 UTC 00:00 时刻层析区域不同层在不同高度角情况下射线与每层交点的空间分布，由图可知，在高度较高的层上，卫星信号与每层交点的个数随着高度角的增长减小，但在高度较低的层上变化不大，这主要是因为水汽集中在对流层的底层。通过上述分析，可选择截止高度角 30°作为层次区域的卫星信号的最低高度角。Möller（2017）发现当卫星截止高度角低于15°时，卫星信号弯曲对水汽造成的影响不能忽略。因此，本节提出的方法能够有效克服上述影响。

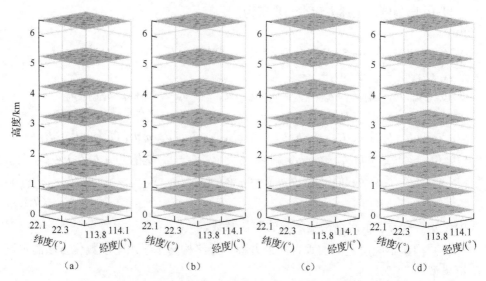

图 7.2.2　2013 年年积日 121 00:00 UTC 时刻层析区域不同层在
不同高度角情况下射线与每层交点的空间分布

（a）～（d）分别为卫星高度角 10°、20°、30° 和 40° 的情况

2. PWV 对比分析

图 7.2.3 给出了 2013 年年积日 121～151 利用两种层析方案反演水汽计算的无线电探空仪位置上的 PWV 与无线电探空仪计算 PWV 的长时序对比图，由图可以看出，两种方案计算 PWV 与无线电探空仪计算的 PWV 均具有较好的一致性，但本节介绍的水平参数化方法（方案 2）反演水汽计算的 PWV 与无线电探空仪计算的 PWV 能更好地符合。统计结果显示，传统方法反演 PWV 的 RMS 和偏差分别为 5.1mm 和 -3.9mm，本节介绍方法反演 PWV 的 RMS 和偏差分别为 3.2mm 和 -0.8mm。

3. 水汽廓线对比分析

图 7.2.4 给出了利用两种层析方案反演的 2013 年年积日 121～151 不同高度上水汽廓线 RMS 和相对误差对比图，由图可以看出，与无线电探空仪数据对比，本节介绍的水汽层析方法（方案 2）在不同高度上的 RMS 和相对误差整体较小。统计结果显示，传统方法反演水汽廓线的 RMS 和偏差分别为 $1.33g/m^3$ 和 $0.38g/m^3$，本节提出方法反演 PWV 的 RMS 和偏差分别为 $0.88g/m^3$ 和 $0.06g/m^3$。

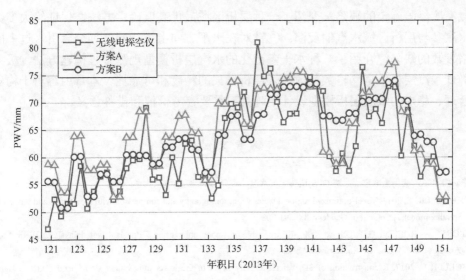

图 7.2.3　2013 年年积日 121～151 利用两种方案反演水汽计算的无线电探空仪位置上的
PWV 与无线电探空仪计算 PWV 的长时序对比图

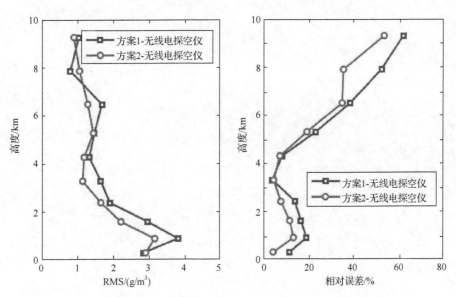

图 7.2.4　两种层析方案反演的 2013 年年积日 121～151 不同高度上
水汽廓线均值的 RMS 和相对误差的对比图

　　本章主要对水汽层析模型中设计矩阵 **A** 的构建进行详细介绍,主要包括:①针对层析区域水平网格等间距划分的缺陷,介绍了一种非均匀对称水平网格划分方法,确保网格划分能够更加符合卫星信号在层析区域的空间分布;②针对层析区域高度经验确定的缺陷，介绍了一种层析区域最优高度确定方法，保证绝大多数水汽参与层析区域水汽的反演；③针对在水平方向上进行网格划分会引入过多网格参数的缺陷，介绍了一种水平参数化的水汽层析模型观测方程构建方法，极大降低水汽层析模型网格数并改善了层析结果的精度和可靠性。本章内容对于构建合理、稳定的水汽层析模型设计矩阵具有重要参考价值和借鉴意义。

参 考 文 献

毕研盟, 2006. 应用全球定位系统(GPS)遥感大气水汽的研究[D]. 北京: 北京大学.

CHEN B, LIU Z, 2014. Voxel-optimized regional water vapor tomography and comparison with radiosonde and numerical weather model[J]. Journal of Geodesy, 88: 691-703.

FLORES A, RUFFINI G, RIUS A, 2000. 4D tropospheric tomography using GPS slant wet delays[C]//GERMANY. Annales Geophysicae. Berlin: Springer-Verlag.

MÖLLER G, 2017. Reconstruction of 3D wet refractivity fields in the lower atmosphere along bended GNSS signal paths[D]. Wien: Technische Universität Wien.

PERLER D, GEIGER A, HURTER F, 2011. 4D GPS water vapor tomography: New parameterized approaches[J]. Journal of Geodesy, 85: 539-550.

第8章　水汽层析模型射线利用率改善关键技术

在已有的绝大多数地基 GNSS 水汽层析反演研究中，能够利用的 GNSS 卫星信号是完整穿过整个层析区域的射线。由于卫星、接收机几何位置分布及层析区域选择的特定性，许多卫星射线在层析区域侧面穿出，这些观测值通常当作无效信息被剔除，该做法降低了已有 GNSS 观测数据的利用率，研究区域内底层和边缘有很多网格没有信号穿过，层析法方程求逆时不稳定，严重影响层析结果的可靠性。图 8.0.1 给出了 2013 年年积日 124 UTC 12:00 实测 GPS 卫星信号穿过香港层析区域的信号实际分布图，由图可以看出，多数在层析区域侧面穿出的虚线射线卫星信号无法使用，以该历元为例，有近 30.30%的卫星信号无法利用，同时，有信号穿过的网格数也由原来的 71.52%减少到了 58.90%。此外，对于在研究区域外测站部分穿过层析区域的卫星信号，由于其没有完整穿过研究区域，在构建层析观测方程时也无法使用。图 8.0.2 给出了 2015 年年积日 129 UTC 06:00 时刻实测 GNSS 卫星信号穿过浙江连续运行基准站（CORS）区域的信号实际分布图。由图可以看出，位于层析区域外的 GNSS 数据无法使用，导致射线利用率降低了21.27%，有卫星信号穿过的网格数由 79.32%降低到了 65.44%。

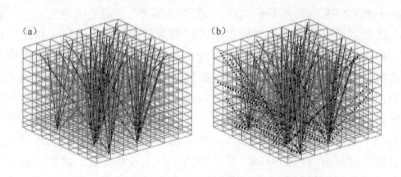

图 8.0.1　实测射线穿过香港层析区域的三维分布图

（a）层析区域顶部穿出射线；（b）层析区域顶部和侧面穿出射线
时间为 2013 年年积日 124 UTC 12:00；实线射线代表从层析区域顶部穿出，
虚线射线代表从层析区域侧面穿出

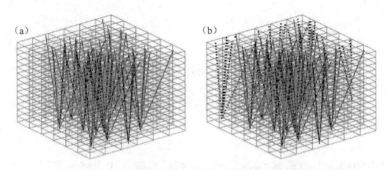

图 8.0.2　实测射线穿过层析区域的三维分布图

（a）层析区域顶部穿出射线；（b）层析区域顶部和层析区域外测站穿出射线
时间为 2015 年年积日 129 UTC 06:00；实线射线代表从层析区域顶部穿出，
虚线代表从层析区域外测站穿出的射线

　　针对传统 GNSS 水汽层析过程中无法充分利用不完整穿过层析区域的部分卫星信号数据的现状，本章系统性地介绍顾及不完整穿过层析区域卫星信号的层析模型构建理论与方法，针对层析模型中的观测数据进行研究。通过对层析区域及射线穿过研究区域的分布特性进行分析，分别介绍基于层析辅助区域、利用外部数据辅助、引入比例因子等方法构建部分穿过层析区域射线的观测方程，提高观测数据利用率，改善层析模型解算精度。

8.1　基于辅助区域的水汽层析模型构建方法

8.1.1　辅助区域的水汽层析模型构建现状

　　现有多数 GNSS 水汽层析研究中，通常在首次确定研究区域后，后续层析过程中不再改变层析区域范围，导致层析区域侧面穿出射线无法用于水汽层析模型观测方程构建。Champollion 等（2005）提出利用多组观测历元的数据对中间两个历元间的数据进行内插，进一步提高层析区域观测网的空间密度，但该方法仍未考虑如何利用在侧面穿出射线的问题。Chen 和 Liu（2014）通过在经度和纬度方向上搜索射线穿过网格最大数的方法来确定最优水平网格分布。上述方法在一定程度上提高了射线利用率，保证部分射线完整穿过层析区域，但仍未涉及如何利用侧面射线构建层析方程的问题，且该方法操作上较难实现。因此，为了克服无法充分利用层析区域侧面穿出射线构建水汽层析模型观测方程的问题，本节介绍了一种基于辅助区域的水汽层析模型构建方法。

8.1.2　基于辅助区域的水汽层析模型构建基本原理

　　通过对层析区域及射线穿过层析区域的分布特性分析，发现在一定卫星截止高度角的前提下，若在经度和纬度方向上对原有层析区域进行延伸，在水平方向上延伸到一定程度后，能够确保原层析区域内所有测站一定截止高度角内的所有卫星射线均能完整穿过扩大后的区域。然后对扩大后的区域进行水汽反演，得到原层析区域内各网格的水汽密度初值，此时从原层析区域侧面穿过的射线都将被利用。将所求得的原层析区域内网格的水汽密度估值作为原有区域水汽场初值进行水汽反演。该方法具体步骤如下。

（1）以层析区域中心为原点，在经纬度方向上对层析区域（如图 8.1.1 中较小的点划线网格区域所示，称为原层析区域）扩展一定的距离，扩展后的新区域称为辅助层析区域（如图 8.1.1 中较大的实线网格区域所示），其垂直高度保持不变。

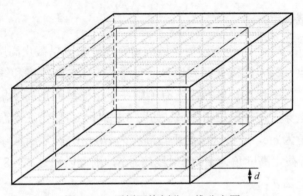

图 8.1.1　层析网格划分三维分布图

（2）利用原层析区域内所有测站观测到的卫星截止高度角 ele～90°的射线建立辅助研究区域（如图 8.1.1 中较大的实线网格区域）的辅助观测方程，然后附加各种约束后得到辅助层析区域的层析模型。

（3）通过 SVD 分解法对步骤（2）中建立的辅助层析模型求解，得到辅助层析区域内每个网格的水汽密度估值。然后再选取原层析区域网格所在位置的水汽密度估值作为初值，用于下一步解算。

（4）基于传统方法利用完整穿过原层析区域的信号射线建立观测方程，并附加约束条件得到研究区域的层析模型：

$$
\begin{pmatrix}
\boldsymbol{A}_{l\times n}^{\text{slant}} \\
\boldsymbol{A}_{m\times n}^{\text{zenith}} \\
\boldsymbol{H}_{l\times n} \\
\boldsymbol{V}_{l\times n}
\end{pmatrix}
\cdot \boldsymbol{x}_{n\times 1} =
\begin{pmatrix}
\mathbf{SWV}_{l\times 1} \\
\mathbf{PWV}_{m\times 1} \\
\mathbf{0}_{l\times 1} \\
\mathbf{0}_{l\times 1}
\end{pmatrix}
\tag{8.1.1}
$$

式中，A^{slant} 为斜方向投影函数；A^{zenith} 为天顶方向投影函数；**SWV** 为测站天顶方向水汽含量组成的列向量；H 和 V 分别为水平约束和垂直约束的系数矩阵；m 和 n 分别为测站个数和层析网格划分个数。

（5）联合步骤（3）和（4）对原层析区域构建新的层析模型并进行解算，得到层析结果的最终解。

需要指出的是：①当层析区域内 GNSS 站间的相对高差较小时，层析观测方程的系数矩阵奇异程度较为严重；②扩大层析区域范围后，扩大层析区域内的待估水汽参数也会增多，其层析的水汽密度精度和可靠性可能稍差，但本节只将其结果作为原层析区域的初值。因此，本章在步骤（3）获取的原层析区域初值信息对层析解算具有积极影响。

8.1.3　扩展区域确定方法

如图 8.1.1 中 d 所示，根据层析区域的垂直高度和卫星截止高度角，以研究区域的边界为起点（假定在研究区域边界上有测站）确定在经度和纬度方向上要延伸的水平范围，以确保层析区域内所有测站在一定卫星截止高度角范围内的卫星射线均能够完整穿过该辅助层析区域。如图 8.1.2 所示，假定在水汽层析时利用的卫星截止高度角为 ele，层析区域的垂直高度为 H(km)，在层析区域边界上有一测站 P，其有一条截止高度角为 ele 的射线信号 S，则可以通过式（8.1.2）计算出需要延伸的水平距离 d：

$$d = H / \tan(ele) \tag{8.1.2}$$

式中，ele 为卫星截止高度角。

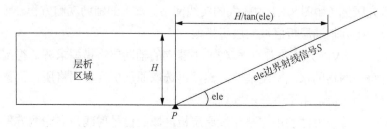

图 8.1.2　辅助层析区域边长计算示意图

8.1.4　案例分析

1. 实验介绍及层析策略

选取美国得克萨斯州 CORS 网中 13 个地基 GNSS 测站（图 8.1.3）的观测数据进行层析实验，选取时间为 2015 年 5 月 10 日～5 月 31 日共 22d。其中，在层析区域有一个无线电探空站（编号：72249），该无线电探空站每天在 UTC 00:00 和 12:00 发射探空气球获取数据，本节将该探空数据计算的结果作为检核层析结果的标准。

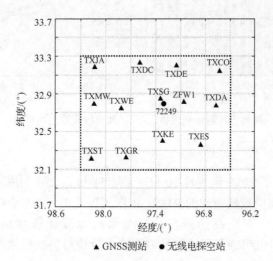

纵坐标：纬度/(°)
横坐标：经度/(°)

▲ GNSS测站　● 无线电探空站

图 8.1.3　层析区域内 GNSS 测站和无线电探空站地理位置分布图

实验选取研究范围（如图 8.1.3 中虚线矩形区域范围所示）：纬度方向为 32.1°～33.3°N，分辨率为 0.2°；经度方向为 96.5°～98.3°W，分辨率为 0.3°；垂直方向为 0～10km，分辨率为 1km；研究区域共有（6×6×10）个网格。进行层析实验时，选取的卫星截止高度角为 10°。因此，根据上述介绍部分可确定出辅助层析区域的范围（如图 8.1.3 整个区域范围所示），确保原层析区域内的 13 个 GNSS 测站接收机在 10°～90°卫星截止高度角的所有射线均都能完整穿过辅助层析区域；其具体范围：纬度 31.7°～33.7°N，经度 96.2°～98.6°W；辅助层析区域内网格数为 10×8×10。实验中采用两种方案对原层析区域内的水汽信息进行反演。

方案 1：采用传统方法建立的层析模型反演水汽；

方案 2：利用本节介绍的附加辅助层析区域的方法反演水汽。

2. 射线利用情况及射线穿过网格数分析

基于设计的两种层析方案，对 2015 年 5 月 10～31 日共 22d 每天不同方案射线利用情况及有射线穿过的网格数进行统计（图 8.1.4）。由图可以看出，本节介绍的方案（方案 2）在射线使用条数和有射线穿过的网格数方面均大于传统方法（方案 1）。通过计算，本节方法的射线平均利用率提高了 18.9%，有射线穿过的网格数提高了 2%。

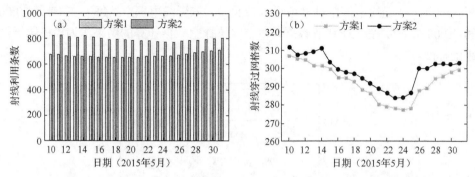

图 8.1.4　两种方法射线利用情况（a）及有射线穿过网格数统计（b）

3. 层析结果分析

图 8.1.5 给出了 2015 年 5 月 10 日~5 月 31 日共 22d 利用上述两种层析方案反演水汽廓线与探空数据对比的 RMS，由图可以看出，本节介绍的方法反演水汽廓线较传统方法具有更高的精度，反演水汽廓线计算 RMS 的平均改善率为 14.6%，进一步说明顾及层析区域侧面穿出射线对提高射线利用率和改善水汽反演精度是有效的。

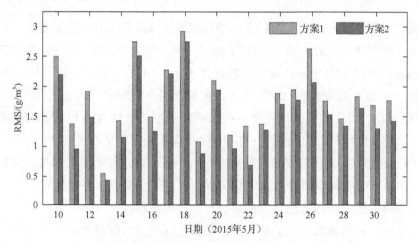

图 8.1.5　实验时段内两种方法层析结果的 RMS 对比图

图 8.1.6 给出了两种层析方案与无线电探空仪对比水汽密度随高度的变化情况及不同高度上的 RMS 分布。由图可以看出，方案 2 反演水汽密度得到的廓线信息在不同高度上与探空数据计算结果具有更好的一致性。此外，方案 2 反演水汽的精度垂直分布也优于传统方法。这进一步说明，本节介绍的方法实现了在研究区域侧面穿出射线信息对层析区域水汽反演的贡献，提高了水汽反演结果的精度。

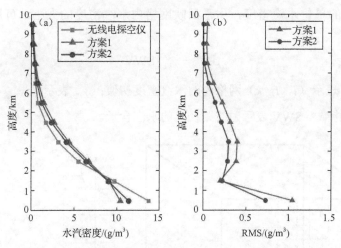

图 8.1.6　层析时段内不同方法的水汽廓线（a）和 RMS 随高度的变化（b）

8.2　外部数据辅助的 GNSS 水汽层析模型构建方法

8.2.1　层析区域侧面穿出射线的水汽层析模型构建现状

过去研究中，相关学者对于在层析区域侧面穿出射线进行了初步尝试。例如，Rohm 和 Bosy（2011）基于 UNB3m 模型，利用射线追踪水汽模型对在研究区域侧面穿出的射线中位于区域外的部分射线进行估计。van Baelen 等（2011）和 Benevides 等（2014）对在研究区域侧面穿出射线中位于区域内的射线进行几何线性估计。但上述方法中仍存在诸多问题，如何利用在层析区域侧面穿出射线参与层析模型的解算，如何对利用经验函数获得的部分射线估值的可靠性和精度进行评估，如何对选取数据的合理性进行验证等。针对上述问题，本节系统性地介绍了通过引入外部数据支持，如无线电探空仪数据、再分析资料数据和 GPT2w 模型等，利用层析区域侧面穿出射线构建水汽层析模型观测方程的方法。

8.2.2　层析区域侧面穿出射线构建水汽层析模型基本原理

为便于表达，将外部数据所在的网格称为基准网格（本节以无线电探空仪数据为例进行介绍），如图 8.2.1（a）中"无线电探空仪"所在网格所示；将基准网格及其垂直方向上的所有网格称为一个基准网格集，如图 8.2.1（a）和图 8.2.1（b）中粗虚线网格所示，每个基准网格集内基准网格的个数等于层析区域在垂直方向上的层数。假定每条射线在所穿过的网格内都有一个水汽单位指数，定义为网格内斜路径上的单位水汽密度，用于反映网格内水汽密度的大小，可用如下公式表示：

$$\rho_{ijk}^{\text{initial}} = \gamma_{ijk} \cdot \text{SWV} \qquad (8.2.1)$$

式中，$\rho_{ijk}^{\text{initial}}$ 表示（i，j，k）网格内的水汽密度初值；γ_{ijk} 表示（i，j，k）网格内的水汽单位指数；SWV 表示射线路径上的水汽含量。

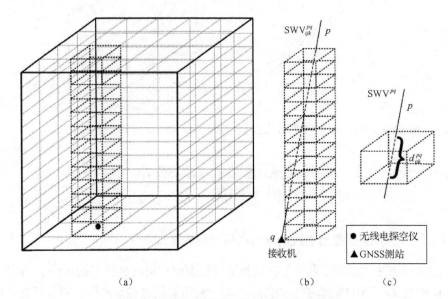

图 8.2.1　研究区域侧面穿过射线利用原理图

（a）层析区域整体示意图；（b）卫星信号穿过单个柱状体示意图；
（c）卫星信号穿过单个层析网格示意图

由式（8.2.1）可知，确定某一非基准网格内的水汽单位指数是计算该网格内水汽密度初值的一个前提。假定每层的水汽密度存在较强的空间相关性，利用无线电探空站所在的每层基准网格内的多个水汽单位指数就可以建立该层的水汽单位指数模型，通过该模型可以得到有实测射线穿过的非基准网格内的水汽单位指数，然后利用穿过网格射线上的 SWV 求出非基准网格内的水汽密度初值。该方法的具体步骤如下。

（1）利用每条穿过基准网格射线上的 SWV 和该基准网格内层析历元前三天的探空数据联合求出每个基准网格内各条射线的水汽单位指数。

如图 8.2.1（b）所示，假设研究区域内有一测站 q 的一条射线 p 穿过基准网格集，该射线上的水汽含量为 SWV^{pq}；在图 8.2.1（c）中，该射线穿过某一基准网格（i，j，k），在（i，j，k）网格内的截距为 d_{ijk}^{pq}，该截距上的水汽含量为 SWV_{ijk}^{pq}。

因此，可以得到 (i, j, k) 网格内第 q 个测站第 p 条射线的水汽单位指数 γ_{ijk}^{pq}，计算公式如下：

$$\gamma_{ijk}^{pq} = \frac{\rho_{\mathrm{w}}}{d_{ijk}^{pq}} \cdot \frac{\mathrm{SWV}_{ijk}^{pq}}{\mathrm{SWV}^{pq}} \tag{8.2.2}$$

式（8.2.2）中，ρ_{w} 表示水汽密度；SWV_{ijk}^{pq} 的计算公式如下：

$$\mathrm{SWV}_{ijk}^{pq} = d_{ijk}^{pq} \cdot \rho_{ijk}^{\mathrm{RS}} \tag{8.2.3}$$

式中，ρ_{ijk}^{RS} 表示利用实验前 3d 的无线电探空仪数据计算的 (i, j, k) 网格内的平均水汽密度。

将式（8.2.3）代入式（8.2.2），可推导出计算基准网格内每条射线水汽单位指数的具体公式：

$$\gamma_{ijk}^{pq} = \frac{\rho_{ijk}^{\mathrm{RS}}}{\mathrm{SWV}^{pq}} \tag{8.2.4}$$

（2）建立每层的水汽单位指数模型。通过式（8.2.4）求出每层每个基准网格内多个测站的多条射线对应的多个水汽单位指数，以高度角为参数建立每层的水汽单位指数模型。其模型的具体表示形式如下：

$$\gamma_{\mathrm{ele}}^{k} = a_1 + a_2 \cdot \sin(\mathrm{ele}) \tag{8.2.5}$$

式中，$\gamma_{\mathrm{ele}}^{k}$ 表示第 k 层的水汽单位指数；ele 表示卫星截止高度角。水汽单位指数模型对应两个不同的系数 a_1 和 a_2，要想通过建模求得任意网格内的水汽单位指数，则每个基准网格内至少要满足有两条射线同时穿过。

（3）利用式（8.2.5）建立的水汽单位指数模型求出层析区域有射线穿过的网格内每条射线的水汽单位指数。

（4）利用从研究区域侧面和顶部穿出射线上的 SWV 和步骤（3）中计算的水汽单位指数求出相应非基准网格 (m, n, k) 内的平均水汽密度初值。计算公式如下：

$$\rho_{mnk}^{\mathrm{initial}} = \left(\sum_{q=1}^{q_{mnk}} \sum_{p=1}^{pq_{mnk}} \gamma_{mnk}^{pq} \cdot \mathrm{SWV}^{pq} \right) / n_{mnk} \tag{8.2.6}$$

式中，$\rho_{mnk}^{\mathrm{initial}}$ 表示 (m, n, k) 网格内的平均水汽密度初值；γ_{mnk}^{pq} 表示 (m, n, k) 网格内第 q 个测站的第 p 条射线所对应的水汽单位指数；q_{mnk} 表示有射线穿过 (m, n, k) 网格的测站个数；pq_{mnk} 表示第 q 个测站有射线穿过 (m, n, k) 网格的射线条数；n_{mnk} 表示所有穿过 (m, n, k) 网格的 SWV 总数。

（5）将步骤（4）中计算的平均水汽密度初值作为初始约束方程，展开为

$$\begin{pmatrix} 1 & & 0 \\ & \ddots & \\ 0 & & 1 \end{pmatrix} \cdot \begin{bmatrix} x_1 \\ \vdots \\ x_l \end{bmatrix} = \begin{bmatrix} \rho_1^{initial} \\ \vdots \\ \rho_l^{initial} \end{bmatrix} \tag{8.2.7}$$

式中，l 表示能够计算出的层析区域内所有水汽密度初值的个数。式（8.2.7）写成矩阵的形式为

$$I_{l\times l} \cdot x_{l\times 1} = \rho_{l\times 1}^{initial} \tag{8.2.8}$$

此时将式（8.2.8）与传统层析模型联立，即建立新方法的层析模型：

$$\begin{pmatrix} A_{m\times n} \\ H_{m\times n} \\ V_{m\times n} \\ C_{m\times n} \end{pmatrix} \cdot x_{n\times 1} = \begin{pmatrix} y_{m\times 1} \\ 0_{m\times 1} \\ 0_{m\times 1} \\ \rho_{m\times 1}^{initial} \end{pmatrix} \tag{8.2.9}$$

式中，最后一行为附加的水汽密度初值约束信息，在初始元素不能估计的非基准网格中，$C_{m\times n}$ 和 $\rho_{m\times 1}^{initial}$ 中对应的元素为 0 和 $0\cdot x_i = 0$。

8.2.3　水汽单位指数模型改进方法

8.2.2 小节介绍方法基于无线电探空仪数据构建水汽单位指数模型，基于实验前 3d 的探空数据计算探空站所在位置上的水汽单位指数，然后利用计算的不同层上的水汽单位指数建立对应层的水汽单位指数模型。该方法存在一定缺陷，如①只有探空站所在位置的数据用于建立模型，在某些情况下，由于大气水汽在小的区域内相对稳定，建立的模型能够提供较好的结果。但是，若探空站位于层析区域的边界处，建立的水汽单位指数模型精度也许不适用于整个层析区域，更坏的情况是如果层析区域内没有探空站，则上述方法不能使用。此外，探空数据的时间分辨率也比较低。②只考虑高度角参数建立水汽单位指数模型，并不能完全反映水汽单位指数的特性。因此，本小节针对该文件进一步研究，分别提出基于再分析资料和 GPT2w 模型的水汽单位指数模型构建方法。

1. 利用再分析资料的水汽单位指数模型构建方法

本节针对上述两个方面进一步改进和优化。针对问题①，提出利用 ECMWF ERA-Interim 的网格数据代替探空数据，ERA-Interim 能够提供全球最小空间分辨率为 0.125°×0.125°，时间分辨率为 6h 的分层气温、水汽压等气象参数，由图 8.2.2 可以看出，利用 ERA-Interim 网格数据代替探空数据增加了层析区域内有效数据的数量和密度，保障了建立水汽单位指数模型的数据来源。针对问题②，通过分

析水汽单位指数计算方程，发现水汽单位指数和 SWV、射线在网格内的截距也有一定关系，因此给出了改进的水汽单位指数模型表达式：

$$\gamma^k = a_1^k + a_2^k \cdot \sin(\text{ele}) + a_3^k \cdot (1/\text{SWV}^p) + a_4^k \cdot (1/d_{ijk}^p) \qquad (8.2.10)$$

式中，$a_1^k \sim a_4^k$ 为水汽单位指数模型的系数；d_{ijk}^p 为信号 p 在网格（i，j，k）内的截距。上述改进方法不仅克服了利用探空数据建立水汽单位指数模型时所建模型可靠性较差的问题，还解决了射线穿过探空站所在网格数较少造成的某些层中水汽单位指数模型无法建立的难题。

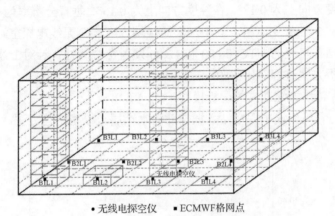

图 8.2.2　改进的水汽单位指数模型原理图

2. 利用 GPT2w 模型的水汽单位指数模型构建

引入 EWMCF 再分析资料能够有效克服水汽单位指数模型精度问题，但 ERA-Interim 数据存在时间延迟，难以获取实时的网格再分析资料产品。此外，获取的再分析资料需经过格式转换、时间换算、水汽密度计算等步骤才能获取对应网格内的水汽密度，操作较为复杂。因此，为了进一步解决时效性和操作复杂方面的问题，本节进一步介绍通过引入 GPT2w 模型，获取基准网格内的水汽密度初值。GPT2w 模型为经验对流层延迟模型，能够计算任意位置上的气温、气压、水汽压等地表和分层气象参数，且不存在时间延迟。利用 GPT2w 模型获取气象参数计算水汽密度初值公式如下：

$$\rho_\text{w} = \frac{e}{R_v\,T} \qquad (8.2.11)$$

式中，e 表示水汽压；T 表示温度。进一步利用公式（8.2.10）构建水汽单位指数模型。

8.2.4　案例分析 1

1.　实验介绍与层析策略

为检验本节介绍的顾及层析区域侧面穿出射线方法构建水汽层析模型的有效性及精度，选取 2015 年 5 月 1～31 日浙江省 CORS 网中 10 个 GNSS 测站（图 8.2.3）的数据进行层析实验，并将层析结果与无线电探空站计算结果对比。研究区域范围为纬度 29.95°～30.63°N，经度 119.95°～120.70°E，网格划分：水平分辨率在纬度方向上为 0.17°，在经度方向上为 0.15°，垂直分辨率为 0.8km，研究区域共有（4×5×13）个网格。其中，实验区域内有一个无线电探空站（58457），无线电探空站在每天的 UTC 00:00 和 12:00 发射探空气球。针对上述提到的方法设计两种层析方案进行对比实验。

方案 1：传统方法建立的层析模型；

方案 2：利用无线电探空站数据辅助的水汽层析模型构建方法。

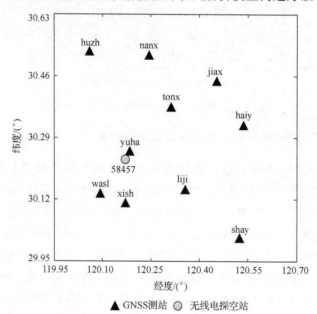

图 8.2.3　层析区域内各测站和无线电探空站的地理分布图

2.　有效射线利用数随高度角变化

图 8.2.4 给出了 2015 年 5 月 1～31 日不同方法能够有效利用的信号平均条数随高度角的变化统计情况。由图可以看出，能够利用的有效信号条数的平均值随高度角的增大而减小，但是无论在哪个高度角范围内，本节介绍的方法（方案 2）

能够利用的信号条数均大于或等于传统方法（方案 1）能够利用的信号条数。这表明，本节介绍方法在不同高度角范围内均能提高射线的利用率。

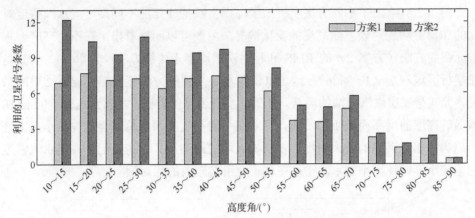

图 8.2.4 实验时段内不同方法利用的有效射线条数平均值随高度角的变化情况

3. 水汽单位指数模型精度分析

水汽单位指数是获取水汽密度初值的必要条件，直接影响水汽密度初值的精度。利用水汽单位指数模型对每天 UTC 00:00 和 12:00 的水汽单位指数进行计算，然后结合对应历元实测的 SWV 数据进一步计算得到探空站所在位置（基准网格）的水汽密度初值，并与利用探空数据计算结果（作为基准）进行对比。图 8.2.5 分别给出了模型计算基准网格内水汽密度的 RMS 及能够计算出的水汽密度初值个数。通过统计可知，对于层析实验时段而言，基于建立的模型计算得到的水汽密度初值的平均 RMS 为 1.25g/m^3，此外，能够求出研究区域内超过一半的网格内的水汽密度初值（260 个网格中有 165 个网格内的水汽密度初值可以计算得到）。

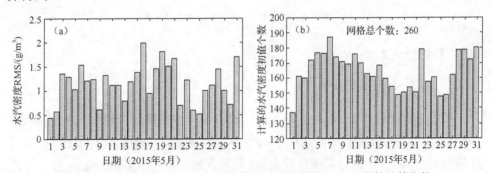

图 8.2.5 实验时段内水汽单位指数模型水汽密度的 RMS 及能够计算出的
水汽密度初值的个数统计图

（a）水汽密度 RMS；（b）计算的水汽密度初值个数

4. 实验结果分析

　　图 8.2.6 给出了不同方案层析结果与探空数据计算的不同高度上水汽密度对比的 RMS 和相对误差随高度的变化情况。由图可以明显看出，在不同高度上本节介绍的方法（方案 2）的 RMS 和相对误差均小于传统方法（方案 1），尤其是在层析区域底层（1～4km），这足以说明本节介绍的方法能够提高层析结果的精度，尤其是底层水汽反演的质量。此外，由图还可以看出，反演水汽密度的 RMS 值随着高度的增高而减小，然而，相对误差随高度的增加总体呈现先减小后上升的趋势。相对误差的最大值出现在层析区域的最高层，这也是因为高层水汽密度的值较小，即使很小的水汽密度变化也会引起较大的相对误差。

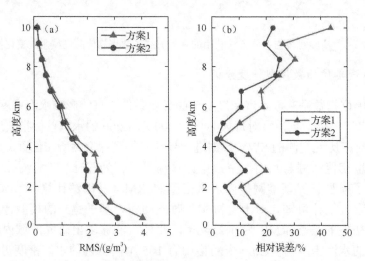

图 8.2.6　实验时段内不同方案的水汽密度 RMS 和相对误差随高度变化图

（a）RMS 随高度变化；（b）相对误差随高度变化

8.2.5　案例分析 2

1. 实验介绍与层析策略

　　为进一步验证本节介绍的利用 ERA-Interim 再分析资料构建水汽单位指数模型的优越性，选取我国香港区域（与 7.2.3 小节区域相同）2014 年 3 月 25 日～4 月 25 日 SatRef 中 12 个测站为例进行实验。实验区域范围：经度 113.87°～114.35°E，纬度 22.19°～22.54°N，高度 0～8km，三个方向上的分辨率分别为 0.06°、0.05° 和 0.8km。因此，层析区域内共有（7×8×10）个网格。设计三种层析方案。

方案 1：利用传统方法建立的层析模型，仅考虑在层析区域顶部穿过射线并附加水平和垂直约束信息；

方案 2：利用本节介绍的基于无线电探空仪数据构建水汽单位指数模型的层析构建方法；

方案 3：利用本节介绍的基于 ERA-Interim 再分析资料构建水汽单位指数模型的层析构建方法。

2. 改进的水汽单位指数模型分析

图 8.2.7 给出了方案 2 和方案 3 中能够计算的水汽密度初值的个数。由图可以看出，利用 ERA-Interim 构建水汽单位指数模型（方案 3）能够计算出更多的水汽密度初值，这是因为基于 ERA-Interim 网格数据代替探空数据能够对每一层的初始水汽单位指数模型建模。为了进一步验证改进水汽单位指数模型的优越性，进行如下对比。一方面，对利用探空数据建立的水汽单位指数模型的内符合精度进行检验，然后基于 ERA-Interim 网格数据对改进的水汽单位指数建模，并对模型的内符合精度进行检验。另一方面，分别基于探空数据和 ERA-Interim 网格数据，对两种模型的外符合精度进行检验。图 8.2.8 和图 8.2.9 分别给出了方案 2 和方案 3 所建立的两种模型的内符合精度、外符合精度对比情况。由两图可以看出，方案 3 构建的水汽单位指数模型具有更高的内符合精度/外符合精度。数据统计可得，方案 2 利用的水汽单位指数模型的 RMS 内符合精度和外符合精度分别为 1.64g/m^3 和 0.24g/m^3，而方案 3 利用的改进模型的 RMS 的内符合精度和外符合精度分别为 0.34g/m^3 和 0.08g/m^3。

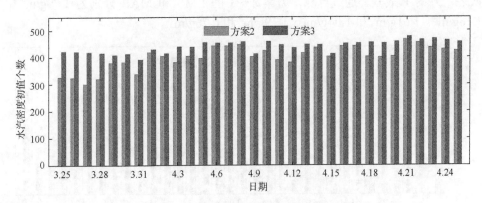

图 8.2.7　方案 2 和方案 3 能够计算的水汽密度初值个数对比

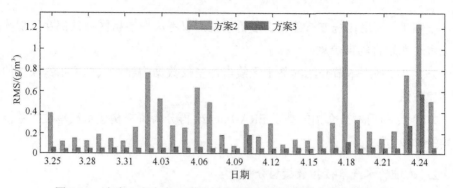

图 8.2.8　方案 2 和方案 3 利用的单位比例因子模型内符合精度对比

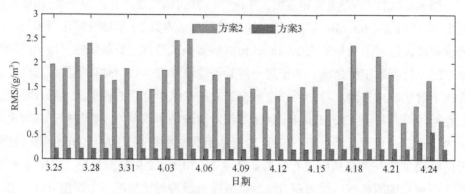

图 8.2.9　方案 2 和方案 3 利用的单位比例因子模型外符合精度对比

3. 实验结果对比

图 8.2.10 给出了 2014 年 3 月 25 日～4 月 25 日不同层析方案反演水汽廓线与探空数据对比的整体 RMS。由图可以看出，方案 3 反演水汽的精度最高，方案 2 次之，方案 1 最差。通过计算，方案 1～3 的 RMS 和 MAE 分别为 1.79g/m^3 和 1.16g/m^3、1.61g/m^3 和 1.04g/m^3、1.19g/m^3 和 0.76g/m^3。

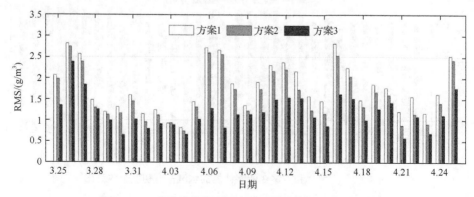

图 8.2.10　实验时段内不同方法反演水汽 RMS 柱状图

为了分析反演的水汽误差与高度的关系，图 8.2.11 给出了不同方案反演的水汽密度与探空数据在不同层上的廓线的 RMS 和相对误差对比图，由图可以看出，水汽廓线的 RMS 总的趋势随高度增加而降低，相对误差的变化趋势恰好相反。其中，方案 3 反演水汽廓线的 RMS 和相对误差最小，进一步证明了本节介绍的利用 ERA-Interim 资料构建水汽单位指数模型的优越性。

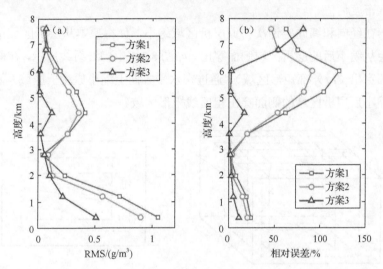

图 8.2.11　实验时段内三种方法反演水汽在不同高度上的 RMS 和相对误差对比

(a) RMS；(b) 相对误差

8.3　顾及比例因子的 GNSS 水汽层析模型构建方法

8.2 节介绍了外部数据辅助的 GNSS 水汽层析模型构建方法，但该方法需要外部实测数据或经验模型的支持。然而，外部实测数据与 GNSS 数据由不同观测技术获取，存在系统偏差和时空差异等；此外，仅利用经验模型的精度相对较差，并不能很好地辅助层析观测方程构建。因此，本节进一步介绍一种无须外部数据支持的 GNSS 水汽层析模型构建方法。

8.3.1　顾及比例因子的 GNSS 水汽层析模型构建基本原理

研究方法整体思想是首先基于传统方法对层析区域进行水汽反演，然后人为地缩小层析区域，使得在层析区域顶部穿出的射线从缩小后的层析区域侧面穿出，计算得到从缩小后的层析区域侧面穿出的射线在缩小的研究区域内的水汽含量与该条射线上的总水汽含量之比，进一步通过该比例关系得到从原层析区域侧面穿出射线在层析区域内的水汽含量，可以将该部分水汽含量用于层析观测方程的建立，参与水汽反演。层析区域侧面穿出信号构建层析观测方程的具体步骤如下。

（1）利用从研究区域顶部穿出的射线对区域内的水汽进行反演，得到每个网格的水汽密度估值。

（2）在经向和纬向上递次将原层析区域缩小，使得原本从层析区域顶部穿出的射线会从缩小后的层析区域侧面穿出。如图 8.3.1 中虚线射线所示，在原层析区域的顶部穿出（最外部矩形区域），通过在水平方向上缩小原层析区域，使得虚线射线在缩小后层析区域的侧面穿出粗虚线矩形区域。

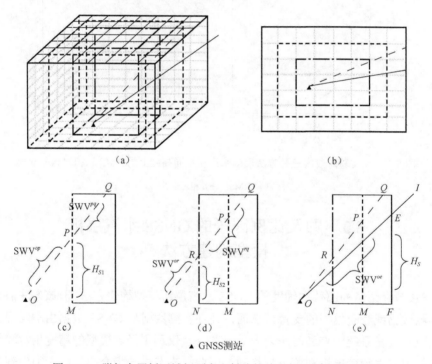

图 8.3.1　附加在层析区域侧面穿出射线构建层析观测方程原理图

（a）射线穿出三维网格示意图；（b）为（a）的俯视图；（c）～（e）为（a）的正视图

（3）原层析区域范围递次缩小后［如图 8.3.1（a）和（b）中粗虚线和点划线范围所示］，分别计算从层析区域侧面不同位置穿出的射线在层析区域内的水汽含量占整个路径上总水汽含量的比例，得到多个比例因子（某条射线上位于缩小层析区域范围内的水汽含量与该射线上总的水汽含量之比）。

比例因子的具体计算过程如下：图 8.3.1（c）给出了图 8.3.1（a）的正视图，由该图可以得出，信号射线 OQ [图 8.3.1（c）] 从原层析区域顶部穿出，但从缩小的粗虚线矩形区域的侧面穿出，因此通过对 OQ 射线上的水汽密度进行积分可得该射线路径上总的水汽含量，计算公式如下：

$$\text{SWV}^{oq} = \int_{oq} \rho \text{d}s = \sum \rho_{ijk} \cdot d_{ijk} \tag{8.3.1}$$

式中，下标 i、j、k 分别表示网格在经向、纬向和高程方向上的位置；SWV^{oq} 表示 OQ 射线路径上的 SWV；ρ_{ijk} 表示第 (i, j, k) 网格内的水汽密度；d_{ijk} 表示射线 OQ 在第 (i, j, k) 网格内的截距。同理，也可以求出图 8.3.1（c）中 SWV^{op} 和 SWV^{oq} 的值。然后计算 OQ 射线上的一个比例因子：

$$\alpha_{op} = \frac{\text{SWV}^{op}}{\text{SWV}^{oq}} \tag{8.3.2}$$

式中，α_{op} 表示射线 OP 占整条射线 OQ 的一个比例因子；$\text{SWV}^{oq} = \text{SWV}^{op} + \text{SWV}^{pq}$。

再一次缩小层析区域的范围，如图 8.3.1（d）中点划线所示，则射线 OQ 在选定的点划线的侧面穿出，同样可以得到 SWV^{or} 和 SWV^{oq} 的值，通过计算可以得到射线 OQ 上的另外一个比例因子 α_{or}：

$$\alpha_{or} = \frac{\text{SWV}^{or}}{\text{SWV}^{oq}} \tag{8.3.3}$$

对层析区域递次缩小，直到该测站位于缩小的区域之外，这样，可以求得射线 OQ 上的所有比例因子。

（4）对每个测站上的多条射线重复上述步骤（1）～（3），得到层析区域内多个测站多条射线的多个比例因子，并构建比例因子与射线与层析区域侧面交点的高度的函数关系模型：

$$\alpha = f(H_S) \tag{8.3.4}$$

式中，H_S 表示射线和选取范围侧面交点的高度，该比例因子模型的具体表达式在 8.3.2 小节介绍。

（5）对于从原层析区域侧面穿出的射线 [如图 8.3.1（a）中黑色实线射线所示]，根据其和侧面交点的高程，利用所建立的比例因子模型求出该射线的比例因子，进一步求出该射线位于原层析区域范围内的水汽含量。如图 8.3.1（e）中从原层析区域侧面穿出的射线 OI 所示，利用式（8.3.4）中建立的比例因子模型根据射线 OI 与层析区域侧面交点的高程 H_S 得到该射线的比例因子 α_{oi}，然后根据式（8.3.5）计算射线 *OI* 在层析区域内的部分水汽含量：

$$\text{SWV}_{oe} = \alpha_{oi} \cdot \text{SWV}_{oi} \tag{8.3.5}$$

式中，SWV_{oe} 表示 *OI* 射线上位于层析区域内的部分水汽含量；α_{oi} 表示 *OI* 射线上对应高度为 H_s 的比例因子；SWV_{oi} 表示整条 *OI* 射线上的水汽含量。

（6）构建附加从研究区域侧面穿出射线的层析观测方程。求出所有从层析区域侧面穿出射线在层析区域内的水汽含量，然后建立层析观测方程，参与水汽层析。因此，可以得到如下层析观测方程：

$$\begin{pmatrix} a_{11} & \cdots & a_{1n} \\ \vdots & & \vdots \\ a_{l1} & \cdots & a_{ln} \end{pmatrix} \cdot \begin{bmatrix} x_1 \\ \vdots \\ x_n \end{bmatrix} = \begin{bmatrix} \text{SWV}_{s1} \\ \vdots \\ \text{SWV}_{sl} \end{bmatrix} \tag{8.3.6}$$

式中，l 表示从层析区域侧面穿出的射线条数；n 表示层析区域内网格的个数；a 表示从研究区域侧面穿出射线在每个网格内的截距；x 表示每个网格内的水汽密度；SWV 表示从层析区域侧面穿出射线在层析区域内相应部分的水汽含量。

因此，将上述方程写成矩阵形式并联合传统层析方法即可得到最终的层析模型：

$$\begin{pmatrix} \boldsymbol{A}_{m \times n} \\ \boldsymbol{H}_{m \times n} \\ \boldsymbol{V}_{m \times n} \\ \boldsymbol{As}_{m \times n} \end{pmatrix} \cdot \boldsymbol{x}_{n \times 1} = \begin{pmatrix} \boldsymbol{y}_{m \times 1} \\ \boldsymbol{0}_{m \times 1} \\ \boldsymbol{0}_{m \times 1} \\ \boldsymbol{ys}_{l \times 1} \end{pmatrix} \tag{8.3.7}$$

式中，$\boldsymbol{As}$ 表示从研究区域侧面穿出射线在每个网格内的截距组成的系数矩阵；$\boldsymbol{ys}$ 表示从研究区域侧面穿出的射线在研究区域内的水汽含量组成的列矩阵。

8.3.2　比例因子函数模型表达式确定及精度评估

通过对每个测站上的多条射线重复上述步骤（1）～（3），得到层析区域内多个测站多条射线的多个比例因子，并进一步分析比例因子与层析区域侧面交点的高度 [图 8.3.1（c）和（d）中 H_{S1} 和 H_{S2}] 之间的关系，发现两者存在明显的指数关系 [见图 8.3.2（a），该图仅利用了层析时段内 UTC 00:00 和 12:00 两个历元时刻]，因此可据此建立该区域的比例因子模型：

$$\alpha = a + b \cdot \exp(1 / H_S) \tag{8.3.8}$$

式中，a 和 b 表示模型系数，可以通过最小二乘法拟合求出，并且能够在每次层析过程中实时更新。

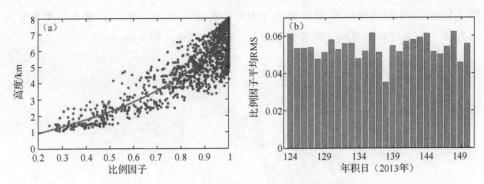

图 8.3.2 实验区域内（a）比例因子随射线和选取范围侧面交点高度变化关系
及（b）不同年积日比例因子精度分析图

由公式（8.3.5）可知，计算的从层析区域侧面穿出射线在层析区域内的水汽含量精度取决于所建立的比例因子模型的精度。图 8.3.2（b）给出了利用 2013 年年积日 124~150 的数据计算每天半小时一次的比例因子平均 RMS。由图可以看出，每天比例因子的平均 RMS 最大值均小于 0.07，通过计算，多日比例因子的平均 RMS 为 0.054。通过统计，在截止高度角为 10° 的情况下，层析时段内每天半小时一次从层析区域侧面穿出射线，其平均水汽含量为 117.6mm。因此，本节介绍的方法计算得到的从层析区域侧面穿出射线在层析区域内的水汽含量平均误差仅为 6.3mm。

8.3.3 案例分析

1. 实验介绍与层析策略

本节实验区域和层析划分与 8.2.5 小节案例分析相同，不再赘述。设计两种层析方案进行实验。

方案 1：只考虑从层析区域顶部穿出的射线建立水汽层析模型观测方程；

方案 2：利用本节介绍的方法，同时考虑从层析区域侧面和顶部穿出的射线建立水汽层析模型观测方程。

2. 不同方案反演 PWV 对比分析

图 8.3.3 和图 8.3.4 分别给出了实验时段内不同方案反演得到的 PWV 与探空数据以及 ECMWF 网格数据计算得到 PWV 的对比图。由图可以看出，相对于传统方法（方案 1），本节介绍的方法（方案 2）获取 PWV 时间序列与探空数据、ECMWF 的 PWV 序列有较好的一致性。统计结果表示，以探空数据计算的 PWV 为标准，传统方法（方案 1）和本节介绍方法（方案 2）计算的 PWV 的 RMS 分别为 5.1mm

和 4.1mm。以 ECMWF 数据计算的 PWV 为标准，传统方法（方案 1）和本节介绍方法（方案 2）计算的 PWV 的 RMS 分别为 5.5mm 和 4.6mm。

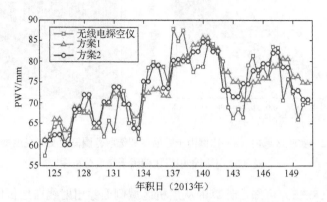

图 8.3.3　实验时段内不同方案反演 PWV 与探空数据计算结果对比图

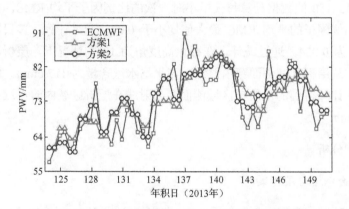

图 8.3.4　实验时段内不同方案反演 PWV 与 ECMWF 网格数据计算结果对比图

3. 水汽廓线对比

图 8.3.5 给出了两个特殊历元（2013 年年积日 124 UTC 00:00 和年积日 137 UTC 12:00）不同层析方案反演的水汽密度随高程的变化情况，两个历元分别对应着实验时段内 PWV 的最小值和最大值。由图可以看出，在两个特殊历元上，相对于传统层析（方案 1）的反演结果，本节介绍方法（方案 2）反演得到的水汽廓线与探空数据、ECMWF 网格数据得到的廓线信息更加相符。通过计算，与探空数据计算结果对比，两个历元中方案 1 反演结果的 RMS 分别为 1.41g/m^3 和 2.65g/m^3，方案 2 反演结果的 RMS 分别为 1.08g/m^3 和 1.42g/m^3。与 ECMWF 计算结果对比，两个历元中方案 1 反演结果的 RMS 分别为 2.68g/m^3 和 2.87g/m^3，方案 2 反演结果的 RMS 分别为 2.21g/m^3 和 2.07g/m^3。

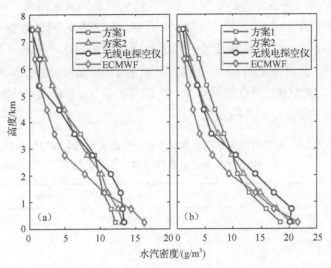

图 8.3.5　不同方案反演水汽廓线与探空数据、
ECMWF 网格数据计算结果对比图

（a）2013 年年积日 124，UTC 00:00～00:30；
（b）2013 年年积日 137，UTC 12:00～12:30

　　图 8.3.6 给出了不同层析方案与探空数据和 ECMWF 数据对比每天的平均 RMS。由图可以看出，本节介绍方法（方案 2）反演结果的 RMS 与探空数据和 ECMWF 数据计算结果对比均小于传统方法（方案 1）的反演结果，表明提出方法所建立的层析模型精度优于传统方法（方案 1）建立的层析模型。其主要原因

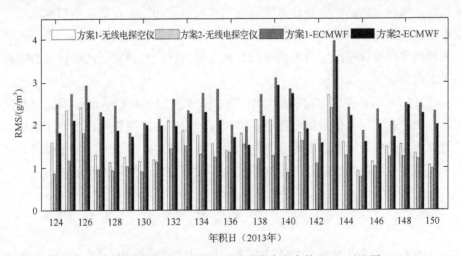

图 8.3.6　实验时段内不同方案反演水汽密度的 RMS 对比图

是方案 2 能够利用更多的实测数据，可以得到更可靠的层析结果。表 8.3.1 给出了实验时段内不同层析方案与无线电探空仪数据、ECMWF 网格数据对比的统计信息。由表可以看出，与无线电探空仪数据对比，传统方法（方案 1）和本节介绍方法（方案 2）反演结果的 RMS 和偏差分别为 $1.60g/m^3$、$1.23g/m^3$ 和$-0.16g/m^3$、$-0.07g/m^3$。与 ECMWF 网格数据对比，两种方案的 RMS 和偏差分别为 $2.43g/m^3$、$2.12g/m^3$ 和$-1.60g/m^3$、$-1.51g/m^3$。

表 8.3.1　实验时段内不同方案反演水汽密度与无线电探空仪数据、ECMWF 数据计算结果对比的统计结果　　　　（单位：g/m^3）

数据类型	RMS	偏差	最大值	最小值
方案 1-无线电探空仪	1.60	-0.16	2.70	0.92
方案 2-无线电探空仪	1.23	-0.07	2.40	0.77
方案 1-ECMWF	2.43	-1.60	3.97	1.79
方案 2-ECMWF	2.12	-1.51	3.59	1.52
ECMWF-无线电探空仪	2.10	-1.69	2.92	1.60

本章主要对水汽层析模型中不完整穿过层析区域观测值的创新应用进行详细介绍，针对在层析区域侧面穿出 GNSS 卫星信号无法利用的现状，分别介绍了相应的处理策略，主要包括：①介绍了一种基于辅助区域的水汽层析模型构建方法，通过扩展层析区域利用在层析区域侧面穿出射线参与水汽层析模型构建；②介绍了一种外部数据辅助的 GNSS 水汽层析模型构建方法，通过在层析区域侧面穿出射线在区域内上的水汽含量计算网格内的水汽密度初值的方式，参与水汽层析模型构建；③介绍一种顾及比例因子的 GNSS 水汽层析模型构建方法，直接对层析区域侧面穿出射线在区域内上的水汽含量进行估计，并建立新的层析观测方程，用于水汽反演。

通过顾及不完整穿过层析区域的 GNSS 卫星信号参与水汽层析模型构建研究，大大提高了卫星信号的数据利用率和有信号穿过的网格数，改善了层析结果的可靠性和精度。本章内容对于充分利用层析区域内外的 GNSS 卫星信号，尤其是未完整穿过层析区域部分的卫星信号具有重要参考价值和借鉴意义。

参 考 文 献

BENEVIDES P, CATALAO J, MIRANDA P M, 2014. Experimental GNSS tomography study in Lisbon (Portugal)[J]. Física de la Tierra, 26(2014): 65-79.

CHAMPOLLION C, MASSON F, BOUIN M N, et al., 2005. GPS water vapour tomography: Preliminary results from the ESCOMPTE field experiment[J]. Atmospheric Research, 74(1-4): 253-274.

CHEN B, LIU Z, 2014. Analysis of precipitable water vapor (PWV) data derived from multiple techniques: GPS, WVR, radiosonde and NHM in Hong Kong[C]. China Satellite Navigation Conference (CSNC) 2014 Proceedings. Berlin Heidelberg: Springer-Verlag.

ROHM W, BOSY J, 2011. The verification of GNSS tropospheric tomography model in a mountainous area[J]. Advances in Space Research, 47(10): 1721-1730.

VAN BAELEN J, REVERDY M, TRIDON F, et al., 2011. On the relationship between water vapour field evolution and the life cycle of precipitation systems[J]. Quarterly Journal of the Royal Meteorological Society, 137(S1): 204-223.

第 9 章　GNSS 水汽层析模型解算关键技术

在充分利用 GNSS 卫星数据的情况下，仍有部分网格（30%～50%）没有卫星信号穿过，为了获取这些网格内的水汽初始场，需要附加某些约束条件，如水平约束、垂直约束等。由于 GNSS 水汽层析的特殊性，层析模型法方程在求逆过程中不可避免地存在病态问题。水汽反演结果的精度最终取决于层析模型解算的质量，因此如何对水汽层析模型进行稳定求解是获取高质量水汽场的关键。在水汽层析模型解算过程中，存在两个难点：①水汽层析模型各类观测值权比确定，水汽层析模型由不同类型的独立观测信息组成，直接将各类观测信息按照等权处理并不合理；另外，对于同一类型的独立观测量，其观测值的权比也不一定相同。因此，如何确定各类观测信息的合理权比是水汽层析模型解算中的关键难题之一。②水汽层析模型稳定求解，对于具有病态性的层析模型，不同层析模型解算方法可能会导致层析结果差异很大。联合多源数据等方法在一定程度上有助于削弱层析模型中的不适定问题，但层析模型仍具有病态特性。此外，由于多源数据时间分辨率不一致，在某些历元会出现某一类型数据的增加或缺失，层析模型结构发生变化。因此，如何对构建的水汽层析模型进行稳定求解并得到可靠的反演结果是水汽反演面临的另一难题。

针对现有 GNSS 水汽层析模型解算的现状，本章系统性地介绍了一种顾及层析模型多类型数据最优权比确定的普适性方法，准确量化不同类型数据对水汽层析结果的贡献。此外，针对水汽层析模型解算方法，介绍了一种改进岭估计的水汽层析模型解算方法，为获取高质量、稳定的水汽场信息提供重要的参考和借鉴。

9.1　顾及多类型数据权比的层析模型解算方法

9.1.1　层析模型数据权比确定现状

层析模型中不同类型数据权比确定是获取高精度层析解算结果的前提。针对不同类型的独立观测信息，Flores 等（2000）提出了一种将不同独立类型的输入信息设定相同的权值，然后通过调节权值使法方程系数阵的最小特征值大于给定数值的方法。但在实际应用中，给定数值与观测方程的结构有很大关系，若观测方程结构较差，即使调节权值也未必会得到较好的层析结果（张豹，2016）。宋淑丽（2004）提出了一种方差-分量抗差估计的方法，使得各类观测量的验后单位权方差在数学意义上一致。Guo 等（2016）提出了一种基于齐性检验的验后方差估计方法，使得各类方程的验后单位权方差达到统计学意义上的相等，提高了层析结果的质量。实际应用中，仅仅使各类数据验后单位权方差在数学或统计意义上相等有时需要多次迭代，耗时且不够严密。另外，对于如何确定同类数据不同观测量之间的权比问题，相关研究较少。因此，本节系统性地介绍一种顾及同类型观测量不同观测值权比及不同类型观测量权比的确定方法。

9.1.2　同类型观测量不同观测值权比确定基本原理

1. GNSS 观测值信息权比确定

对于实测的观测信息（SWV 或 SWD），卫星射线的截止高度角是影响其精度的主要因素之一，因此在定权时需要考虑高度角的影响，利用如下定权函数确定不同卫星信号的权比：

$$P_{\text{ele}} = \text{pow}(\sin(\text{ele}), 2) \tag{9.1.1}$$

此外，建立层析观测方程时采用的观测值包含层析历元前后多个历元的观测值，在定权时也应考虑不同时间间隔的影响，给定的定权函数如下：

$$P_{\text{Tcorr}} = \cos(\text{Tcorr}) \tag{9.1.2}$$

式中，$\text{Tcorr} = \left| \text{Obs}_{\text{time}} - \text{Tom}_{\text{time}} \right| / (T_{\text{int}} / 2)$，$\text{Obs}_{\text{time}}$ 表示射线的观测历元，Tom_{time} 表示层析历元，T_{int} 表示一次层析过程中假定的水汽密度不变的时间段。因此，每条射线的权值如下：

$$P_i = P_{\text{ele}} \cdot P_{\text{Tcorr}} \tag{9.1.3}$$

观测方程各观测值的权比 $\boldsymbol{P}_{0_{\text{swv}}}$ 可写成以下形式：

$$
\boldsymbol{P}_{0_{\text{swv}}} =
\begin{bmatrix}
p_1 & 0 & \cdots & 0 & 0 \\
0 & p_2 & \cdots & 0 & 0 \\
\vdots & \vdots & & \vdots & \vdots \\
0 & 0 & \cdots & p_{(m1-1)} & 0 \\
0 & 0 & \cdots & 0 & p_{m1}
\end{bmatrix}_{m1 \times m1}
\tag{9.1.4}
$$

2. 约束信息权比确定

对于不同类型的约束信息（水平约束 H、垂直约束 V 和先验约束 P），应根据各类约束信息的特点视情况而定。对于水平约束信息，可将各量的权比设为等权：

$$\boldsymbol{P}_{0_H} = \begin{bmatrix} 1 & 0 & \cdots & 0 & 0 \\ 0 & 1 & \cdots & 0 & 0 \\ \vdots & \vdots & & \vdots & \vdots \\ 0 & 0 & \cdots & 1 & 0 \\ 0 & 0 & \cdots & 0 & 1 \end{bmatrix}_{m2 \times m2} \qquad (9.1.5)$$

对于垂直约束和先验约束，其各量的精度与高度相关。因此，可利用层析历元前几天的探空数据或 ECMWF 等再分析资料计算不同层析高度上对应的水汽密度（std_k），根据不同高度上多组水汽密度信息求得其在每层上的标准差，最终确定每个网格内的权比：

$$P_k^{\mathrm{rs}} = 1/\mathrm{std}_k^2 \qquad (9.1.6)$$

因此，垂直约束和先验约束的权阵可以写成如下形式：

$$\boldsymbol{P}_{0_V} = \begin{bmatrix} P_1^{\mathrm{rs}} & 0 & \cdots & 0 & 0 \\ 0 & P_2^{\mathrm{rs}} & \cdots & 0 & 0 \\ \vdots & \vdots & & \vdots & \vdots \\ 0 & 0 & \cdots & P_{m3-1}^{\mathrm{rs}} & 0 \\ 0 & 0 & \cdots & 0 & P_{m3}^{\mathrm{rs}} \end{bmatrix}_{m3 \times m3} \qquad (9.1.7)$$

$$\boldsymbol{P}_{0_P} = \begin{bmatrix} P_1^{\mathrm{rs}} & 0 & \cdots & 0 & 0 \\ 0 & P_2^{\mathrm{rs}} & \cdots & 0 & 0 \\ \vdots & \vdots & & \vdots & \vdots \\ 0 & 0 & \cdots & P_{m4-1}^{\mathrm{rs}} & 0 \\ 0 & 0 & \cdots & 0 & P_{m4}^{\mathrm{rs}} \end{bmatrix}_{m4 \times m4} \qquad (9.1.8)$$

9.1.3　不同类型观测量权比确定基本原理

对于层析模型中不同类型观测信息权比确定的问题，验后方差分量估计是解决该问题的一种常见方法。本小节借鉴宏观经济学计量分析中协整检验的思想，对计算得到的各类观测信息验后单位权方差进行分析，判断一组单位权方差序列的线性组合是否具有稳定的均衡关系，从而确定水汽层析模型中各类观测量的单位权方差之比是否稳定，即各类单位权方差之比是否为 1。图 9.1.1 给出了确定不同类型观测量单位权方差的流程图，其具体步骤如下。

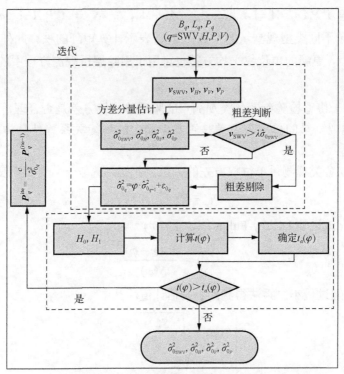

图 9.1.1　层析模型中不同类型观测量单位权方差确定方法流程图

ite-迭代次数

（1）初始化不同类型观测量的单位权方差为 1，设置初始单位权矩阵为 $\boldsymbol{P} = \boldsymbol{D}^{-1}$，即

$$\hat{\sigma}_{0_{\mathrm{SWV}}}^2 = \hat{\sigma}_{0_H}^2 = \hat{\sigma}_{0_V}^2 = \hat{\sigma}_{0_P}^2 = 1 \tag{9.1.9}$$

（2）利用式（9.1.10）计算各类观测量的验后残差 v_{SWV}、v_H、v_V 和 v_P，有

$$\boldsymbol{v} = \begin{bmatrix} v_{\mathrm{SWV}} \\ v_H \\ v_V \\ v_P \end{bmatrix} = \begin{bmatrix} \boldsymbol{A}_{m1 \times n1}^{\mathrm{SWV}} \\ \boldsymbol{A}_{m2 \times n1}^{H} \\ \boldsymbol{A}_{m3 \times n1}^{V} \\ \boldsymbol{A}_{m4 \times n1}^{P} \end{bmatrix} \cdot \hat{\boldsymbol{X}} - \begin{bmatrix} \boldsymbol{y}_{m1 \times 1} \\ \boldsymbol{0}_{m2 \times 1} \\ \boldsymbol{0}_{m3 \times 1} \\ \boldsymbol{\rho}_{m4 \times 1}^{\mathrm{rs}} \end{bmatrix} \tag{9.1.10}$$

（3）更新各类独立观测量信息的单位权方差 $\hat{\sigma}_{0_{\mathrm{SWV}}}^2$、$\hat{\sigma}_{0_H}^2$、$\hat{\sigma}_{0_V}^2$ 和 $\hat{\sigma}_{0_P}^2$。此处，利用简化的方差分量估计计算各类观测量的单位权方差：

$$\hat{\sigma}_{0_q}^2 = \frac{\boldsymbol{v}_q^{\mathrm{T}} \boldsymbol{P}_{0_q} \boldsymbol{v}_q}{n_q - \mathrm{tr}(\boldsymbol{N}^{-1} \boldsymbol{N}_q)} \tag{9.1.11}$$

式中，$N = A^T P A$，$A = \begin{bmatrix} A_{SWV} & A_H & A_V & A_P \end{bmatrix}^T$；$N_q = A_q^T P_q A_q$；$n_q (q = SWV,$ $H, V, P)$ 表示不同类型观测量的个数；$tr(x)$ 表示计算矩阵的秩。此外，利用公式 $v_{SWV} > \lambda \hat{\sigma}_{0_{SWV}}$，更新的单位权平均方差也可用于剔除层析观测方程中的异常值，λ 为经验值。

（4）基于协整检验判断各类观测量的验后单位权方差是否合理，其主要思想是检验各类观测量的单位权方差是否具有稳定的均衡关系。其具体的检验步骤如下：

① 建立各类观测量单位权方差的关系。此处，选取一阶自回归变量序列：

$$\hat{\sigma}_{0_q}^2 = \varphi \cdot \hat{\sigma}_{0_{q-1}}^2 + \varepsilon_{0_q} \tag{9.1.12}$$

② 建立改进的 Dickey-Fuller 统计量 $t(\varphi)$

$$t(\varphi) = \frac{abs(\hat{\varphi} - \varphi)}{S(\varphi)} \tag{9.1.13}$$

式中，$\hat{\varphi}$ 是通过最小二乘法得到的 φ 的估计值，其中

$$\begin{cases} S(\varphi) = \sqrt{\dfrac{S_N^2}{\sum\limits_{q=2}^{N} \hat{\sigma}_{0_{q-1}}^2}} \\ S_N^2 = \dfrac{\sum\limits_{q=2}^{N} (\hat{\sigma}_{0_q}^2 - \varphi \cdot \hat{\sigma}_{0_{q-1}}^2)}{N-1} \end{cases} \tag{9.1.14}$$

式中，N 为组成层析模型中不同类型方程的个数。

③ 给定假设条件。由于各类观测信息的精确权比在首次解算中难以给出，因此给定以下假设，H_0：变量序列不稳定，表示 $\hat{\sigma}_{0_{SWV}}^2 \neq \hat{\sigma}_{0_H}^2 \| \hat{\sigma}_{0_{SWV}}^2 \neq \hat{\sigma}_{0_V}^2 \| \hat{\sigma}_{0_{SWV}}^2 \neq \hat{\sigma}_{0_P}^2 \|$ $\hat{\sigma}_{0_H}^2 \neq \hat{\sigma}_{0_V}^2 \| \hat{\sigma}_{0_H}^2 \neq \hat{\sigma}_{0_P}^2 \| \hat{\sigma}_{0_V}^2 \neq \hat{\sigma}_{0_P}^2$；$H_1$：变量序列稳定，表示 $\hat{\sigma}_{0_{SWV}}^2 = \hat{\sigma}_{0_H}^2 = \hat{\sigma}_{0_V}^2 = \hat{\sigma}_{0_P}^2$。

④ 确定 $t_\alpha(\varphi)$ 的合理阈值。对于不同的情况，$t_\alpha(\varphi)$ 的值不同，应通过实验确定其具体值。

⑤ 基于计算的 $t(\varphi)$ 接受不同的假设：

$$\begin{cases} \text{if } t(\varphi) > t_\alpha(\varphi), \text{ accept } H_0, \text{ reject } H_1 \\ \text{if } t(\varphi) \leq t_\alpha(\varphi), \text{ accept } H_1, \text{ reject } H_0 \end{cases} \tag{9.1.15}$$

（5）若 H_0 被接受，更新各类观测量的权阵然后跳到步骤（2）：

$$P_q^{ite} = \frac{c}{\hat{\sigma}_{0_q}^2} \cdot P_q^{(ite-1)} \tag{9.1.16}$$

式中，c 任意值；ite 为迭代次数。

（6）若 H_1 被接受，则各类观测量的验后单位权方差确定。

9.1.4　案例分析

1. 区域介绍与方案设计

选取贵州贵阳 CORS 网中 6 个地基 GNSS 站 2015 年年积日 303～317（共 15d）的数据进行实验。GNSS 测站在层析区域的分布如图 9.1.2 所示。此外，选取位于层析区域内的无线电探空站（编号：57816）对层析结果进行验证。层析区域范围在经纬度和高程方向上范围分别为 106.10°～107.30°E，26.10°～27.30°N 和 0～8km。将层析区域划分为 5×5×11 个体素，在经纬度方向上的步长均为 0.24°，在垂直方向上从地面到层析顶部的网格分别为 0.5km、0.5km、0.6km、0.6km、0.6km、0.8km、0.8km、0.8km、0.8km、1.0km 和 1.0km。该实验同时顾及 GPS、GLONASS、BDS 观测数据、水平约束、垂直约束和先验约束构建水汽层析模型，共设计两种层析方案。

方案 1：采用等权策略对该区域进行水汽反演；

方案 2：采用本节介绍的定权策略分别对同类型不同观测值和不同类型观测值定权，进行水汽反演。

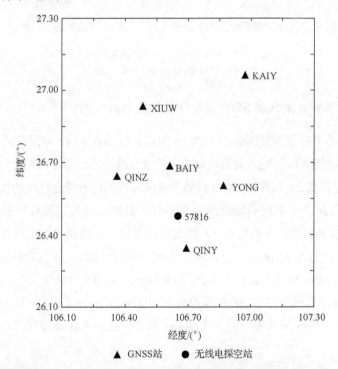

图 9.1.2　贵阳 CORS 网 GNSS 和无线电探空站地理位置分布图

2. 验后单位权方差分析

图 9.1.3 给出了本节介绍层析方案在 2015 年年积日 303 UTC 12:00 不同类型数据的验后单位权方差随迭代次数的变化情况。由图可知，不同类型数据的验后单位权方差在第 2 次迭代后快速趋近于某一值，且在 5 次迭代后满足 9.1.3 小节给出的最优迭代阈值要求。此外，GPS、GLONASS 和 BDS 观测数据的初始验后单位权方差不等，进一步证实了本节介绍定权方法的必要性。

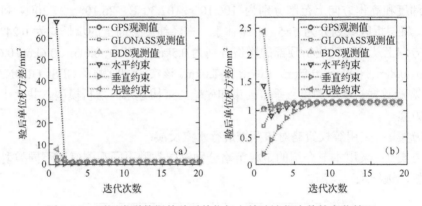

图 9.1.3　不同类型数据的验后单位权方差随迭代次数的变化情况

（a）迭代次数为 1～20；（b）迭代次数为 2～20
时间：2015 年年积日 303 UTC 12:00

3. 两种层析方案反演 SWD 内外符合精度分析

图 9.1.4 和图 9.1.5 分别给出了 2015 年年积日 303～317 利用两种层析方案反演 SWD 与实测 SWD 的残差与高度角的内外符合精度散点图。由图可知，本节介绍的定权方法（方案 2）反演的 SWD 在各个高度角内的内外符合精度均优于等权方法（方案 1），这是由于不同观测数据并非等权，简单地将其等权处理并不符合实际情况。统计结果发现，在高度角 15°情况下，两种方案反演 SWD 的内符合精度的 RMS 和偏差分别为 2.9mm 和-0.2mm、2.1mm 和 0.1mm，外符合精度的 RMS 和偏差分别为 13mm 和-0.9mm、9.4mm 和 0.9mm；高度角 10°情况下，两种方案反演 SWD 的内符合精度的 RMS 和偏差分别为 2.9mm 和-0.2mm、2.1mm 和 0.1mm，外符合精度的 RMS 和偏差分别为 12.4mm 和 0.7mm、8.4mm 和 0.9mm。

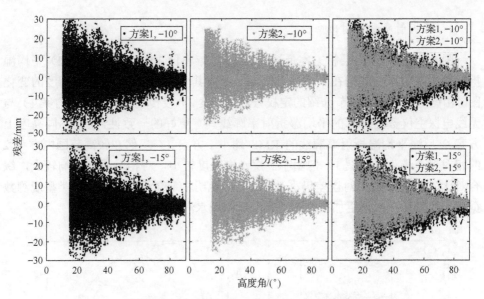

图 9.1.4　两种层析方案反演 SWD 与实测 SWD 的残差与高度角的
内符合精度散点图（截止高度角分别为 15°和 10°）

时间：2015 年年积日 303～317

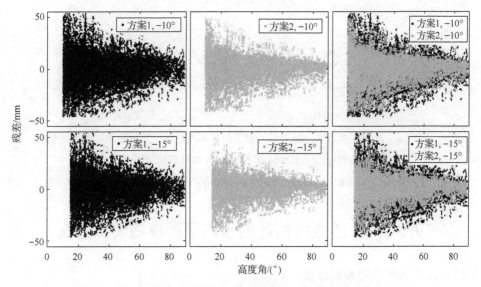

图 9.1.5　两种层析方案反演 SWD 与实测 SWD 的残差与高度角的
外符合精度散点图（截止高度角分别为 15°和 10°）

时间：2015 年年积日 303～317

4. 湿折射率廓线对比

图 9.1.6 给出两种层析方案反演的 2015 年年积日 303~317（共 15d）平均湿折射率廓线与探空数据在不同高度上的分布及其 RMS、相对误差随高度的变化图。由图可以发现，本节介绍的定权方法（方案 2）较传统等权方法（方案 1）与无线电探空仪数据计算的平均湿折射率廓线具有更好的一致性，且在不同高度上方案 2 反演平均湿折射率廓线的 RMS 均小于方案 1。虽然在较高范围内方案 2 的相对误差稍大于方案 1，但由于高层水汽密度较小，对相对误差影响较大，综合对比，方案 2 的相对误差仍小于方案 1。说明本节介绍的顾及不同类型观测数据权比信息后，能够更加准确地反演层析区域水汽分布情况。

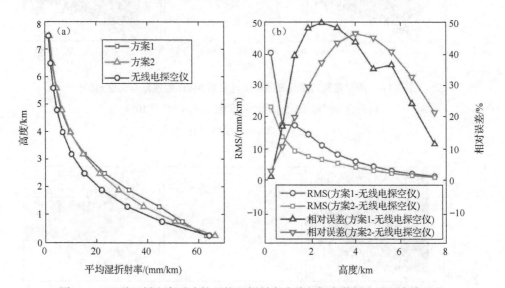

图 9.1.6　两种层析方案反演的平均湿折射率廓线与探空数据在不同高度上的分布及其 RMS、相对误差随高度的变化图

（a）平均湿折射率廓线与探空数据在不同高度上的分布；（b）RMS、相对误差随高度的变化

9.2　基于改进岭估计的水汽层析模型解算方法

9.2.1　水汽层析模型解算现状

由于 GNSS 卫星及测站分布的特定性，GNSS 水汽层析模型的设计矩阵为大型稀疏矩阵，层析模型解算时出现秩亏。常用的水汽层析方法包括迭代和非迭代两种，具体在 4.4 节中进行了详细介绍。SVD 是非迭代解算中的常用方法之一，

然而，解算过程中小奇异值的存在会导致层析结果发生较大波动。正则化方法是具有病态性的水汽层析模型解算的有效途径，该方法的本质是通过修正层析模型法方程矩阵的特征值来减小估计的方差，达到提高病态解稳定性的目的。因此，本节在现有正则化方法的基础上，介绍了一种附加最小偏差约束的改进岭估计方法，解决现有水汽层析模型解算效果较差的问题。

9.2.2　基于改进岭估计的水汽层析模型解算基本原理

通常，水汽层析模型包括观测方程，水平约束、垂直约束和先验约束方程，可表示成如下形式：

$$\begin{pmatrix} A_{\mathrm{GNSS}} \\ A_H \\ A_V \\ A_P \end{pmatrix} \cdot X = \begin{pmatrix} Y_{\mathrm{GNSS}} \\ 0 \\ 0 \\ Y_P \end{pmatrix} \tag{9.2.1}$$

式中，A_{GNSS} 表示观测方程设计矩阵；A_H、A_V 和 A_P 分别代表水平约束、垂直约束和先验约束矩阵；Y_{GNSS} 和 Y_P 分别表示卫星信号上的 SWV 和先验信息组成的列向量；X 为待估的水汽密度参数。根据岭估计方法，未知参数的估计形式如下：

$$\hat{X} = \left(B^{\mathrm{T}} P B + \alpha I \right)^{-1} B^{\mathrm{T}} P L \tag{9.2.2}$$

式中，α 为正则化因子，用于平衡层析模型法方程的病态性和正则化矩阵，该因子可根据 L 曲线方法计算（Tangdamrongsub et al., 2012）；I 表示单位矩阵；$B = [A_{\mathrm{GNSS}}, A_H, A_V, A_P]^{\mathrm{T}}$；$L = [Y_{\mathrm{GNSS}}, 0, 0, Y_P]^{\mathrm{T}}$；$P = [P_{\mathrm{GNSS}}, P_H, P_V, P_P]$；$P_{\mathrm{GNSS}}$、$P_H$、$P_V$ 和 P_P 表述不同层析模型信息的权比。

根据方差协方差传播定律，岭估计方差矩阵的迹可表示为

$$D(\hat{X}) = \sigma_0^2 \sum_{i=1}^{n} \frac{\Lambda_i}{(\Lambda_i + \alpha)^2} \tag{9.2.3}$$

式中，σ_0^2 为初始单位权阵；$\Lambda_i = \lambda_i^2$。

上述方程中，岭估计方法通过修改水汽层析模型法方程的特征值降低估计的方差，然而，该方法在减少估计方差的同时也引入了偏差，引入的偏差与正则化参数有关。对于水汽层析模型，由于层析方程固有的病态问题，观测方程设计矩阵的条件数非常大。最大特征值比最小特征值大几个数量级。一般来说，正则化因子明显小于最大特征值，修正相对较大的特征值是无效的，甚至不利于减小估计方差。因此，本节介绍一种基于最小偏差原则的改进岭估计（improved ridge estimation，IRE）方法，在有效减小参数估计方差的同时，控制正则化方法引入的偏差。该方法的具体流程如下。

（1）基于平差理论，公式（9.2.1）中未知参数的最小二乘估计方差可表示如下：

$$D(\hat{X}) = \text{tr}[\text{Cov}(\hat{X})] = \sigma_0^2 \left(\sum_{i=1}^{n} \frac{1}{\lambda_i^2} \right) \tag{9.2.4}$$

式中，$\lambda_1 > \lambda_2 > \cdots > \lambda_n$ 为设计矩阵的奇异值，其中 $\lambda_1 \gg \lambda_n$。对于水汽层析模型，λ_n 的值接近 0。

（2）未知参数的估计方差可以看作是特征值引起的方差分量之和。小特征值表示分量大的方差。因此，层析模型法方程的病态性主要是由于相对较小的特征值引起的方差增加。

（3）利用 SVD 对层析模型法方程求解，其中 $\Lambda_i = \lambda_i^2$，因此特征值对方差阵的影响可看作奇异值对标准差的影响，其中，奇异值小表示标准差的影响较大。

$$\text{STD} = \left\{ \sigma_0 \frac{1}{\lambda_1}, \sigma_0 \frac{1}{\lambda_2}, L, \sigma_0 \frac{1}{\lambda_n} \right\} \tag{9.2.5}$$

（4）式（9.2.5）表明，由相对较小的奇异值引起的标准误差之和占总标准误差的较大部分。因此，假设病态矩阵的最大奇异值和最小奇异值之间的差值相对较大，则可根据最小偏差原则对上述进行转化，即只选择对层析结果有严重影响的小奇异值进行处理，假设由小奇异值引起的标准误差之和占总标准误差的比例为 β，该原则可表示为

$$\sum_{i=k}^{n} \frac{\sigma_0}{\lambda_i} \geqslant \beta \sum_{i=1}^{n} \frac{\sigma_0}{\lambda_i} \tag{9.2.6}$$

式中，$\lambda_i (i = k)$ 为确定小奇异值的阈值；β 为调节系数，用于给出对层析结果影响较大的奇异值节点。水汽层析实验表明，当 $\beta = 0.2$ 时可获得较好的层析解算结果。

（5）对较小奇异值进行修正后，基于最小偏差原则构建的正则化矩阵 R 可表示为

$$R = \sum_{i=k}^{n} G_i G_i^{\text{T}} \tag{9.2.7}$$

式中，G_i 是奇异值对应的特征向量。基于上述原则，只有从 $k \sim n$ 的奇异值在正则化矩阵中进行了修改，以便于在层析解算中控制偏差的引入。

（6）联合修正后的正则化矩阵和公式（9.2.2）对水汽层析模型进行解算，得到最终的水汽廓线信息。

9.2.3　案例分析

1. 层析区域介绍和方案设计

实验区域和数据选取与 8.3.3 小节相同，不再赘述。设计两种层析方案进行实验，其中，方案 1 利用 SVD 方法对水汽层析模型解算，方案 2 利用本节介绍的改进岭估计方法进行水汽层析模型解算。

2. 特定历元反演水汽廓线对比

图 9.2.1 给出了 2014 年年积日 90 UTC 00:00 和年积日 95 UTC 00:00 两个特定时刻两种方案反演水汽廓线与无线电探空仪的对比结果，选取两个时段是因为它们分别对应实验期间的最大和最小 PWV 值（分别为 48.3mm 和 26.2mm）。由图可以看出，与传统的 SVD 方法（方案 1）对比，本节介绍的 IRE 方法（方案 2）得出的水汽剖面更接近于无线电探空仪数据计算结果，尤其是在底层。统计结果表明，利用 SVD 方法和本节介绍的 IRE 方法反演的水汽密度与无线电探空仪水汽密度的 RMS 分别为 2.57g/m^3（年积日 90）与 1.62g/m^3（年积日 95）、1.74g/m^3（年积日 90）与 0.99g/m^3（年积日 95）。

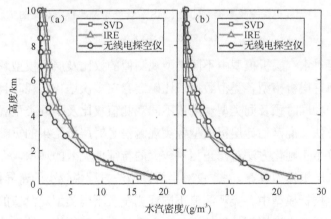

图 9.2.1　两种层析方案反演水汽廓线与无线电探空仪数据的对比图

(a) 2014 年年积日 90 UTC 00:00；(b) 为 2014 年年积日 95 UTC 00:00

3. 实验时段整体对比

图 9.2.2 给出了 2014 年年积日 84～101（共 18d）两种方法反演水汽密度与无

线电探空仪数据对比的统计结果及改善率。从图中可以看出，本节介绍的 IRE 方法（方案 2）在实验时段内的 RMS 值均小于 SVD 方法（方案 1），其改善率范围在 0%～60%。统计结果表明，本节介绍的 IRE 方法相对于 SVD 的平均改善率为 19.0%，其 RMS 均值从 $2.11g/m^3$ 降至 $1.71g/m^3$。

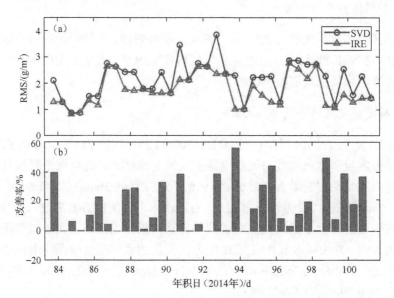

图 9.2.2　2014 年年积日 84～101（共 18d）两种方法反演水汽密度
与无线电探空仪数据对比的 RMS 统计结果及改善率对比图

（a）RMS；（b）改善率

本章主要对水汽层析模型中不同类型观测值的权比及层析模型解算方法进行介绍，针对现有层析模型各类型数据权比确定存在多次迭代，耗时且不够严密等现象，介绍一种同时顾及同类型观测量不同观测值权比及不同类型观测量权比的普适性确定方法，准确估计层析模型各类观测信息对层析结果的贡献。针对水汽层析模型解算中正则化方法对修正相对较大的特征值无效的现象，介绍一种改进岭估计的水汽层析模型解算方法，仅对层析模型法方程中较小的奇异值进行修正。通过精确确定层析模型中各类观测值不同观测量及不同类型观测值的权比，合理体现各类观测量对水汽层析结果的贡献；引入最小偏差原则和岭估计对层析模型进行稳定求解，获取可靠、高精度的水汽场信息。本章内容对于确定层析模型各类型观测信息不同观测值和不同类型观测信息权比及对水汽层析模型进行稳定求解均具有重要参考价值和借鉴意义。

参 考 文 献

宋淑丽, 2004. 地基 GPS 网对水汽三维分布的监测及其在气象学中的应用[D]. 上海: 中国科学院上海天文台.

张豹, 2016. 地基 GNSS 水汽反演技术及其在复杂天气条件下的应用研究[D]. 武汉: 武汉大学.

FLORES A, RUFFINI G, RIUS A, 2000. 4D tropospheric tomography using GPS slant wet delays[C]//GERMANY. Annales Geophysicae. Berlin: Springer-Verlag.

GUO J, YANG F, SHI J, et al., 2016. An optimal weighting method of global positioning system (GPS) troposphere tomography[J]. IEEE Journal of Selected Topics in Applied Earth Observations and Remote Sensing, 9(12): 5880-5887.

第 10 章　GNSS 水汽层析影响因素

随着 GNSS 气象学的不断发展与成熟,相关学者逐步利用 multi-GNSS 数据进行水汽层析的初步尝试,但过去研究多数利用模拟的 multi-GNSS 数据反演水汽(Wang et al.,2014;Bender et al.,2011),研究成果并不能反映 multi-GNSS 观测数据的真实情况,包括 GNSS 站点的位置、地形和周围环境的变化等影响(Wang et al.,2014;Nilsson and Gradinarsky,2006)。因此,基于 multi-GNSS 数据反演的水汽结论需进一步验证。此外,尽管相关研究利用 multi-GNSS 数据进行水汽层析实验(Dong et al.,2018;Zhao et al.,2018),但不同测站密度和 GNSS 数据的系统组合对水汽层析的影响尚未得到较好的结果。过去 GNSS 水汽层析研究大多数集中在高精度、高稳定的水汽密度获取方面,如何进一步拓展反演水汽场的创新应用仍是一个难题。

针对不同 multi-GNSS 组合、测站密度和网格划分对层析结果影响尚未确定的现状,本章系统地分析不同 multi-GNSS 组合获取水汽层析结果的精度和可靠性,并进一步分析不同测站密度和网格划分对水汽层析结果的影响。

10.1　multi-GNSS 数据对对流层层析精度和可靠性的影响

10.1.1　利用 multi-GNSS 数据进行水汽层析现状

随着 GNSS 的不断发展和成熟,尤其是 2020 年中国北斗三代导航卫星完成全球组网以来,GNSS 进入了一个多系统融合发展的时代。然而,在 GNSS 水汽层析方面,由于 GPS 最为成熟,多数实验仅利用单 GPS 进行水汽层析研究。尽管近年来相关研究利用 multi-GNSS 观测数据进行水汽层析实验,但多数实验利用仿真的 GLONASS 或 Galileo 数据,且仅对层析结果精度进行分析和对比等,并未涉及不同 multi-GNSS 组合对水汽层析精度和可靠性的分析,缺少利用 multi-GNSS 数据进行水汽廓线反演的指导性研究。因此,本节介绍了不同 multi-GNSS 组合对水汽层析精度的影响,为 multi-GNSS 水汽层析中不同系统组合选择提供借鉴和参考。

10.1.2　实验区域与 multi-GNSS 层析方案设计

本节选取的研究区域及数据与 9.2.3 小节相同，不再赘述。共设计 6 种不同 multi-GNSS 组合的水汽层析方案，具体层析方案信息见表 10.1.1。根据对比需求，进行单日（2015 年年积日 303）和整体实验时段（2015 年年积日 303～309）的实验对比。

表 10.1.1　multi-GNSS 水汽层析方案信息统计

方案	系统数据	缩写
1	GPS	G
2	BDS	C
3	GLONASS	R
4	GPS+BDS	G+C
5	GPS+GLONASS	G+R
6	GPS+BDS+GLONASS	G+C+R

10.1.3　单日实验对比

1. 射线利用率和射线穿过网格数对比

图 10.1.1 和图 10.1.2 分别给出了 2015 年年积日 303 的 6 种方案利用的卫星射线数量和层析成像区域的网格覆盖率对比图。由图可以看出，使用 multi-GNSS 组合时，所使用的 SWD 数量增加，此外，没有卫星信号穿过的网格百分比随着卫星射线数量的增加而减少。统计发现，当使用两个或三个 GNSS 时，SWD 的数量几乎增加了 1 倍或 3 倍，然而，减少的空网格百分比并没有预期的那么多，只减少了 10%～21%。

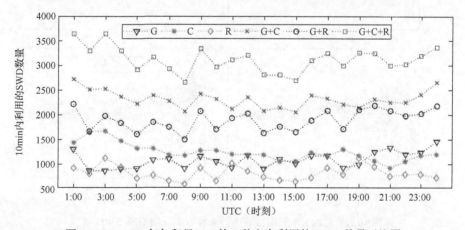

图 10.1.1　2015 年年积日 303 的 6 种方案利用的 SWD 数量对比图

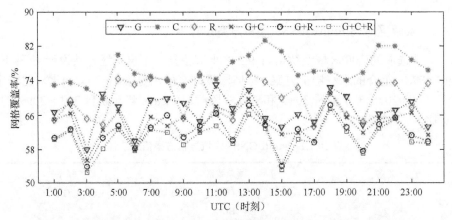

图 10.1.2　2015 年年积日 303 的 6 种方案层析成像区域的网格覆盖率对比图

2. SWD 残差对比

图 10.1.3 给出了 2015 年年积日 303 的 4 种方案反演 GPS SWD 与 PPP 估计 SWD 的残差与高度角分布图，由图可以看出，GPS SWD 残差随高度角的增加而减小。统计发现，方案 G、G+C 和 G+C+R 反演 SWD 的标准差分别为 2.85mm、2.78mm 和 2.75mm。一般来说，当使用多个 GNSS 观测来建立观测方程时，水汽层析模型的精度会略有提高。

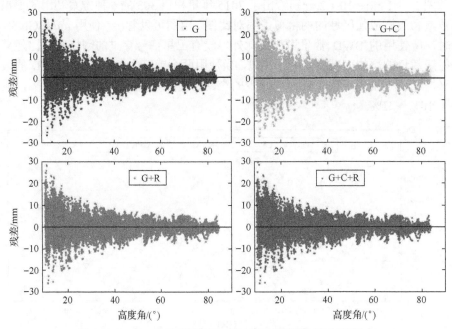

图 10.1.3　2015 年年积日 303 的 4 种方案反演 GPS SWD 与
PPP 估计 SWD 的残差与高度角分布图

10.1.4　多日实验对比

1. ZWD 相对误差对比

为了直接对不同层析方案反演结果与无线电探空仪数据进行对比，引入相对误差统计指标：

$$RE_{ZWD} = \frac{\left| ZWD_{RS} - ZWD_{Tomo} \right|}{ZWD_{RS}} \qquad (10.1.1)$$

式中，ZWD_{Tomo} 表示基于不同层析方案反演湿折射率计算的 ZWD；ZWD_{RS} 表示利用无线电探空仪数据计算的 ZWD。图 10.1.4 给出了 2015 年年积日 303～309 不同层析结果反演 ZWD 与无线电探空仪对比的相对误差对比图。由图可以看出，不同层析方案反演结果的相对误差随时间变化，虽然多 GNSS 可为水汽层析提供更多的观测数据，但组合策略（G+C、G+R 和 G+C+R）得出的层析结果并不总是优于单一策略（G、C 和 R）。统计结果表明，6 种水汽层析方案在实验时段内平均 ZWD 相对误差分别为 9.36%、9.58%、10.26%、9.60%、9.83%和 9.87%。

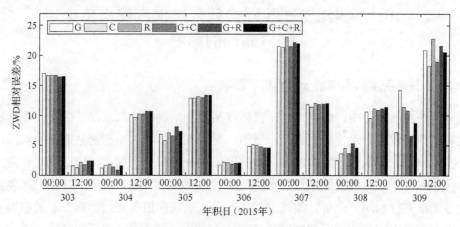

图 10.1.4　2015 年年积日 303～309 不同层析结果反演 ZWD 与
无线电探空仪对比的相对误差对比图

2. 湿折射率廓线对比

图 10.1.5 给出了实验时段内不同层析策略反演湿折射率廓线与无线电探空仪数据对比的 RMS 和相对误差随高度变化图。由图可以看出，G+R 和 G+C+R 层析策略的 RMS 稍低，而 C 和 R 层析策略的值在层析区域底层较差。一般来说，湿折射率的 RMS 随高度的增加而减小，而相对误差则呈现相反的趋势。统计发

现，实验时段内使用多 GNSS 观测数据时，水汽反演结果的 RMS 精度提高了 0%～5.5%。

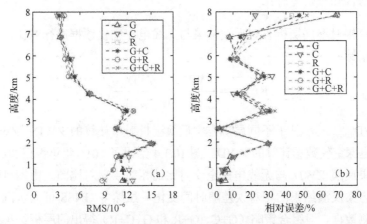

图 10.1.5　实验时段内不同层析策略反演湿折射率廓线与无线电探空仪数据对比的
RMS（a）和相对误差（b）随高度变化图

10.2　测站密度和网格划分对水汽层析精度和可靠性的影响

10.2.1　测站密度和网格划分对层析的影响

　　传统水汽层析中，通常选定研究区内某些测站进行水汽反演，同时，根据经验对研究区域进行水平网格划分。然而，对于不同区域大小和测站密度的水汽层析实验来讲，选取的 GNSS 测站个数和网格划分步长是不同的，仅选取部分测站和经验水平步长对研究区域进行水汽反演时，网格划分过大或过小导致卫星观测信号无法充分利用。此外，测站个数和多系统选取的情况直接影响卫星数据的利用率，严重影响层析结果的精度和可靠性。因此，本节通过对不同测站密度、不同卫星系统组合和网格划分方式进行对比研究，给出普适性的测站密度、系统组合和网格划分策略。

10.2.2　实验区域与不同水汽层析方案设计

　　实验选取我国香港 SatRef 中 14 个测站 12 月 4～26 日的数据，层析区域在垂直方向上采用非均匀高程间距分为 12 层，从地面到层析区域顶部分别为 500m、500m、600m、600m、600m、800m、800m、800m、800m、1000m、1000m 和 1000m。

在水平网格划分过程中，本节介绍了一种普适性的最优水平网格划分方法，该方法能够根据层析区域的范围、GNSS 测站的数量和分布确定最佳水平分辨率。具体原则是保证位于底层的 GNSS 测站覆盖率相对较大，以优化观测方程的设计矩阵，同时考虑更高的水平分辨率，以尽可能详细地反映大气水汽分布。值得注意的是，覆盖率是指卫星信号穿过的网格数与层析区域中划分的总网格数之间的比率。本节共设计了 9 种层析方案，并计算 GNSS 测站在底层的覆盖率，如表 10.2.1 所示。通过表可以发现，在考虑水平分辨率较为精细的情况下，方案 3 中 GNSS 测站在底层的覆盖率最大，因此后续利用该方案进行实验。

表 10.2.1　9 种方案确定水平分辨率的统计结果

方案	经度×纬度/(°)×(°)	总体素	经度步长/(°)	纬度步长/(°)	站点覆盖率/%
1	12×9	108	0.04	0.04	13.0
2	12×6	72	0.04	0.06	18.1
3	12×4	48	0.04	0.09	29.2
4	8×9	72	0.06	0.04	19.4
5	8×6	48	0.06	0.06	25.0
6	8×4	32	0.06	0.09	43.8
7	6×9	54	0.08	0.04	25.9
8	6×6	36	0.08	0.06	36.1
9	6×4	24	0.08	0.09	58.3

此外，在测站密度选择上，分别选择不同卫星系统（G、C、R、E、GC、GR、CR、GCR 和 GCRE）不同测站密度（10 个和 14 个测站）进行统计对比。共设计了 4 种水汽层析方案分析站点密度和多 GNSS 数据组合对反演大气湿折射率的影响。其中方案 1 和方案 2 仅利用 10 个 GNSS 站，但考虑到单个 GNSS 和多 GNSS 组合。单个 GNSS 分别缩写为 G-10、C-10、R-10 和 E-10，多 GNSS 组合缩写为 GC-10、GR-10、CR-10、GCR-10 和 GCRE-10。方案 3 和方案 4 中 14 个 GNSS 测站均用于层析实验，单个 GNSS 观测系统缩写为 G-14、C-14、R-14 和 E-14，多 GNSS 缩写为 GC-14、GR-14、CR-14、GCR-14 和 GCRE-14。本节重点分析：①不同 GNSS 组合下射线数和卫星信号穿过网格情况；②层析结果与无线电探空仪数据对比。

10.2.3　测站密度对层析结果的影响

1. 射线利用数和卫星穿过网格覆盖率对比

　　表 10.2.2 给出了 2017 年 12 月 4～26 日共 23d GNSS 射线利用率的平均值和信号穿过网格覆盖率的统计结果。从统计结果可以看出，与方案 1 和方案 3 相比，方案 2 和方案 4 中的射线利用数明显较大，但方案 1 和方案 3 与方案 2 和方案 4 中有信号穿过网格覆盖率差异并不大，E-10 和 E-14 两种情况除外。实验时段内，Galileo 卫星观测的数量较少，因此方案 1 和方案 3 中，E-10 和 E-14 中利用的射线利用数及有信号穿过网格覆盖率较低。

表 10.2.2　2017 年 12 月 4～26 日共 23d GNSS 射线利用数的平均值和
信号穿过网格覆盖率的统计结果

指标	方案 1				方案 2				
	G-10	C-10	R-10	E-10	GC-10	GR-10	CR-10	GCR-10	GCRE-10
射线利用数	673	761	471	233	1433	1144	1232	1905	2137
穿过网格覆盖率/%	66.6	60.8	57.3	37.0	73.8	73.6	71.2	76.9	77.4

指标	方案 3				方案 4				
	G-14	C-14	R-14	E-14	GC-14	GR-14	CR-14	GCR-14	GCRE-14
射线利用数	974	1123	693	349	2097	1668	1816	2791	3139
穿过网格覆盖率/%	75.3	71.8	68.0	50.0	80.0	79.8	78.8	82.0	82.3

　　表 10.2.3 给出了 4 种方案的射线利用数与信号穿过网格覆盖率的统计结果。由表可以看出，尽管卫星射线利用数增加了 1 倍，但方案 1 和方案 2 对比及方案 3 和方案 4 对比有信号穿过网格覆盖率仅增加了约 12 个百分点和 8 个百分点。在仅考虑单 GNSS 和多 GNSS 组合时，对比方案 1 和方案 3 及方案 2 和方案 4 时，发现与多 GNSS 数据相比，站密度对改善有卫星信号穿过网格覆盖率有更重要的影响。

表 10.2.3　4 种方案的射线利用数与信号穿过网格覆盖率的统计结果

方案	射线利用数	穿过网格覆盖率/%
1	635	61.6
2	1429	73.9
3	930	71.7
4	2093	80.2

2. 与探空数据对比

设计两种水汽层析方案对层析结果的外符合精度进行验证，方案 1 仅使用 13 个 GNSS 站（除 HKSC 外）的单 GNSS 数据反演湿折射率；方案 2 利用 9 个多 GNSS 测站数据反演湿折射率，并在 HKSC 站上计算 SWD 与 PPP 计算的 SWD 进行对比。图 10.2.1 给出了 2017 年 12 月 4～26 日共 23d 不同层析方案反演湿折射率计算的 SWD 与 PPP 计算 HKSC 测站上 SWD 残差的 RMS 对比图。由图可以看出，方案 1 的平均 RMS 大多低于方案 2，表明方案 1 在整个研究区域重建的大气湿折射率场优于方案 2 的重建结果。统计结果表明，方案 1 的平均 RMS 改善率相对于方案 2 提高了 16%，说明与多 GNSS 观测数据层析结果相比，增加 GNSS 测站密度对重构大气水汽场具有更大意义。

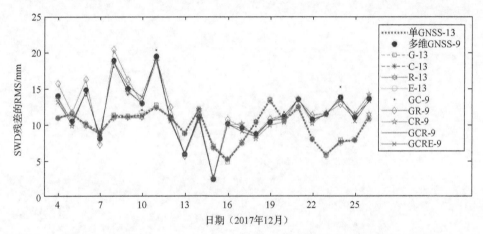

图 10.2.1　2017 年 12 月 4～26 日共 23d 不同层析方案反演湿折射率计算的
SWD 与 PPP 计算 HKSC 测站上 SWD 残差的 RMS 对比图

本章主要针对不同 multi-GNSS 观测值组合、GNSS 测站密度和网格划分对层析结果的影响进行系统介绍和分析，并给出了普适性的 GNSS 观测值组合、测站密度和网格划分方法。其中，测站密度对层析结果影响最大，在水汽层析中，尽可能多地加大测站密度。尽管多 multi-GNSS 组合能够改善有卫星信号穿过网格覆盖率，但其效果并不是很好。

参 考 文 献

BENDER M, STOSIUS R, ZUS F, et al., 2011. GNSS water vapour tomography-expected improvements by combining GPS, GLONASS and Galileo observations[J]. Advances in Space Research, 47(5): 886-897.

DONG Z, JIN S, 2018. 3D water vapor tomography in Wuhan from GPS, BDS and GLONASS observations[J]. Remote Sensing, 10(1): 62.

NILSSON T, GRADINARSKY L, 2006. Water vapor tomography using GPS phase observations: Simulation results[J]. IEEE Transactions on Geoscience and Remote Sensing, 44(10): 2927-2941.

WANG X, WANG X, DAI Z, et al., 2014. Tropospheric wet refractivity tomography based on the BeiDou satellite system[J]. Advances in Atmospheric Sciences, 31: 355-362.

ZHAO Q, YAO Y, CAO X, et al., 2018. An optimal tropospheric tomography method based on the multi-GNSS observations[J]. Remote Sensing, 10(2): 234.

第 11 章　GNSS 多维大气水汽探测现状及发展趋势

11.1　GNSS 多维大气水汽探测现状

11.1.1　GNSS 二维水汽反演

高精度和高分辨率的时空连续 PWV 是短临天气预警和长期气候监测中必不可少的数据源之一。在当前多种水汽数据源可用的状况下，时空不连续或分辨率粗糙仍是 PWV 进一步应用的最大挑战。本书在充分掌握多技术水汽反演的理论基础上，系统介绍站点高精度、高空间分辨率、高时间分辨率和高时空分辨率 PWV 反演关键技术，主要内容包括：①基于再分析资料提供的非实测气象参数，介绍一种高精度非实测气象参数 PWV 数据集生成方法；②根据不同数据水汽特性，介绍一种混合 PWV 融合模型；③基于水汽时空相对变化恒定假设，介绍再分析资料辅助 GNSS PWV 的长时序缺失填补方法；④根据水汽显性表达特点，分别介绍了基于双步时空融合的 PWV 反演方法；⑤将 GNSS PWV 引入遥感卫星水汽反演中，介绍了基于 GNSS 改善风云三号卫星 L1 级通道数据的 PWV 反演算法和 L2 级 PWV 产品的校准方法。

11.1.2　GNSS 多维大气水汽层析

GNSS 水汽层析技术的出现为获取区域多维水汽信息提供了一种有效方案。众多学者就如何获取区域高精度、高稳定的水汽廓线信息进行了大量探索和研究，本书在充分总结现有研究基础上，分别对层析模型中的设计矩阵构建、层析观测值利用、层析数据权比确定和模型解算方法等几方面进行了系统介绍，主要内容包括：①优化层析网格划分策略，并介绍水平参数化层析观测方程构建方法，改善设计矩阵结构，降低层析待估参数个数；②提高 GNSS 观测数据利用率，介绍利用不完整穿过层析区域卫星信号构建层析观测方程的方法，提高观测数据利用率；③顾及层析模型不同类型观测量权比对层析结果的影响，介绍改进岭估计的水汽层析模型解算方法；④分析层析反演结果影响因素，介绍不同 GNSS 观测值组合、测站密度、网格划分对层析结果影响。

11.2　GNSS 多维大气水汽探测发展趋势

11.2.1　GNSS 多维大气水汽反演

　　站点实时高精度水汽反演技术趋于成熟，精度优于 3mm。高精度、高空间分辨率水汽融合反演取得了一定进展，在显性表达式的多源水汽融合反演方面较为成熟，且有较完善的多源水汽权比确定方法。在隐形表达式的多源水汽反演方面虽然进行了大量尝试，但在智能算法（机器学习、深度学习等）的选取、水汽影响因素的确定方面仍存在较多需要探索的问题。例如，后向反馈（BP）神经网络包含参数较多，权值和阈值的确定比较困难；长短期记忆（LSTM）神经网络模型结构相对复杂，训练时间较长，难以并行化处理数据。水汽与气象参数（温度、气压、水汽压等）密切相关，但不同气象参数间的相互影响及其他类型因素（如未知参数、土地类型、人口等）在隐形表达式的水汽反演方面尚缺乏相关研究。因此，在多源多类型大数据的前提下，驱动相关智能算法构建水汽与多类型因素的非线性函数模型，是获取稳定、精细化水汽信息的重要途径。

　　GNSS 水汽层析技术获取水汽密度整体优于 $0.25\mathrm{g/m^3}$，且与二维水汽具有相当的时间分辨率和精度，为小尺度极端天气发生、发展等过程的精细化监测和预报提供了可能。过去研究在水汽层析的各个环节，包括层析网格划分、观测方程构建、水平约束和垂直约束等选取、多 GNSS 组合、数据利用率改善、层析数据权值确定、层析模型解算等都进行了大量研究，形成了较完善的 GNSS 水汽层析理论与体系。但层析区域位置、气候、测站密度、大气水汽含量等方面的差异导致相关成果无法直接使用，对现有研究缺乏指导性的价值和意义。因此，如何进一步将过去相关研究的理论方法普适化、大众化，能够在水汽层析反演的各个环节提供指导和参照，减少层析区域差异导致的层析方法特殊化，是保证层析反演结果精度和稳定性的重要前提。

11.2.2　GNSS 多维大气水汽应用

　　GNSS 气象学的出现为相关领域的发展带来了新的契机，如将 GNSS 水汽信息同化到数值预报模式中，改善预报结果的精度和可靠性；将 GNSS 应用到干旱监测指数的改进，甚至基于 GNSS 水汽信息构建干旱监测指数方面；此外，将 GNSS 水汽应用到 ENSO、台风等监测中等。众多研究证实了 GNSS 水汽探测技术在天气、气候等领域的积极影响，但由于不同学科差异较大、对新兴技术认识程度不同、研究者本身实验条件受限等，GNSS 水汽在相关领域和行业并未得到深入研究和探索，更无法将多学科技术做到真正意义上的交叉融合并惠及大众。

因此，现有 GNSS 多维大气水汽在相关行业和领域的应用多为尝试和探索，行业化的相关应用寥寥无几。

　　GNSS 气象学经 30 多年的发展，在多维水汽数据反演方面已经较为成熟，反演结果能够得到有效保障，且在相关领域取得了阶段性的理论成果。如何充分利用大量宝贵的数据资源，深化并推动相关理论成果在其行业的落地与应用，是 GNSS 气象学拓展其应用领域必须要克服的难点。因此，应加强多学科交叉融合发展，有效将 GNSS 多维大气水汽反演成果深度应用到相关气象行业中，将相关理论成果进一步发展和成熟，形成以 GNSS 多维大气水汽为主导地位的行业化、业务化发展趋势。

编 后 记

"博士后文库"是汇集自然科学领域博士后研究人员优秀学术成果的系列丛书。"博士后文库"致力于打造专属于博士后学术创新的旗舰品牌,营造博士后百花齐放的学术氛围,提升博士后优秀成果的学术影响力和社会影响力。

"博士后文库"出版资助工作开展以来,得到了全国博士后管委会办公室、中国博士后科学基金会、中国科学院、科学出版社等有关单位领导的大力支持,众多热心博士后事业的专家学者给予积极的建议,工作人员做了大量艰苦细致的工作。在此,我们一并表示感谢!

"博士后文库"编委会